D1751980

Michael Pollan

Die Botanik der Begierde

Michael Pollan

Die Botanik der Begierde

VIER PFLANZEN BETRACHTEN DIE WELT

Aus dem Englischen von
Christiane Buchner und Martina Tichy

Claassen

Die Originalausgabe erschien 2001 unter dem Titel
The Botany of Desire. A Plant's-Eye View of the World
bei Random House, Inc., New York und gleichzeitig bei
Random House of Canada Limited, Toronto

Der Claassen Verlag ist ein Unternehmen
der Econ Ullstein List Verlag GmbH & Co. KG, München.

ISBN 3-546-00309-8

© 2001 by Michael Pollan
© 2002 by Claassen Verlag GmbH
in der Econ Ullstein List Verlag GmbH & Co. KG, München
Alle Rechte vorbehalten.
Printed in Germany.
Gesetzt aus der Centaur MT
bei Franzis print & media GmbH, München
Druck und Bindung: Bercker, Kevelaer

Dieses Buch ist meinen Eltern gewidmet,
die niemals zweifelten (oder es zumindest nicht
zeigten), und meinem Großvater mit Dankbarkeit.

Inhalt

Einleitung

Die menschliche Biene

Die Keime zu diesem Buch wurden in meinem Garten gelegt – übrigens tatsächlich, während ich Keimlinge setzte. Das Ausbringen von Saatgut ist eine angenehme, zwanglose, nicht allzu anspruchsvolle Tätigkeit; man kann dabei wunderbar die Gedanken schweifen lassen. An jenem bewussten Nachmittag im Mai pflanzte ich meine Reihen zufällig in der Nähe eines blühenden Apfelbaums, der heftig von Bienen umschwirrt war. Dabei ging mir auf einmal Folgendes durch den Sinn: Was unterscheidet eigentlich grundsätzlich die Rolle des Menschen von der der Biene in diesem oder jedem anderen Garten?

Wenn Ihnen dieser Vergleich lächerlich vorkommt, dann halten Sie sich vor Augen, was ich an jenem Nachmittag im Garten tat: Ich verbreitete die Gene einer ganz bestimmten Art, in diesem Fall die einer Fingerling-Kartoffel, und nicht die, sagen wir, eines Lauchs. Hobbygärtner wie ich neigen zur Ansicht, solche Entscheidungen seien unser unumschränktes Privileg: Innerhalb dieses Gartens, rede ich mir ein, bestimme allein ich, welche Arten gedeihen und welche verschwinden sollen. Mit anderen Worten: Ich bin hier der Chef, und hinter mir stehen Menschen, die noch mehr zu sagen haben: die lange Reihe der Gärtner, Botaniker, Pflanzenzüchter und heutzutage auch Gentechniker, die die Kartoffelsorte, die ich damals einpflanzen wollte, »selektiert«, »entwickelt« oder »gezüchtet« haben. Sogar unsere Grammatik stellt klar, wer in dieser Beziehung das Heft in der Hand hat: *Ich suche die Pflanzen aus, ich jäte das Unkraut, ich ernte meinen Ertrag.* Wir teilen die Welt in Subjekt und Objekt, und in unserem Garten, wie in der Natur überhaupt, sind wir Menschen das Subjekt.

An jenem Nachmittag in meinem Garten kamen mir allerdings plötzlich Zweifel: Und wenn diese Grammatik grundverkehrt ist? Wenn sie schlicht und einfach wohlfeile Einbildung ist? Eine Biene würde sich im Garten vermutlich auch als Subjekt und die Blüte, deren Nektartropfen sie plündert, als Objekt betrachten. Wir wissen hingegen, dass sie da einer Sinnestäuschung aufsitzt. In Wirklichkeit hat die Pflanze die Biene auf clevere Weise dazu verlockt, ihre Pollen von Blüte zu Blüte zu tragen.

Die uralte Beziehung zwischen Bienen und Blumen ist ein klassisches Beispiel für das, was man als »Koevolution« bezeichnet. In einem koevolutionären Tauschhandel wie bei dem zwischen Biene und Apfelbaum ist jeder auf seinen eigenen Vorteil bedacht, tut im Endeffekt aber dem anderen einen Gefallen: Nahrung für die Biene gegen Transportdienste für die Apfelgene. Ein Bewusstsein braucht es dafür auf keiner Seite, und die traditionelle Unterscheidung zwischen Subjekt und Objekt ist sinnlos.

Zwischen mir und der Knolle, die ich gerade anpflanzte, sah es eigentlich nicht viel anders aus. Auch wir sind Partner in einer koevolutionären Beziehung, und das seit Beginn des Ackerbaus vor über zehntausend Jahren. Wie die

Apfelblüte, deren Form und Duft über unzählige Bienengenerationen hinweg ausgelesen wurde, sind Größe und Geschmack der Kartoffel über unzählige Generationen von uns ausgelesen worden – von Inkas und Iren bis hin zu Menschen wie mir, die sich bei McDonald's Pommes frites bestellen. Bienen und Menschen haben jeweils ihre eigenen Auswahlkriterien: Symmetrie und Süße bei den Bienen, Gewicht und Nährwert bei den kartoffelverzehrenden Menschen. Die Tatsache, dass einer von uns sich im Lauf der Evolution dazu entwickelt hat, sich seiner Wünsche und Bedürfnisse immer mal wieder bewusst zu werden, ist sowohl der Blüte als auch der Kartoffel bei diesem Arrangement vollkommen gleichgültig. Die beiden Pflanzen haben nur das im Sinn, was jedes Wesen genetisch gesehen grundsätzlich im Sinn hat: sich selbst zu vervielfältigen. Durch Ausprobieren haben diese Pflanzenarten herausgefunden, dass das am besten klappt, wenn sie irgendwelche Tiere dazu bewegen – ob Bienen oder Menschen ist dabei eher zweitrangig –, ihre Gene zu verbreiten. Und wie erreichen sie das? Indem sie auf die bewussten oder unbewussten Bedürfnisse der Tiere eingehen. Die Knollen und Blütenpflanzen, die das am effektivsten tun, dürfen zur Belohnung dann fruchtbar sein und sich mehren.

Folglich stellte sich mir an jenem Nachmittag die Frage: Habe ich frei entschieden, diese Kartoffeln zu pflanzen, oder hat mich die Kartoffel irgendwie dazu gebracht? Tatsächlich stimmen beide Aussagen. Ich weiß noch genau, wie mich diese Sorte verführte, indem sie ihren knolligen Charme auf den Seiten eines Saatkatalogs spielen ließ. Ich glaube, im Endeffekt hat mich das appetitlich klingende »buttergelbe Fleisch« rumgekriegt. Das war ein banaler, nicht sonderlich bewusster Vorgang; ich wäre nie auf die Idee gekommen, unsere Begegnung per Katalog könnte irgendwelche evolutionären Konsequenzen haben. Aber die Evolution besteht gerade aus unzähligen banalen, unbewussten Ereignissen, und in der Evolution der Kartoffel zählt die Tatsache, dass ich an einem bestimmten Januarabend einen bestimmten Saatkatalog durchblätterte, eben dazu.

An diesem Mainachmittag erschien mir mein Garten plötzlich in einem völlig neuen Licht, die mannigfaltigen Wonnen, die er Auge, Nase und Zunge zu bieten hat, wirkten nicht mehr ganz so unschuldig und passiv. All diese Pflanzen, die ich immer als Objekte meiner Begierde angesehen hatte, waren umgekehrt, wie ich erkannte, auch Subjekte, die mit mir etwas anstellten, die mich dazu bewogen, Aufgaben für sie zu übernehmen, die sie nicht selbst erledigen konnten.

Und da kam mir die Idee: Was würde passieren, wenn wir nicht nur den Garten, sondern die ganze Welt mit diesen Augen ansehen würden, wenn wir unseren Platz in der Natur von diesem umgekehrten Blickwinkel aus betrachteten?

Genau das möchte dieses Buch versuchen. Es erzählt deshalb die Geschichte von vier gängigen Pflanzen – dem Apfel, der Tulpe, dem Cannabis und der Kartoffel – und der menschlichen Bedürfnisse und Begierden, die das Schicksal dieser Pflanzen mit dem unsrigen verknüpfen. Im weiteren Sinn geht es um die vielschichtige Wechselbeziehung zwischen Mensch und Natur, der ich mich aus einer eher unkonventionellen Perspektive nähere: Ich nehme den Blickwinkel der Pflanzen ernst.

Die vier Pflanzen, deren Geschichte dieses Buch erzählt, gehören zu den von uns so genannten »domestizierten Arten« – ein ziemlich einseitiger Begriff (schon wieder diese Grammatik), der den irrigen Eindruck hinterlässt, wir wären hier der Chef. Wir halten die Domestikation automatisch für etwas, das wir mit anderen Arten anstellen, dabei ist es genauso logisch, zu sagen, bestimmte Pflanzen und Tiere hätten uns domestiziert, gleichsam als clevere evolutionäre Strategie, um ihre Interessen durchzusetzen. Die Arten, die sich in den letzten zehntausend Jahren damit beschäftigt haben, wie sie uns am besten nähren, heilen, bekleiden, berauschen oder sonst wie erfreuen können, haben sich dadurch zu den größten Erfolgsstorys der Natur entwickelt.

Das Erstaunliche daran ist, dass wir Arten wie die Kuh oder die Kartoffel, die Tulpe oder den Hund meist nicht als besonders außergewöhnliche Geschöpfe der Natur betrachten. Vor domestizierten Arten haben wir oft weniger Respekt als vor ihrer wilden Verwandtschaft. Die Evolution mag wechselseitige Abhängigkeiten belohnen, wir als denkende Wesen aber schätzen nach wie vor die Unabhängigkeit. Irgendwie beeindruckt uns der Wolf mehr als der Hund.

Andererseits gibt es in Amerika heute fünfzig Millionen Hunde und nur zehntausend Wölfe. Was versteht also der Hund von der Kunst, sich in dieser Welt durchzuschlagen, was sein wilder Vorfahr nicht weiß? Womit sich der Hund auskennt – das Fachgebiet, in dem er es in den zehntausend Jahren, in denen er sich neben uns weiterentwickelt hat, zur Meisterschaft gebracht hat –, sind wir: unsere Bedürfnisse, Wünsche und Begierden, unsere Gefühle und

Werte, und die hat er im Rahmen einer ausgeklügelten Überlebensstrategie in sein Erbgut aufgenommen. Wenn man das Genom eines Hundes lesen könnte wie ein Buch, würde man einiges darüber lernen, wer wir sind und wie wir ticken. Und selbst wenn wir Pflanzen meistens nicht so beachten wie Tiere: Auf die genetischen Bücher des Apfels, der Tulpe, des Cannabis und der Kartoffel würde das Gleiche zutreffen wie beim Hund. In ihren Seiten könnten wir Bände über uns lesen, in diesen genialen Gebrauchsanweisungen, die diese Pflanzen ausgeklügelt haben, um Menschen in Bienen zu verwandeln.

Nach zehntausend Jahren der Koevolution sind ihre Gene prall gefüllte Archive mit Informationen über Natur und Kultur. Die DNS dieser Tulpe dort, der elfenbeinfarbenen mit den säbelförmig zugespitzten Blütenblättern, enthält detaillierteste Anweisungen, wie man sich am besten – nicht bei einer Biene, sondern bei einem osmanischen Türken bemerkbar macht; sie kann uns so manches über den Schönheitsbegriff dieser Zeit erzählen. Und genauso hat jede Russet-Burbank-Kartoffel in ihrer DNS eine Abhandlung über unsere industrielle Nahrungskette stehen – sowie über unseren Appetit auf lange, makellos goldgelbe Pommes frites. Das kommt daher, dass wir uns in den letzten zehntausend Jahren damit beschäftigt haben, diese biologischen Arten durch künstliche Selektion sozusagen neu zu erschaffen, indem wir eine kleine, giftige Wurzelknolle in eine dicke, nahrhafte Kartoffel, und eine gedrungene, unscheinbare Wildblume in eine langstielige, bildschöne Tulpe verwandelt haben. Viel weniger offensichtlich ist, jedenfalls für uns, dass diese Pflanzen gleichzeitig auch uns neu erschaffen haben.

Ich nenne dieses Buch *Die Botanik der Begierde*, weil es darin ebenso sehr um die menschlichen Bedürfnisse und Begierden geht, die uns mit diesen vier Pflanzen verbinden, wie um die Pflanzen selbst. Meine Prämisse lautet, dass unsere Wünsche und Bedürfnisse genauso zur Naturgeschichte gehören wie die Vorliebe des Kolibris für Rot oder der Ameisenappetit auf den Honigtau der Blattlaus. Ich halte unsere Wünsche und Bedürfnisse für das menschliche Gegenstück zum Nektar. Das Buch wird also einerseits die Sozialgeschichte dieser Pflanzen erkunden, indem sie sie mit unserer Geschichte verknüpft, andererseits aber eine Naturgeschichte der vier menschlichen Begierden sein, die diese Pflanzen mit fortschreitender Evolution gelernt haben zu wecken und zu stillen.

Ich interessiere mich nicht nur dafür, wie die Kartoffel den Verlauf der europäischen Geschichte beeinflusst hat oder wie Cannabis die romantische Revolution im Westen mit entfachte, sondern auch dafür, wie Vorstellungen in den Köpfen der Menschen sich auf Aussehen, Geschmack und bewusstseinsverändernde Wirkungen dieser Pflanzen ausgewirkt haben: Durch den Prozess der Koevolution schlagen sich menschliche Ideen in natürlichen Fakten nieder – in den Konturen der Blütenblätter einer Tulpe zum Beispiel oder der exakten Geschmacksrichtung eines Jonagold-Apfels.

Die vier Begierden, die ich hier unter die Lupe nehme, sind unser Hunger nach *Süße* im weitesten Sinn in der Geschichte des Apfels, nach *Schönheit* in der Geschichte der Tulpe, nach *Rausch* in der des Cannabis und nach *Kontrolle* in der Geschichte der Kartoffel – genauer gesagt, in der Geschichte einer genmanipulierten Kartoffel, die ich in meinem Garten gezüchtet habe, um zu sehen, welche Richtung die uralten Künste der Domestikation inzwischen womöglich eingeschlagen haben. Diese vier Pflanzen haben uns etwas Wichtiges über diese vier Bedürfnisse zu sagen – also darüber, wie wir ticken. Ich glaube zum Beispiel, wir können die Anziehungskraft der Schönheit nicht einmal annähernd begreifen, ohne zunächst die Blume zu begreifen, denn die Blume hat ursprünglich unseren Begriff von Schönheit in die Welt gesetzt, in dem Moment, als sich vor Urzeiten der Reiz der Blumen als evolutionäre Strategie entwickelte. Ganz ähnlich ist Rausch ein menschliches Bedürfnis, das wir womöglich nie entwickelt hätten, wäre da nicht die Hand voll Pflanzen gewesen, die chemische Substanzen mit genau dem molekularen Schlüssel herstellen, mit dem man die Mechanismen in unserem Gehirn in Gang bringen kann, die für sinnlichen Genuss, Erinnerungen und vielleicht sogar transzendente Erfahrungen zuständig sind.

Bei der Domestikation geht es um viel mehr als dicke Knollen und lammfromme Schafe; die Nachkommenschaft der uralten Ehe zwischen Pflanzen und Menschen ist viel seltsamer und fantastischer, als uns bewusst ist. Es gibt eine Naturgeschichte der menschlichen Fantasie, der Schönheit, der Religion und vielleicht sogar der Philosophie. Ich möchte mit diesem Buch auch die Rolle beleuchten, die diese ganz gewöhnlichen Pflanzen in dieser Geschichte spielen.

Pflanzen sind so anders als Menschen, dass es uns ausgesprochen schwer fällt, ihre Vielschichtigkeit und Raffinesse voll und ganz zu erkennen. Aber die Pflanzen sind schon viel länger am Evolutionsprozess beteiligt, haben neue Überlebensstrategien entwickelt und ihre Anlagen und Erscheinungsformen schon so lange immer wieder vervollkommnet, dass es wirklich darauf ankommt, wie man »Fortschritt« definiert und auf welche Eigenschaften man Wert legt, wenn man behauptet, einer von uns beiden sei weiter »fortgeschritten«. Natürlich liegen uns Errungenschaften wie unser Bewusstsein, das Herstellen von Werkzeugen oder die Sprache am Herzen, schließlich waren das die Stationen auf unserer eigenen evolutionären Reise bis heute. Allerdings sind die Pflanzen mindestens schon so weit gekommen – sie haben nur eine andere Richtung eingeschlagen.

Pflanzen sind die Alchemisten der Natur, die großen Experten, wenn es darum geht, Wasser, Boden und Sonnenlicht in eine Vielzahl von wertvollen Substanzen zu verwandeln, von denen Menschen viele überhaupt nicht sinnlich wahrnehmen geschweige denn nachbilden können. Wir haben zwar die Sache mit dem Bewusstsein klargekriegt und den aufrechten Gang gelernt, aber die Pflanzen haben die Photosynthese erfunden (den verblüffenden Trick, Licht in Nahrung umzuwandeln) und Spitzenleistungen in organischer Chemie erbracht. Viele Entdeckungen der Pflanzen im Bereich der Chemie und Physik haben im Endeffekt auch uns gute Dienste geleistet. Aus Pflanzen kommen chemische Verbindungen, die nähren, heilen, vergiften oder sinnliches Vergnügen bereiten, andere, die munter oder müde machen oder berauschen, und ein paar mit der erstaunlichen Fähigkeit, unser Bewusstsein zu verändern – bis hin zu Träumen von Pflanzen im Gehirn wacher Menschen.

Wozu ist all die Anstrengung gut? Warum sollten sich Pflanzen die Mühe machen, die Bauanleitung für so viele komplexe Moleküle auszuklügeln, und dann die nötige Energie darauf verwenden, sie herzustellen? Einerseits sicher, um sich zu verteidigen. Eine ganze Reihe der von Pflanzen produzierten chemischen Substanzen soll im Zug der natürlichen Selektion andere Lebewesen dazu zwingen, sie in Ruhe zu lassen: zum Beispiel tödliche Giftstoffe, abscheuliche Gerüche oder Toxine, die Raubtiergehirne vernebeln. Viele andere Stoffe, die Pflanzen herstellen, haben aber genau den gegenteiligen Effekt: Sie locken andere Lebewesen an, indem sie deren Bedürfnisse wecken und befriedigen.

Dass Pflanzen chemische Stoffe produzieren, die andere Arten sowohl fern halten als auch anlocken, erklärt sich durch ein und dasselbe existentielle Faktum pflanzlichen Lebens: die Unbeweglichkeit. Was Pflanzen beim besten Willen nicht können, ist sich bewegen, oder, um genauer zu sein, sich fortbewegen. Pflanzen können ihren Feinden nicht entkommen; außerdem können sie ohne fremde Hilfe auch nicht ihren Standort wechseln oder sich weiterverbreiten.

Folgerichtig stießen die Pflanzen vor ungefähr hundert Millionen Jahren per Zufall auf eine Möglichkeit – besser gesagt, ein paar tausend verschiedene Möglichkeiten –, wie sie Tiere dazu bringen können, sie und ihre Gene durch die Gegend zu transportieren. Das war der große Wendepunkt in der Evolution, den man mit dem Aufkommen der Bedecktsamer verbindet, einer ganz besonderen neuen Pflanzenklasse, die prächtige Blüten und große Samen ausbildete, zu deren Verbreitung andere Arten angestiftet wurden. Pflanzen entwickelten zum Beispiel Kletten, die an

Tierfellen haften bleiben – das Modell für unsere Klettverschlüsse –, oder Blüten, die Bienen dazu verführen, sich ihre bepelzten Hüften mit Pollen bestäuben zu lassen, und Eicheln, die von Eichhörnchen pflichtschuldigst von einem Wald in den nächsten getragen, dort vergraben und dann oft vergessen werden.

Sogar die Evolution macht eine Evolution durch. Ungefähr vor zehntausend Jahren erlebte die Welt eine zweite Blüte der Pflanzenvielfalt, die wir später etwas selbstherrlich »die Erfindung des Ackerbaus« genannt haben. Eine Gruppe von Bedecktsamern verfeinerte ihre grundlegende Strategie, Tiere für sich schuften zu lassen, indem sie sich ein bestimmtes Tier vorknöpfte, das sich mittlerweile nicht nur über die ganze Erde verbreitet hatte, sondern auch in der Lage war, komplizierte Gedanken zu denken und auszutauschen. Diese Pflanzen verfielen auf eine erstaunlich clevere Taktik: Sie brachten uns dazu, für sie Botendienste zu leisten und unser Gehirn anzustrengen. Jetzt kamen essbare Gräser wie Weizen oder Mais auf, die menschliche Wesen dazu veranlassten, riesige Wälder abzuholzen, um ihnen mehr Platz zu verschaffen, Blumen, die mit ihrer Schönheit ganze Kulturen in Bann zogen, und Pflanzen, die so unwiderstehlich, so nützlich und so schmackhaft waren, dass sie Menschen dazu beflügelten, sie auszusäen, zu transportieren, zu lobpreisen und sogar Bücher über sie zu schreiben. Dieses Buch gehört natürlich dazu.

Will ich damit sagen, die Pflanzen hätten mich dazu gebracht, es zu schreiben? Nur in dem Sinn, in dem die Blüte die Biene dazu »bringt«, ihr einen Besuch abzustatten. Die Evolution braucht keinen Willen und keine Absicht, um zu funktionieren; sie ist fast per Definition ein unbewusster, ungewollter Prozess. Sie braucht lediglich Lebewesen, die darauf angewiesen sind – und das sind alle Pflanzen und Tiere –, mit sämtlichen zur Verfügung stehenden Trial-and-Error-Methoden »mehr aus sich zu machen«, sprich, sich zu vermehren. Manchmal ist ein Anpassungsmerkmal so schlau, dass es absichtsvoll erscheint: zum Beispiel, wenn eine Ameise ihre eigenen Gärten genießbarer Pilze »anlegt« oder wenn eine fleischfressende Pflanze eine Fliege davon »überzeugt«, sie sei ein verrottendes Fleischstück. Aber solche Merkmale sind nur im Nachhinein betrachtet schlau. In der Natur besteht planvolles Vorgehen lediglich aus einer Verkettung von Zufällen, die durch natürliche Selektion ausgesiebt werden, bis das Ergebnis so schön oder so effektiv ist, dass es wirkt wie ein absichtlich herbeigeführtes Wunder.

Ganz ähnlich überschätzen wir gern unsere eigene aktive Rolle in der Natur. Viele Aktivitäten, die Menschen ihrer Meinung nach aus purem Eigennutz veranstalten – den Ackerbau erfinden, bestimmte Pflanzen verbieten, über andere überschwängliche Bücher schreiben –, sind in den Augen der Natur reine Zufälligkeiten. Unsere Wünsche und Bedürfnisse sind einfach nur Wasser auf die Evolutionsmühle, nichts weiter als ein Klimaumschwung: für manche Arten eine Gefahr, für andere eine Chance. Unsere Grammatik mag uns dazu verleiten, die Welt in aktive Subjekte und passive Objekte einzuteilen, aber in einer koevolutionären Beziehung ist jedes Subjekt gleichzeitig Objekt, jedes Objekt gleichzeitig Subjekt. Deswegen ist es auch nicht unlogisch, den Ackerbau als etwas zu betrachten, was die Gräser mit den Menschen angestellt haben, um sich gegen die Bäume durchzusetzen.

Als Charles Darwin *Die Entstehung der Arten* schrieb und überlegte, wie er seinen unerhörten Gedanken der natürlichen Selektion der Welt unterbreiten solle, verfiel er auf eine interessante rhetorische Strategie. Anstatt das Buch mit einer Darstellung seiner neuen Theorie zu beginnen, startete er mit einem Nebenthema, von dem er meinte, die Leser (vielleicht vor allem die englischen Gärtner) würden es leichter schlucken. Darwin widmete das erste Kapitel der *Entstehung der Arten* einem Sonderfall der natürlichen Selektion namens »künstliche Zuchtwahl« – seinem Begriff für den Prozess, durch den domestizierte Arten entstehen. Dabei gebrauchte Darwin das Wort »künstlich« nicht im Sinne von »unecht«, sondern im Sinne von »natürliche Vorgänge nachahmend«, also unter Einwirkung menschlichen Willens geschehend. An einer Moosrose oder Williamsbirne, einem Cockerspaniel oder einer Pfautaube ist nichts Unechtes. Unter anderem über diese domestizierten Arten schrieb Darwin in seinem ersten Kapitel, um zu zeigen, dass die Art jeweils eine Vielfalt an Varianten besitzt, aus denen sich der Mensch dann die Merkmale aussucht, die an zukünftige Generationen vererbt werden. Im Sonderreich der Domestikation, so erklärte Darwin, würden die menschlichen Wünsche und Bedürfnisse manchmal bewusst, manchmal unbewusst die gleiche Rolle spielen wie sonst die blinde Natur, indem sie entschieden, was »Tüchtigkeit« im Kampf ums Dasein bedeute, und indem sie so im Lauf der Zeit zur Entstehung neuer Lebensformen führten. Die evolutionären Gesetze sind dieselben (»im Erbgut angelegte Veränderlichkeit«), aber Darwin hatte begriffen, dass sie in der Geschichte der Teerose leichter zu verfolgen sind als bei der Meeresschildkröte, im Kontext des Gartens leichter als auf den Galapagosinseln.

Seit der Veröffentlichung von Darwins *Entstehung der Arten* hat sich die klare Trennungslinie zwischen den Begriffen der »künstlichen« und »natürlichen« Selektion verwischt. Während die Menschheit früher ihren Willen auf dem relativ kleinen Schauplatz der künstlichen Selektion geltend machte (dem Schauplatz, den ich mir metaphorisch als Garten vorstelle) und überall sonst die Natur herrschte, spürt man heute die Auswirkungen unserer Anwesenheit überall. Im vergangenen Jahrhundert ist es viel schwieriger geworden, zu sagen, wo der Garten aufhört und die unverfälschte Natur beginnt. Wir beeinflussen das evolutionäre Klima in einem Maß, das Darwin sich nie hätte träumen lassen; sogar das Klima selbst ist inzwischen in gewissem Sinn bereits künstlich, nachdem sich unser Verhalten in Temperaturveränderungen und Unwettern niederschlägt. Für viele Arten bedeutet »Tüchtigkeit« heute die Fähigkeit, sich in einer Welt zu behaupten, in der der Mensch zur mächtigsten evolutionären Kraft geworden ist. Künstliche Auslese ist zu einem der wichtigsten Kapitel in der Naturgeschichte geworden, seitdem sie in den Bereich vorgedrungen ist, in dem früher ausschließlich die natürliche Selektion herrschte.

Dieser Bereich, nämlich das, was wir oft »Wildnis« nennen, war nie so ganz unabhängig von unserem Einfluss, wie wir das gern meinen. Die Mohawks und Delawares hatten der Wildnis in Ohio schon lange ihren Stempel aufgedrückt, bevor John Chapman (alias der Schulbuchheld Johnny Appleseed) auftauchte und anfing, seine Apfelbäume zu pflanzen. Aber in einer Zeit der globalen Erwärmung, der

Ozonlöcher und der Techniken, die uns erlauben, das Erbgut von Lebewesen zu manipulieren – einem der letzten Bollwerke der Wildnis –, kann man sogar den Traum von einem solchen Bereich nur noch mit Mühe aufrechterhalten. Teils per Zufall, teils absichtlich ist inzwischen die gesamte Natur dabei, domestiziert zu werden – sie kommt unter das, oder besser, findet sich plötzlich unter dem (etwas löcherigen) Dach der Zivilisation. Noch krasser: Heute hängt sogar das Überleben der Wildnis von der Zivilisation ab.

Die Erfolgsgeschichten der Natur sehen in Zukunft vermutlich sehr viel eher aus wie die des Apfels als wie die des Pandas oder des weißen Leoparden. Wenn die beiden letztgenannten Arten überhaupt eine Zukunft haben, dann werden menschliche Wünsche und Bedürfnisse dafür verantwortlich sein; erstaunlicherweise hängt ihr Überleben inzwischen von einer Art künstlicher Selektion ab. So sieht die Welt aus, in der wir uns jetzt gemeinsam mit den anderen Lebewesen auf der Erde zurechtfinden müssen.

In dieser Welt spielt dieses Buch; betrachten Sie es als Bündel von Botschaften aus dem immer weiter wuchernden Darwin'schen Garten der künstlichen Selektion. Hauptpersonen sind vier der größten Erfolgsstorys dieser Welt. Sozusagen als Hunde, Katzen und Pferde der Pflanzenwelt sind diese domestizierten Arten jedermann vertraut, sind so eng mit unserem Alltag verknüpft, dass wir sie kaum mehr als »Arten« oder Teil der »Natur« begreifen. Woher das wohl kommt? Ich habe den Verdacht, dass zumindest teilweise unser Wort daran schuld ist. Der Begriff »domestiziert« suggeriert uns, dass Haustiere und Kulturpflanzen unter das Dach der Zivilisation gekrochen sind oder verfrachtet wurden, was ja auch stimmt. Allerdings verleitet uns die »Haus«-Metapher zu dem Glauben, sie hätten, so wie wir, dadurch die Natur irgendwie verlassen, als wäre Natur etwas, das nur draußen stattfindet.

Dabei ist das lediglich eine weitere Sinnestäuschung: Die Natur befindet sich nicht nur »da draußen«, sie ist auch »hier drinnen«, im Apfel und in der Kartoffel, im Garten und der Küche, sogar im Gehirn eines Menschen, der eine herrliche Tulpe bestaunt oder den Rauch einer brennenden Cannabisblüte inhaliert. Meine Wette heißt: Wenn wir die Natur an solchen Orten genauso selbstverständlich spüren, wie wir das jetzt in der Wildnis tun, sind wir ein beträchtliches Stück vorangekommen auf dem Weg dazu, unseren Platz in der Welt mit ihrer ganzen Vielfalt und Vieldeutigkeit zu begreifen.

Ich habe mir den Apfel, die Tulpe, den Cannabis und die Kartoffel aus mehreren logisch klingenden Gründen ausgesucht. Einer davon lautet, dass sie vier wichtige Klassen domestizierter Pflanzen vertreten: eine Frucht, eine Blume, eine halluzinogene Pflanze und ein Grundnahrungsmittel. Da ich diese vier Pflanzen alle schon irgendwann einmal in meinem Garten angepflanzt habe, stehe ich zudem auf einigermaßen vertrautem Fuß mit ihnen. Aber der wahre Grund, warum ich diese und nicht vier andere Pflanzen ausgewählt habe, ist noch einfacher: Sie haben fantastische Geschichten zu erzählen.

Jedes der folgenden Kapitel hat die Form einer Reise, die in meinem Garten entweder anfängt, einen Zwischenstopp einlegt oder endet, dazwischen aber in ganz fremde Gefilde führt, sowohl in die räumliche Ferne als auch in die geschichtliche Distanz: ins Amsterdam des siebzehnten

Jahrhunderts, wo einen kurzen, perversen Moment lang die Tulpe wertvoller war als Gold, in das Versuchsgelände eines Großunternehmens in St. Louis, wo Gentechniker die Kartoffel neu erfinden, und zurück nach Amsterdam, wo eine weitere, weit weniger liebreizende Blume sich wieder zu etwas gemausert hat, das wertvoller ist als Gold. Außerdem reise ich zu Kartoffelfarmen in Idaho, folge der meiner Spezies eigenen Leidenschaft für berauschende Pflanzen durch den Gang der Geschichte bis in die heutige Neurowissenschaft und paddle in einem Kanu im Herzen von Ohio flussabwärts, auf der Suche nach dem echten Johnny Appleseed. In der Hoffnung, unsere Beziehungen zu diesen vier Arten in all ihrer Komplexität zu beschreiben, betrachte ich sie abwechselnd durch verschiedene Brillen: die sozial- und naturgeschichtliche, die wissenschaftliche, die journalistische, die biografische, die mythologische, die philosophische und die autobiografische.

Dies sind also Geschichten über Mensch und Natur. Wir erzählen uns schon seit ewigen Zeiten solche Geschichten, damit wir schlau werden aus dem, was wir unser »Verhältnis zur Natur« nennen, um diese verräterische Formulierung einmal zu verwenden. (Welche andere Spezies hat sonst überhaupt ein »Verhältnis« zur Natur?) Sehr lange hat der Mensch in diesen Geschichten die Natur über eine Kluft hinweg betrachtet, staunend, ehrfürchtig oder mit schlechtem Gewissen. Auch wenn sich der Tenor dieser Erzählungen geändert hat, wie das im Lauf der Zeit der Fall war, blieb die Kluft doch bestehen. Da gibt es einmal die alten Heldengeschichten, in denen der Mensch mit der Natur auf Kriegsfuß steht, dann die romantische Version, in der der Mensch geistig-spirituell mit der Natur verschmilzt (meist mit Hilfe der Vermenschlichung der Natur), und in letzter Zeit die Umweltstory mit dem moralischen Zeigefinger, in der die Natur dem Menschen seine Missetaten heimzahlt, meist in der Münze von Naturkatastrophen. Mindestens drei verschiedene Geschichten haben wir, und alle beruhen auf einer Prämisse, von der wir wissen, dass sie falsch ist, ohne sie offenbar ad acta legen zu können: dass wir angeblich irgendwie außerhalb oder abseits der Natur stehen.

Dieses Buch erzählt eine andere Geschichte von Mensch und Natur, eine, die darauf abzielt, uns ins große Gespinst der wechselseitigen Beziehungen, aus dem das Leben auf der Erde besteht, wieder einzuflechten. Ich hege die Hoffnung, die Welt draußen (und drinnen) wird für Sie ein wenig anders aussehen, sobald Sie den Buchdeckel zuklappen. So dass, wenn Sie einen Apfelbaum am Straßenrand oder eine Tulpe auf einem Tisch stehen sehen, sie Ihnen nicht mehr ganz so fremdartig, so anders vorkommen. Wenn wir diese Pflanzen stattdessen als bereitwillige Partner in einer intimen, wechselseitigen Beziehung ansehen, bedeutet das, dass wir auch uns selbst ein wenig anders betrachten: als Objekte der Absichten, Wünsche und Bedürfnisse anderer Arten, als eine der jüngeren Bienenarten im Darwin'schen Garten – genial, manchmal leichtsinnig und unser selbst erstaunlich wenig bewusst. Stellen Sie sich dieses Buch als Spiegel dieser menschlichen Biene vor.

Kapitel 1

BEGEHREN: SÜSSE

PFLANZE: APFEL

(*Malus domestica*)

Falls Sie eines schönen Nachmittags im Frühling 1806 zufällig am Ufer des Ohio unterwegs gewesen wären, sagen wir, gleich nördlich von Wheeling in West Virginia, dann hätten Sie vermutlich ein seltsam zusammengezimmertes Gefährt träge den Fluss hinuntertreiben sehen. Damals herrschte auf diesem Abschnitt des Ohio, der breit und braun dahinfloss und zu beiden Seiten von steilen Uferböschungen mit dichtem Eichen- und Hickorybewuchs gesäumt war, reger Schiffsverkehr, denn eine marode Flotte aus Kielbooten und Frachtkähnen brachte Siedler aus der vergleichsweise zivilisierten Welt Pennsylvanias in die Wildnis des Northwest Territory.

Das eigenartige Gefährt, das Ihnen an jenem Nachmittag ins Auge gestochen wäre, bestand aus einem Paar ausgehöhlter Baumstämme, die zu einer Art Katamaran zusammengebunden waren, sozusagen einem Kanu mit Beiwagen. In einem der beiden Einbäume lümmelte ein schlaksiger, ungefähr dreißigjähriger Mann, der vermutlich einen Kaffeesack aus Jute als Hemd trug und einen Blechnapf als Hut aufhatte. Dem Bericht des Chronisten aus Jefferson County zufolge, der diese Szene für erwähnenswert befand, döste der Mann seelenruhig vor sich hin und vertraute darauf, dass der Fluss ihn schon dorthin bringen würde, wo er hinwollte. Das andere Boot, sein Beiwagen, lag tief im Wasser unter dem Gewicht eines Haufens von Apfelkernen, die sorgfältig mit Moos und Morast abgedeckt waren, damit sie nicht in der Sonne austrockneten.

Der Dösende im Kanu war John Chapman, der unter seinem Spitznamen Johnny Appleseed bei den Bewohnern von Ohio schon bekannt war wie ein bunter Hund. Er war auf dem Weg nach Marietta, wo der Muskingum ein großes Loch ins Nordufer des Ohio schlägt und direkt ins Herz des Northwest Territory, also in die heutigen Bundesstaaten Ohio, Indiana, Illinois, Michigan, Wisconsin und den östlichen Teil von Minnesota, führt. Chapman hatte vor, an einem der noch unbesiedelten Nebenflüsse des Muskingum, die die fruchtbaren, dicht bewaldeten Hügel im Herzen von Ohio durchziehen, eine Baumschule anzulegen. Er kam aus den Alleghenies im westlichen Pennsylvania, wohin er alljährlich zurückkehrte, um sich mit Apfelkernen einzudecken, die er sich aus den duftenden Tresterhaufen an der Hintertür der Mostkeltereien holte. Ein einziger Scheffel Apfelkerne hätte genügt, um mehr als dreihunderttausend Apfelbäume zu pflanzen, und auch wenn man nicht weiß, wie viele Scheffel Chapman damals geladen hatte, ist doch eines sicher: Sein Katamaran beförderte mehrere Apfelplantagen in die Wildnis.

Das Bild, wie John Chapman mit seinem Haufen Apfelkerne den Ohio hinunterschippert, ist mir im Gedächtnis geblieben, seit ich es vor ein paar Jahren in einer vergriffenen Biografie zum ersten Mal sah. Die Szene birgt für mich etwas Mythisches – wie Pflanzen und Menschen lernten, füreinander nützlich zu sein, wobei ein jeder für den anderen den Part übernahm, den dieser nicht aus eigener Kraft ausführen konnte. Und obendrein veränderten sie sich gegenseitig und verbesserten ihr gemeinsames Los.

Henry David Thoreau schrieb einmal, es sei »bemerkenswert, wie eng die Geschichte des Apfels mit der des Menschen verwoben ist«, und vom amerikanischen Kapitel dieser Geschichte kann aus der Chapman-Story einiges herausdestilliert werden. Diese Geschichte handelt davon, wie Pioniere seines Schlages dazu beitrugen, die »Frontier«, die amerikanische Siedlungsgrenze zur Wildnis, zu kultivieren, indem sie dort Pflanzen aus der Alten Welt ansäten. »Exoten« nennen wir solche Arten heutzutage gern abfällig, obwohl die amerikanische Wildnis ohne sie vermutlich nie wohnlich geworden wäre. Und was hatte nun der Apfel davon? Ein goldenes Zeitalter: ungeahnte neue Sorten und einen neuen Lebensraum von der Größe der halben Welt.

Als Symbol für die enge Verbindung zwischen Menschen und Pflanzen kommt mir die Konstruktion von Chapmans seltsamem Wasserfahrzeug so treffend vor, weil sie eine Beziehung zwischen gleichwertigen Partnern, die im gegenseitigen Austausch stehen, versinnbildlicht. Mehr als die meisten von uns betrachtete Chapman die Welt offenbar aus der Sicht der Pflanzen, gewissermaßen »pomozentrisch«. Ihm war klar, dass er für die Äpfel genauso viel tat wie sie für ihn. Vielleicht verglich er sich deshalb manchmal mit einer Biene, und vielleicht bastelte er deshalb sein Boot so komisch zusammen. Statt seine Ladung Apfelkerne hinter sich herzuziehen, vertäute Chapman seine beiden Boote so, dass sie Seite an Seite den Fluss hinunterschwammen.

Wir nehmen uns in unserem Umgang mit anderen Arten einfach zu wichtig. Selbst die Macht über die Natur, die wir bei der Domestikation vermeintlich ausüben, wird überschätzt. Schließlich gehören zwei dazu, um diesen Tanz zu tanzen, und eine ganze Reihe von Pflanzen und Tieren hat sich dafür entschieden, uns einen Korb zu geben. Die Eiche zum Beispiel, deren ernährungsphysiologisch hochwertige Früchte für den menschlichen Verzehr viel zu bitter sind, ließ sich vom Menschen um keinen Preis kultivieren. Offenbar hat die Eiche mit dem Eichhörnchen – das pflichtschuldigst bei jeder vierten Eichel vergisst, wo es sie vergraben hat (auch wenn diese Schätzung zugegebenermaßen von Beatrix Potter stammt) – ein so zufrieden stellendes Arrangement getroffen, dass der Baum es nie nötig hatte, einen offiziellen Vertrag mit uns einzugehen.

Der Apfel war dagegen viel eher darauf bedacht, mit uns Menschen ins Geschäft zu kommen, und das vielleicht nirgends so sehr wie in Amerika. Wie Generationen anderer Einwanderer zuvor und danach hat sich der Apfel dort ein Zuhause geschaffen. Er hat das sogar so überzeugend angestellt, dass die meisten von uns fälschlicherweise glauben, der Apfel sei dort beheimatet. (Selbst Ralph Waldo Emerson, der von Naturgeschichte doch einiges verstand, nannte ihn »die amerikanische Frucht«.) Und auf gewisse Weise – nicht nur in einem metaphorischen, sondern in einem biologischen Wortsinn – ist das auch wahr, beziehungsweise wahr geworden, denn der Apfel hat sich seit seiner Ankunft in Amerika gewaltig verändert. Johnny Appleseed hatte dadurch, dass er ganze Bootsladungen von Apfelkernen an die Frontier brachte, viel mit diesem Prozess zu tun, aber genauso viel trug der Apfel selbst dazu bei. Der Apfel ist nicht bloß Passagier oder Nutznießer, sondern der Held seiner eigenen Geschichte.

An einem sommerlichen Oktobernachmittag fast zweihundert Jahre später war nun ich am Ufer des Ohio unterwegs, ein paar Meilen südlich von Steubenville, an der Stelle, an der John Chapman vermutlich zum ersten Mal den Fuß ins Northwest Territory gesetzt hat. Ich war hergekommen, um ihm nachzuspüren, zumindest hielt ich das für mein Anliegen. Ich wollte so viel wie möglich über den »echten« Johnny Appleseed herausfinden, über die historische Person hinter dem verkitschten Volkshelden in der Disney-Version, und genauso über die Äpfel, in deren Geschichte Chapman eine so zentrale Rolle gespielt hatte. Ich dachte, ich hätte einen bescheidenen Fall von historischer Detektivarbeit vor mir: Ich wollte die Standorte von Chapmans Apfelplantagen ausfindig machen, seine Spur vom westlichen Pennsylvania durchs mittlere Ohio bis nach Indiana im Kanu-Kielwasser verfolgen und zusehen, ob ich noch einen der Bäume fände, die er gepflanzt hatte. Das alles gelang mir auch, wobei ich mir nicht sicher bin, ob mich das dem echten John Chapman näher gebracht hat, einem Mann, der längst unter einem riesigen Haufen aus Mythos, Legende und Möchtegernwahrheiten kompostiert liegt. Gefunden habe ich jedenfalls einen ganz anderen Johnny Appleseed und einen anderen Apfel, und beide waren uns schon abhanden gekommen.

Die Äpfel und der Mann haben im Grunde ein ähnliches Schicksal erlitten, seit sie damals in Chapmans Doppelrumpf-Kanu zusammen den Ohio hinuntergeschippert waren. Beide hatten ursprünglich etwas Fremdartiges an sich, und beide sind mittlerweile bis zur Unkenntlichkeit verkitscht worden. Ehemals Kinder einer rauen Wildnis, wurden beide gründlich domestiziert: Chapman wurde in einen heiligen Franziskus an der amerikanischen Pionierfront verwandelt, der Apfel in eine druckstellenfreie, künstlich rote Süßstoffkugel. »Süße, die jede Dimension sprengt«, so hat ein Pomologe den Red Delicious einmal denkwürdig beschrieben; das Gleiche trifft auf das Image des Johnny Appleseed zu, das von Walt Disney und diversen Generationen amerikanischer Kinderbuchautoren verbreitet wurde. In beiden Fällen hat man eine billige, falsche Süße gegen das Eigentliche, Echte ausgetauscht, wobei ich allerdings eine Weile brauchte, um dahinter zu kommen, was das war, dieses heftige Verlangen, das sie aneinander und gleichermaßen an das Land band, das sie aufgenommen hatte.

Von dem Mann in dem Doppelrumpf-Kanu schrieb sein Biograf Robert Price, er habe »die dicke Schale der Wunderlichkeit« um sich gehabt. Das kann man wohl sagen. Als Mensch, der in seinem ganzen Erwachsenenleben keinen festen Wohnsitz hatte, übernachtete Chapman mit Vorliebe im Freien. Eines Winters ließ er sich bei Defiance in Ohio, wo er zwei Baumschulen unterhielt, sogar in einem hohlen Platanenstumpf häuslich nieder. Als Vegetarier hielt er es selbst an der Schnittstelle zur Wildnis für eine Grausamkeit, auf einem Pferd zu reiten oder einen Baum zu fällen; einmal bestrafte er seinen Fuß dafür, dass er einen Wurm zertreten hatte, indem er den Schuh wegwarf. Am wohlsten fühlte er sich in der Gesellschaft von Indianern und Kindern – und man munkelte, er sei einmal mit einem zehnjährigen Mädchen verlobt gewesen, das ihm das Herz gebrochen habe. Price fühlte sich bemüßigt, seinen Lesern zu versichern, Chapman sei »kein *totaler* Spinner« gewesen. Die Hervorhebung stammt von mir.

Ich hatte ein Exemplar der 1954 erschienenen Biografie von Price nach Ohio mitgebracht und verließ mich auf die Karten darin, um Appleseeds jährliche Wanderungsbewegung aus West-Pennsylvania, wo er Apfelkerne auflud, bis zu seinen weitflächigen Ländereien in Ohio und bis nach Indiana nachzuvollziehen. Prices Bericht hatte mich an die Stelle geführt, wo Chapman den Fluss überquerte und zum ersten Mal den Fuß in den Bundesstaat Ohio setzte, und zwar in ein verblühtes, winziges Städtchen südlich von Steubenville namens Brilliant.

Ich hatte eine Weile gebraucht, um den Orientierungspunkt zu finden, der in Prices Buch erwähnt ist, ein Flüsschen namens George's Run, das in den Ohio münden sollte. In Brilliant hatte noch kein Mensch davon gehört. Schließlich entdeckte ich, dass man den Bach längst unterirdisch umgeleitet hatte. Heute fließt George's Run unsichtbar durch eine Betonröhre, vorbei an einem Gebrauchtwagenhändler und unter einer von Schlaglöchern übersäten Straße hindurch, um schließlich auf halbem Weg an einem steilen, als Müllkippe missbrauchten Damm hinter einem Gemischtwarenladen wieder aus der Erde aufzutauchen. Von dort aus spendiert er sein mageres Rinnsal dem Ohio.

Die Einwohner von Brilliant hatten Chapman bestürmt, zu bleiben und eine Baumschule anzulegen, aber von seiner Warte aus war der Ort bereits überentwickelt. Seit Chapman 1797 im Alter von dreiundzwanzig Jahren aus Longmeadow in Massachusetts westwärts gezogen war, hatte er von besiedelten Orten Abstand gehalten, und zwar aus

Gründen, die sowohl mit seinem Temperament als auch mit seinem Geschäft zu tun hatten. Den Menschen in Brilliant erklärte Chapman, er wolle lieber den Siedlern voraus den Westen auskundschaften, und das entwickelte sich im Endeffekt zu seinem Lebensmuster: auf einem Stück Wildnis, das er für besiedlungsreif hielt, eine Baumschule anzulegen und einfach abzuwarten. Wenn die Siedler dann kamen, konnte er ihnen schon mehrjährige Apfelbäume verkaufen. Nach einiger Zeit suchte er sich vor Ort einen jungen Burschen, der sich um seine Bäume kümmerte, zog weiter und begann die ganze Prozedur von neuem. Um 1830 unterhielt Chapman bereits eine Kette von Baumschulen, die sich von West-Pennsylvania durchs mittlere Ohio und bis nach Indiana hinein erstreckte. Dort, in Fort Wayne, starb er 1845, angeblich mit seinem berühmten Kaffeesack am Leib, aber im Besitz von gut tausendzweihundert Morgen erstklassigen Landes. Der barfüßige Spinner starb als reicher Mann.

Auch wenn die biografischen Fakten etwas dürftig waren, mussten sie eigentlich schon jedermann die fromme Schulbuchversion des Johnny Appleseed anzweifeln lassen. Aber auch mich brachte erst eine simple botanische Tatsache darauf, dass seine Geschichte verschütt gegangen war – und das vermutlich mit Absicht. Tatsache ist nämlich: Äpfel »schlagen« ihren Kernen nicht »nach« – das heißt, ein Apfelbaum, den man aus einem Kern zieht, wird ein Wildling, ein Holzapfelbaum, der seinem Elternteil nur ganz entfernt ähnelt. Wer essbare Äpfel will, pflanzt veredelte Bäume, denn die Früchte wilder Apfelbäume sind fast immer ungenießbar – »so sauer«, schrieb Thoreau einmal, »dass ein Eichhörnchen Zahnschmerzen bekommt und ein Eichelhäher loskreischt«. Thoreau behauptete, den Geschmack solcher Äpfel zu mögen, aber die meisten seiner Landsleute befanden, sie seien eigentlich nur für Most zu gebrauchen, für *Cider* – und Cider war denn auch das Schicksal der meisten Äpfel, die in Amerika bis zur Prohibition angepflanzt wurden. Äpfel nahm man in flüssiger Form zu sich. Der Grund, warum die Einwohner von Brilliant wollten, dass John Chapman blieb und eine Baumschule anlegte, war derselbe, aus dem er bald in jeder Blockhütte in Ohio willkommen war: Johnny Appleseed brachte die Segnungen des Alkohols an die Grenze zur Wildnis.

Den Apfel mit Begriffen wie Gesundheit und Bekömmlichkeit zu verknüpfen ist eine moderne Erfindung, Teil einer PR-Kampagne der Apfelverwerter Anfang des zwanzigsten Jahrhunderts mit dem Ziel, eine Frucht neu zu positionieren, der die »Women's Christian Temperance Union«, die militante Anti-Alkohol-Gruppierung »Christlicher Frauenverein für die Mäßigung«, den Krieg erklärt hatte. Carry Nations Kriegsbeil sollte offenbar nicht nur Saloon-Türen einschlagen, sondern auch jene Apfelbäume fällen, die John Chapman zu Millionen gepflanzt hatte. Vermutlich ist dieses Kriegsbeil, oder zumindest die Prohibition, dafür verantwortlich, dass die Geschichte von Chapman so verwässert worden ist. Johnny Appleseed wurde an der Pionierfront wegen zahlreicher rühmlicher Eigenschaften verehrt: Er war Philantrop, Heiler, Erweckungsprediger mit einer Lehre, die dem Pantheismus gefährlich nahe kam, und ein Freund der Indianer.

Doch während ich auf den schlammig braunen Ohio hinausblickte, der sich nach Westen wälzte, und mir den Mann im Sackleinenhemd vorzustellen versuchte, der neben seiner Ladung Apfelkerne den Fluss hinuntertrieb, fragte ich mich, ob die ganze kulturelle Energie, die man darauf verwendet hatte, Chapman als christlichen Heiligen darzustellen, nicht einfach der Versuch war, einen eher befremdlichen, eher heidnischen Helden zu domestizieren. Vielleicht konnte ich hier in Ohio einen Blick auf seine ursprüngliche Wildheit erhaschen – auf seine und die des Apfels.

Wenn man einen Apfel seiner Rundung folgend (und nicht von der Blüte zum Stiel) durchschneidet, findet man fünf kleine Kammern, die als symmetrischer Stern angelegt sind, wie ein Pentagramm. In jeder Kammer steckt ein Kern (manchmal auch zwei), der so schön braun glänzt, als wäre er von einem Schreiner liebevoll geölt und poliert worden. Zweierlei ist an diesen Kernen bemerkenswert. Erstens: Sie enthalten eine Spur Zyanid, vermutlich als Verteidigungsstrategie, die der Apfel entwickelt hat, um Tiere davon abzuhalten, die Kerne zu zerbeißen – sie sind nämlich ziemlich bitter.

Zweitens, und noch wichtiger: Ihr Erbgut steckt ebenfalls voller Überraschungen. Jeder Kern in diesem Apfel, ganz zu schweigen von jedem Kern, der neben John Chapman den Ohio hinuntertrieb, enthält die genetische Anleitung für einen völlig neuen Apfelbaum, der, wenn man ihn einpflanzte, nur ganz entfernte Ähnlichkeit mit seinen Eltern hätte. Würden wir nicht veredeln, also die uralte Technik nutzen, Bäume zu klonen, dann wäre jeder Apfel auf der Welt eine eigene Sorte, und es wäre unmöglich, eine gute Sorte über die Lebensspanne ihres Baumes hinwegzuretten. Gerade der Apfel fällt fast immer ausgesprochen weit vom Stamm.

Der botanische Terminus für diese genetische Vielfalt ist »Heterozygotie«, und es gibt eine Reihe von biologischen Arten, die heterozygot sind (unsere eigene mit inbegriffen), aber der Apfel treibt es damit besonders weit. Mehr als jedes andere Merkmal ist die genetische Vielfalt des Apfels, also seine unweigerliche Wildheit, die Ursache dafür, dass er an so unterschiedlichen Orten wie Neuengland und Neuseeland, Kasachstan und Kalifornien heimisch werden kann. Wohin es den Apfel auch verschlägt, seine Nachkommen haben so viele Varianten dessen in petto, was es heißt, ein Apfel zu sein – mindestens fünf pro Apfel und ein paar tausend pro Baum –, dass einige dieser Neuheiten fast sicher genau die Eigenschaften besitzen, die sie brauchen, um in der Wahlheimat des Baumes zu gedeihen.

Woher der Apfel ursprünglich genau kommt, darüber streiten sich seit langem die Experten, aber es scheint, als sei der Urahn der *Malus domestica*, des Kulturapfels, ein wilder Apfelbaum, der in den Bergen von Kasachstan wächst. An manchen Stellen dort ist die *Malus sieversii*, wie dieser wilde Apfel bei Botanikern heißt, die dominante Art im Wald, mit Bäumen, die fast zwanzig Meter hoch werden und jeden Herbst ein wahres Füllhorn sonderbarer, apfelähnlicher Früchte abwerfen, in allen Größen zwischen Murmel und Baseball und in allen Farben zwischen Gelb, Grün, Rot und Lila. Ich versuche immer wieder, mir vorzustellen, wie der Mai in so einem Wald aussieht (und duftet!), oder der Oktober, wenn der Waldboden ein knubbeliger rot-gold-grüner Teppich ist.

Durch manche dieser Wälder führt die Seidenstraße, und es ist gut möglich, dass Durchreisende sich die größten und schmackhaftesten dieser Früchte mit auf die Reise nach Westen nahmen. Irgendwo auf der Strecke wurden die Kerne dann weggeworfen, Wildlinge sprossen, und die *Malus* kreuzte sich nach Belieben mit verwandten Arten wie dem europäischen Holzapfel, so dass schließlich Millionen neuartiger Apfelbaumsorten in ganz Asien und Europa herauskamen. Die meisten davon trugen vermutlich ungenießbare Früchte, aber für Most oder Viehfutter hätten auch diese Bäume durchaus getaugt.

Die wahre Domestizierung musste noch auf die Erfindung des Veredelns durch die Chinesen warten. Irgendwann im zweiten Jahrhundert nach Christus entdeckten die Chinesen, dass ein Zweig von einem beliebten Baum per Kerbe auf den Stamm eines anderen Baumes gepfropft werden konnte, und wenn dieser Pfropf »anschlug«, bekam das Obst, das auf dem aus dieser Verbindungsstelle sprießenden Holz wuchs, die Eigenschaften des attraktiveren Elternteils. Diese Technik erlaubte es schließlich den Griechen und Römern, die besten Bäume auszuwählen und zu vermehren. In der Antike scheint der Apfel ein wenig zur Ruhe gekommen zu sein. Laut Plinius bauten die Römer dreiundzwanzig verschiedene Apfelsorten an, und einige davon nahmen sie mit nach England. Der winzige, oben und unten abgeflachte »Lady-Apfel«, der um die Weihnachtszeit noch auf manchen Märkten auftaucht, gehört angeblich dazu.

Wie Thoreau 1862 in einem Essay zum Lob des wilden Apfels feststellte, folgte dieser »zivilisierteste« aller Bäume der Ausdehnung der Weltreiche nach Westen, aus der antiken Welt nach Europa und dann mit den ersten Siedlern weiter nach Amerika. Ähnlich wie die Puritaner, die ihre Überfahrt nach Amerika als eine Art Taufe oder Wiedergeburt begriffen, veränderte der Apfel bei der Überquerung des Atlantiks unweigerlich seine Identität – was Generationen von Amerikanern dazu ermunterte, in der Geschichte dieser Frucht ein Echo ihrer eigenen zu hören. Der Apfel wurde in Amerika zur Parabel.

Die ersten amerikanischen Einwanderer hatten zwar gepfropfte Apfelbäume aus der Alten Welt mitgebracht, aber den meisten erging es in ihrer neuen Heimat schlecht. Harte Winter brachten viele davon einfach um; bei anderen machte später Frühlingsfrost, den es in England nicht gibt, den Knospen den Garaus. Andererseits pflanzten die Siedler auch Kerne ein, oft solche, die sie von ihren auf der Überfahrt über den Atlantik gegessenen Äpfeln aufbewahrt hatten, und diese Sämlinge, in Amerika »Pippins« genannt, gediehen schließlich (vor allem, nachdem die Siedler Bienen importiert hatten, um die Bestäubung anzukurbeln, die zunächst eher spärlich gewesen war). Benjamin Franklin berichtet, dass der Ruhm des »Newtown Pippin«, eines Sämlingsapfels, den man in einer Mostapfelplantage in Flushing, New York, entdeckt hatte, 1781 schon bis nach Europa gedrungen war.

Genau genommen musste der Apfel, wie die Siedler selbst, sein früheres domestiziertes Leben aufgeben und in die Wildnis zurückkehren, bevor er als Amerikaner wiedergeboren werden konnte – in Form eines Newtown Pippin oder Baldwin, Golden Russet oder Jonathan. Nichts anderes hatten die Kerne in John Chapmans Boot vor. (Chapman selbst übrigens wohl auch.) Indem sich der Apfel wieder auf die alten wilden Sitten verlegte – auf die geschlechtliche Fortpflanzung und das Ausbilden von Blüten und Samen –, konnte er in seinen riesigen Genvorrat greifen, den er im Lauf seiner Wanderschaft durch Asien und Europa angelegt hatte, und exakt die Kombination von Eigenschaften herauspicken, die er fürs Überleben in der Neuen Welt brauchte. Manches Nötige fand der Apfel wahrscheinlich auch, indem er sich mit den wilden amerikanischen Holzapfelbäumen kreuzte, den einzigen einheimischen amerikanischen Apfelbäumen. Dank der verschwenderischen genetischen Ausstattung dieser Spezies, kombiniert mit dem Werk von Menschen wie John Chapman, hatte die Neue Welt in erstaunlich kurzer Zeit ihre eigenen Äpfel, die an die nordamerikanischen Boden-, Klima- und Tageslichtverhältnisse angepasst waren – Äpfel, die sich von ihren ursprünglichen europäischen Verwandten genauso unterschieden wie die Amerikaner selbst.

Von Brilliant aus folgte ich dem Lauf des Ohio weiter bis nach Marietta. Je südlicher man kommt, desto ruhiger wird die Landschaft. Die steilen, felsigen Hügelrücken, die bei Wheeling jäh aus dem Fluss ragen, gehen über in fruchtbares Farmland. Es war die erste Oktoberwoche, ein Sonntag, und viele Maisfelder waren erst teilweise abgeerntet worden, so dass ein Eindruck unterbrochenen Tagwerks blieb. Auf manchen Feldern, auf denen der hohe, dunkle Mais schon geschnitten war, kam ein altmodischer Ölbohrturm zum Vorschein. Die ersten amerikanischen Ölfelder hatte man damals ganz in der Nähe von Marietta gefunden: Einem Farmer war beim Brunnengraben aufgefallen, dass natürliche Gasbläschen durchs Wasser emporstiegen – ein untrügliches Zeichen, dass er das große Los gezogen hatte. (Davor war der Glückstreffer gewesen, wenn man in seinem Mostgarten einen hochwertigen Apfelbaum entdeckte.) Die meisten Bohrtürme rosteten stillgelegt vor sich hin, aber ab und zu pumpte auch einer kräftig, als schrieben wir noch das Jahr 1925.

In Marietta stattete ich dem Campus Martius Museum einen Besuch ab, einem kleinen historischen Museum aus Backstein, das den Pioniertagen von Ohio gewidmet ist, als Marietta das Tor zum Northwest Territory war. Dort steht man als Erstes vor einem ausladenden Tischmodell, das die Gegend um Marietta Ende des achtzehnten Jahrhunderts darstellt. 1788 kam nämlich ein Held aus dem Unabhängigkeitskrieg namens Rufus Putnam, der vom damaligen Kongress die Genehmigung zur Niederlassung für seine in Ohio beheimatete Firma erhalten hatte, mit einem Grüppchen von Männern hier an. Die Familien folgten ein paar Monate später, nachdem die Männer die kleine, ummauerte Siedlung angelegt hatten, die früher an dieser Stelle stand.

An den Wänden ringsum zeigen Karten aus dem achtzehnten Jahrhundert einen vielfach verästelten Baum von Flüssen und Bächen, die vom »Stamm« des Muskingum nach Norden führen und die Punkte unzähliger Ortsnamen miteinander verbinden, die sich schnell im Nichts verlieren. Diese Karten zwingen einen, Ohio in einem ungewohnten Licht zu betrachten: nicht mehr als Mitte, sondern als Anfang, als Rand. Genau das war dieser Ort natürlich 1801, als Chapman zum ersten Mal hier auftauchte: Amerikas Schwelle, die Klippe zu allem Unbekannten und noch zu Werdenden – es sei denn, man gehörte zufällig zu den Delaware- oder Wyandot-Indianern, die die Vorstellung von einer Wildnis sowieso für einen Irrtum beziehungsweise Schwindel hielten. Für weiße Amerikaner bedeutete Marietta 1801 jedoch die letzte Station, bevor sie den Fuß ins Ungewisse setzten.

Eine der Waren, mit denen man sich 1801 in Marietta eindecken konnte, bevor man sich ins Landesinnere aufmachte, waren Apfelbäume. Rufus Putnam hatte höchstpersönlich kurz nach seiner Ankunft am gegenüberliegenden Ohio-Ufer eine Baumschule angelegt, damit er durchziehenden Siedlern Bäume verkaufen konnte. Verblüffenderweise waren diese Apfelbäume nicht aus Kernen gezogen, sondern gepfropft. In seiner Baumschule wuchs sogar ein ganzes Sortiment der an der Ostküste bekannten Sorten: die Roxbury Russets, Newtown Pippins und Early Chandlers, die sich in den neuenglischen Kolonien bereits einen Namen gemacht hatten.

Das bedeutet natürlich, dass John Chapmans Äpfel weder die ersten noch im Entferntesten die besten in Ohio waren, denn er hatte ausschließlich aus Kernen gezogene Bäume zu bieten. In seiner Querköpfigkeit wollte Chapman mit gepfropften Bäumen nichts zu tun haben. »Vielleicht kann man auf die Art bessere Äpfel züchten«, soll er gesagt haben, »aber das ist dann bloß ein menschlicher Kunstgriff, und es ist frevelhaft, Bäume so zu verschneiden. Das rechte Verfahren ist vielmehr, gute Kerne auszusuchen und sie in gute Erde zu setzen – das mit dem Veredeln besorgt dann schon der liebe Gott.«

Was war also an Chapmans Unternehmen einzigartig, und wieso war es erfolgreich? Abgesehen von Chapmans fast fanatischem Hang zu Äpfeln, die aus Kernen gezogen waren, tat sich sein Geschäft durch seine räumliche Flexibilität hervor: Er war bereit, seine Sachen zu packen und sein Apfelbaum-Business zu verlegen, um mit der sich ständig verschiebenden Siedlungsgrenze Schritt zu halten. Wie ein gerissener Immobilienmakler, als den man ihn ja auch sehen kann, hatte Chapman einen sechsten Sinn dafür, wo die nächste Erschließungswelle hinschwappen würde. Dorthin machte er sich auf, und dann pflanzte er seine Kerne auf einem Flussgrundstück an, für das er manchmal bezahlt hatte, manchmal nicht, und vertraute darauf, dass ihm ein paar Jahre später ein Markt für seine Bäume vor die Füße fiel. Wenn die Siedler dann kamen, hatte er zwei- bis dreijährige Bäume zu bieten, die er ihnen für sechseinhalb Cents pro Stück verkaufte. Offensichtlich war Chapman der einzige Apfelbauer an der amerikanischen Grenze zur Wildnis, der eine solche Strategie verfolgte. Sie sollte sowohl für die Frontier als auch für den Apfel weitreichende Folgen haben.

Wenn man das Temperament dazu hatte und nicht unbedingt die Absicht, eine Familie zu gründen oder Wurzeln zu schlagen, dann war es nicht das Schlechteste, am ständig oszillierenden Rand zum »Wilden Westen« ein kleines Apfelbaumgeschäft zu unterhalten. Äpfel waren an der Frontier kostbar, und Chapman konnte sicher sein, dass es für seine Sämlingsbäumchen eine starke Nachfrage gab, selbst wenn die meisten davon nur gallenbittere Holzäpfel tragen würden. Er verkaufte, und zwar billig, etwas, das jedermann wollte – ja, das in Ohio sogar jedermann von Rechts wegen haben musste. Um im Northwest Territory von staatlicher Seite Land zugewiesen zu bekommen, musste ein Siedler ausdrücklich »mindestens fünfzig Apfel- oder Birnbäume anpflanzen«, so lautete die offizielle Bedingung. Der Zweck dieser Regelung war, Grundbesitzspekulationen zu erschweren, indem man Siedler ermunterte, Wurzeln zu schlagen. Da ein durchschnittlicher Apfelbaum zehn Jahre braucht, um Früchte zu tragen, galt eine Apfelplantage als Zeichen für die Absicht, sich dauerhaft anzusiedeln.

Ein Obstgarten ist eine idealisierte, beziehungsweise domestizierte Form von Wald, und die Verwandlung eines düsteren Stückes Wildwuchs in säuberlich angelegte Reihen von Apfelbäumen war der sichtbare, geradezu schlagende Beweis dafür, dass ein Pionier den Ur-Wald besiegt hatte. Im Vergleich zu den mächtigen, altehrwürdigen Bäumen, die die ersten Siedler vorfanden, muss ein bescheidenes Apfelbäumchen mit seiner Art, wie es beflissen die von uns vorgegebene Form annimmt, wie es uns seine Blüten und Früchte in Reichweite hinhält, ein höchst erquicklicher Anblick am Rand der Wildnis gewesen sein.

Das ist der eine Grund, weshalb das Anlegen eines Obstgartens sich zu einem der frühesten Siedlerrituale an der amerikanischen Frontier entwickelte – der andere waren die Äpfel selbst. Man muss seine historische Fantasie schon ein bisschen bemühen, um wirklich zu würdigen, wie viel der Apfel den Menschen, die vor zweihundert Jahren lebten, bedeutete. Im Vergleich dazu ist er in unseren Augen ein ziemlich belangloses Etwas – eine beliebte Obstsorte (noch populärer ist höchstens die Banane), aber nichts, ohne das wir nicht leben können. Viel schwerer fällt uns dagegen die Vorstellung, ohne das Erlebnis von *Süße* zu leben, und ebendiese Süße, im weitesten und ältesten Sinn, hatte der Apfel zu Chapmans Zeiten einem Amerikaner zu bieten, diese Sehnsucht half er zu befriedigen.

Zucker war im Amerika des achtzehnten Jahrhunderts rar. Selbst nachdem in der Karibik Zuckerrohrplantagen angelegt worden waren, blieb er ein Luxusprodukt, das für die meisten Amerikaner nicht erschwinglich war. Später identifizierte man Rohrzucker so sehr mit dem Sklavenhandel, dass viele Amerikaner aus Prinzip keinen kauften. Bevor die Engländer kamen, und noch einige Zeit danach, gab es in Nordamerika keine Honigbienen, folglich auch fast keinen Honig. Die Indianer im Norden hatten zum Süßen Ahornsirup benutzt. Erst Ende des neunzehnten Jahrhunderts wurde Zucker so reichhaltig verfügbar und billig, dass eine nennenswerte Anzahl von Amerikanern sich ihn leisten konnte, vor allem natürlich an der Ostküste. Davor kam das Erlebnis von Süße im Leben der meisten Menschen vor allem aus Fruchtfleisch. Und das hieß in Amerika zumeist: vom Apfel.

Süße ist ein Bedürfnis, das mit dem Geschmackssinn auf der Zunge beginnt, aber beileibe nicht damit endet. Zumindest tat es das damals nicht, als das Erleben von Süße so etwas Besonderes war, dass das Wort als Metapher für eine gewisse Vollkommenheit stand. Wenn die Schriftsteller Jonathan Swift und Matthew Arnold den Ausdruck »sweetness and light« verwendeten, um ihr höchstes Ideal sittlicher Vervollkommnung und Erleuchtung zu bezeichnen (Swift nannte sie »die beiden edelsten Dinge«, Arnold das letztendliche Ziel der Kultur), dann bezogen sie sich auf einen Sinn des Wortes *Süße*, der auf die Klassik zurückgeht, einen Sinn, der uns größtenteils abhanden gekommen ist. Das beste Land war früher »süß«; genauso wie die lieblichsten Klänge, die schlüssigsten Reden, die schönsten Ausblicke, die kultiviertesten Menschen und der beste Teil eines jedweden Ganzen, wie bei Shakespeare, wenn er den Frühling »des Jahres Süße« nennt. Von der Zunge auf alle anderen Sinnesorgane übertragen, definiert das *Oxford English*

Dictionary Süße sehr archaisch als etwas, das »Vergnügen bereitet oder ein Verlangen stillt«. Wie ein Gleichnis bezeichnete das Wort *Süße* eine Wirklichkeit, in der menschliche Bedürfnisse zählten: Es stand für Erfüllung.

Seither hat die Süße viel von ihrer Kraft verloren und wurde eher zuckersüß. Wer möchte heutzutage Süße noch für eine »edle Eigenschaft« halten? Irgendwann im neunzehnten Jahrhundert begann dem Wort in der Literatur ein unlauterer Ruch anzuhaften, und heute schwingt darin meist ein ironischer oder sentimentaler Unterton mit. Zu häufiges Verwenden hat vermutlich dazu beigetragen, dass die Kraft des Begriffs auf der Zunge schwand, aber am nachhaltigsten ist die Süße, ob als Erlebnis oder als Metapher, meiner Ansicht nach durch das Auftauchen von billigem Zucker in Europa, vielleicht besonders von billigem Rohrzucker, der von Sklaven produziert wurde, diskreditiert worden. Die endgültige Beleidigung kam dann mit der Erfindung der synthetischen Süßstoffe. Sowohl das Erlebnis als auch die Metapher scheinen mir wert zu sein, ihnen nachzuspüren, und sei es nur, um die ehemalige Macht des Apfels zu würdigen.

Fangen wir mit dem Geschmack an. Erinnern Sie sich an einen Augenblick, in dem der Geschmack von Honig oder Zucker auf der Zunge Sie in Erstaunen versetzte, Sie berauschte. In einem solchen Süße-Erlebnis zu schwelgen, gelang mir nur aus zweiter Hand, und trotzdem hat es sich mir tief eingeprägt. Ich denke an die erste Bekanntschaft meines Sohnes mit Zucker, nämlich in Gestalt des Zuckergusses auf dem Kuchen zu seinem ersten Geburtstag. Ich kann nur nach Isaacs Miene urteilen (und nach seinem ungestümen Drang, das Erlebnis zu wiederholen), aber es war offensichtlich, dass seine erste Begegnung mit Zucker ihn berauscht hatte, ihn im wahrsten Sinne des Wortes in Ekstase versetzt hatte. Er war außer sich vor Entzücken, war Zeit und Welt entrückt. Zwischen den einzelnen Bissen starrte er mich entgeistert an (er saß auf meinem Schoß, und ich schob ihm gabelweise die Brocken Ambrosia in den sperrangelweit aufgerissenen Mund), als wollte er ausrufen: »So was hat eure Welt zu bieten? Dieser Sache werde ich ab heute mein Leben widmen.« Was er praktisch getan hat. Und mir ging durch den Kopf, dass das bestimmt kein gering zu schätzendes Bedürfnis ist, das weiß ich noch, und dann habe ich mich gefragt: Könnte es sein, dass Süße der Urtyp allen Begehrens ist?

Anthropologen haben festgestellt, dass sich Kulturen in ihrem Gefallen an bitteren, sauren und salzigen Aromen erheblich unterscheiden, aber eine Lust auf Süßes scheint universal zu sein. Das trifft genauso für Tiere zu, was uns eigentlich nicht wundert, denn in Form von Zucker speichert die Natur Energie in der Nahrung. Wie die meisten Säugetiere erleben wir Süße zum ersten Mal in der Muttermilch. Entweder entwickeln wir an der Brust einen Geschmack daran, oder wir werden bereits mit einem instinktiven Bedürfnis nach Süßem geboren, das uns die Muttermilch begehrenswert erscheinen lässt.

Wie dem auch sei, die Süße hat sich als treibende Kraft in der Evolution entpuppt. Dadurch, dass Obstpflanzen wie der Apfel ihre Samen in zuckeriges und nahrhaftes Fleisch betten, sind sie auf eine geniale Methode gekommen, das Verlangen der Säugetiere nach Süßem zu nutzen: Im Tausch gegen Fruchtzucker bieten die Tiere den Samen

Transportdienste, damit sich die Pflanze ausbreiten kann. Als Parteien in diesem großen evolutionären Tauschhandel gediehen und mehrten sich die Tiere mit dem stärksten Hang zu Süßem und die Pflanzen, die die größten, süßesten Früchte boten, gemeinsam, so dass sie sich zu den Arten entwickelten, die wir heute sehen – und selbst sind. Vorsichtshalber unternahmen die Pflanzen bestimmte Schritte, um ihre Samen vor der Gier ihrer Partner zu schützen: Süße und Farbe entwickeln sie erst, wenn die Samen völlig ausgereift sind, davor sind Früchte meist unauffällig grün und ungenießbar, und in manchen Fällen, wie beim Apfel, bilden die Pflanzen in ihren Kernen Giftstoffe, um sicherzustellen, dass nur das süße Fruchtfleisch verzehrt wird.

Das Begehren ist der Natur und dem Ur-Sinn der Früchte also eigen, deswegen werden sie so oft tabuisiert. Das vergleichsweise unspektakuläre Dasein der Gemüsesorten lässt sich der Tatsache zuschreiben, dass die Fortpflanzungsstrategie von Gemüsen nicht darauf angelegt ist, irgendwelche tierischen Gelüste zu stillen.

Die Lockungen des Zuckers holten den Apfel also aus den kasachischen Wäldern heraus, wirbelten ihn quer durch Europa, an die nordamerikanischen Gestade und schließlich bis in John Chapmans Kanu. Aber der Reiz der Äpfel für menschliche Wesen (und vielleicht besonders für Amerikaner) verdankt sich ihrer Süße im übertragenen vermutlich noch mehr als im wörtlichen Sinn. Die frühen Siedler, die aus Orten wie Marietta in die Wildnis aufbrachen, wollten Apfelbäume um sich haben, weil diese ihnen ein Stück Geborgenheit aus ihrer Heimat gaben. Seit der Zeit der neuenglischen Puritaner stehen Apfelbäume als Sinnbild für eine besiedelte und produktive Landschaft und tragen gleichzeitig ihren Teil dazu bei. Für einen Europäer gehörten Obstbäume untrennbar zu einer »süßen« Landschaft, genauso wie klares Wasser, bestellbares Land und schwarzer Ackerboden. Wenn man einen Landstrich »süß« nannte, meinte man damit, er befriedige unsere Bedürfnisse.

Auch dass der Apfel im Allgemeinen für den schicksalsträchtigen Baum im Paradies gehalten wurde, hat ihn vermutlich einem frommen Volk anempfohlen, das glaubte, Amerika verspreche einen zweiten Garten Eden. In Wirklichkeit nennt die Bibel »die Frucht des Baumes, der inmitten des Gartens steht« nie beim Namen, und im fraglichen Teil der Welt ist es eigentlich zu heiß für Apfelbäume, aber trotzdem haben mindestens seit dem Mittelalter die Nordeuropäer angenommen, die verbotene Frucht sei ein Apfel gewesen. (Manche Historiker meinen, es habe sich um einen Granatapfel gehandelt.) Dieses Missverständnis ist für mich ein weiteres Beispiel für die Gabe des Apfels, sich in jeden beliebigen menschlichen Kontext einzuschleichen, offensichtlich sogar in einen biblischen. Wie ein botanischer »Zelig« hat sich der Apfel durch die Malerei von Dürer, Cranach und unzähliger anderer Meister in unser Bild vom Paradies gestohlen. Mit ihren Gemälden im Gedächtnis wäre es undenkbar gewesen, irgendwo in der Neuen Welt ein Gelobtes Land ohne Apfelbäume neu zu erschaffen.

Vor allem für einen Protestanten. In Nordeuropa hatte es Tradition, die Traube, die im gesamten romanischen Gebiet des Christentums gedieh, mit den Verfehlungen der katholischen Kirche zu verbinden, während man den Apfel als die gesunde Frucht des Protestantismus begriff. Wein kam in der Eucharistiefeier vor; außerdem warnte das Alte

Testament vor den Versuchungen der Traube. Über den Apfel verlor die Bibel dagegen kein schlechtes Wort, nicht einmal über den gehaltvollen Trank, den man daraus brauen konnte. Selbst der gottesfürchtigste Protestant konnte sich einreden, dass Apfelmost einen theologischen Freibrief bekommen hatte.

»Das Begehren des Puritaners, fern jeder Hilfe und ums nackte Überleben kämpfend, den Pippin auf seine karge Liste der Annehmlichkeiten zu setzen, und den sauren ›Syder‹ zur Labsal von Herz und Leber, muss als glücklicher Umstand betrachtet werden«, erklärte ein Redner bei einer Versammlung der Gartenbaugesellschaft von Massachusetts im Jahr 1885. »Vielleicht war er dem Apfelmost zugetan …, weil in der Heiligen Schrift nirgends etwas dagegen geschrieben steht.« Ob das nun wirklich der Grund war oder ein nachträglich zusammengeschusterter Erklärungsversuch ist, jedenfalls waren die Amerikaner dem Most ausgesprochen zugetan, eine Vorliebe, aus der sich erklärt, warum der Apfel in den Kolonien und an der Siedlungsgrenze zum Wilden Westen so hoch geschätzt wurde. Genauer gesagt gab es praktisch nichts anderes zu trinken.

Der andere große Liebesdienst, den uns der Zucker erweist, ist natürlich die Produktion von Alkohol: Er entsteht dadurch, dass bestimmte Hefen angeregt werden, sich an von Pflanzen produzierten Zuckerstoffen gütlich zu tun. Durch Gärung wird die pflanzeneigene Glukose in Äthylalkohol und Kohlendioxid umgewandelt. Das süßeste Obst produziert den gehaltvollsten Alkohol, und im Norden Amerikas, wo Trauben nicht gut gediehen, waren das meistens Äpfel. Bis zur Prohibition war es für einen in Amerika gereiften Apfel wesentlich unwahrscheinlicher, gegessen zu werden, als in einem Mostfass zu landen. (*Hard cider*, die amerikanische Bezeichnung für Apfelmost, im Unterschied zu *sweet cider*, also Apfelsaft, ist ein Begriff aus dem zwanzigsten Jahrhundert, der vorher überflüssig war, da praktisch jede Art von Apfelsaft vergoren war, bevor die moderne Lebensmittelkühlung es erlaubte, *sweet cider* auch »süß« zu halten.)

Kornschnaps oder *white lightning* war dem Apfelmost an der amerikanischen Siedlungsgrenze schon um ein paar Jahre zuvorgekommen, aber nachdem die Apfelbäume allmählich florierten, entwickelte sich Apfelmost – da er sicherer, schmackhafter und viel einfacher herzustellen war – zum bevorzugten alkoholischen Getränk. Eigentlich konnte fast der einzige Grund, einen Obstgarten mit den Holzapfelbäumen anzulegen, die John Chapman zu bieten hatte, die berauschende Ernte daraus sein, die jedem offen stand, der eine Presse und ein Fass besaß. Wenn man ausgepressten Apfelsaft ein paar Wochen lang gären lässt, erhält man ein leicht alkoholisches Getränk, das ungefähr halb so stark ist wie Wein. Wenn man es etwas härter möchte, kann man diesen Most zu Obstwasser destillieren oder einfach einfrieren: Das hochprozentige Gebräu, das nicht gefriert, heißt dann *applejack*, Apfelschnaps. Apfelmost, den man auf dreißig Grad minus herunterkühlt, ergibt einen sechsundsechzigprozentigen Applejack.

Praktisch jeder frühe amerikanische Siedlerhaushalt hatte einen großen Obstgarten, aus dem jedes Jahr Tausende Liter von Apfelmost hergestellt wurden. In ländlichen Gegenden nahm Cider nicht nur den Platz von Wein und Bier ein, sondern auch von Tee und Kaffee, Saft und sogar

Wasser. Oft wurde Most lieber getrunken als Wasser, selbst von Kindern, nachdem er unter hygienischen Gesichtspunkten als gesünder galt, so fragwürdig das sein mag. Cider wurde fürs Landleben so unverzichtbar, dass sogar diejenigen, die gegen die Übel des Alkohols Sturm liefen, den Apfelmost ausnahmen. Die frühen Prohibitionisten schafften es hauptsächlich, die Trinker von Kornschnaps zu Apfelgeistern zu bekehren. Schließlich attackierten sie Cider zwar doch frontal und starteten ihren Feldzug mit der Axt gegen Apfelbäume, aber bis zum Ende des neunzehnten Jahrhunderts genoss Apfelmost noch die theologische Ausnahmestellung, die sich die Puritaner für ihn zurechtgelegt hatten.

Erst in diesem Jahrhundert erwarb sich der Apfel dann den Ruf, gesund zu sein. »An apple a day keeps the doctor away«, »Ein Apfel am Tag macht den Arzt arbeitslos«, war ein Marketingslogan, den sich Apfelbauer hatten einfallen lassen, die befürchteten, dass die durch die Prohibition erzwungene allgemeine Mäßigung dem Absatz mächtig zusetzte. 1900 schrieb die Gartenbauexpertin Liberty Hyde Bailey, »das Essen von Äpfeln (statt des Trinkens)« sei »vorrangig geworden«, aber während der zwei Jahrhunderte vorher hätten die Zeitgenossen, sobald ein Amerikaner sich über die Tugenden des Apfels ausließ, ob das nun John Winthrop war oder Thomas Jefferson, Henry Ward Beecher oder John Chapman, vermutlich vielsagend gegrinst, weil sie in derlei Sprüchen einen dionysischen Beiklang hörten, der uns heutzutage leicht entgeht. Wenn Emerson zum Beispiel schrieb, dass »der Mensch einsamer wäre, weniger gesellig und weniger Beistand hätte, wenn uns das Land nur die Nutzfrüchte Mais und Kartoffeln schenkte [und] diese schmückende und gesellige Frucht vorenthielte«, verstanden seine Leser, dass er dabei vor allem den Beistand und die gesellige Wirkung des Alkohols im Sinn hatte.

Die uramerikanische »Neigung zum Apfelmost« liefert die einzige Erklärung für den Erfolg des John Chapman – wie der Mann seinen Lebensunterhalt verdienen konnte, indem er den Siedlern in Ohio gallenbittere Holzäpfel verkaufte, obwohl es in Marietta bereits veredelte Bäume mit essbaren Früchten zu kaufen gab.

Mount Vernon in Ohio ist eine klassische Pionierstadt aus dem frühen neunzehnten Jahrhundert, mit einem bescheidenen Gitternetz von Straßen, die um einen grünen Platz herum angelegt sind, ein kleines Stück Fußweg vom Zusammenfluss zweier Flüsse entfernt. In der Bücherei auf dem Hauptplatz hängt ein Plan der Stadt aus dem Jahr 1805, als die Siedlung entworfen wurde. Wenn Sie dort in die linke untere Ecke schauen, wo der Owl Creek einen Knick macht und das saubere Gitternetz bedrängt, dann sehen Sie die beiden Grundstücke mit der Flurnummer 145 und 147, die von John Chapman 1809 für die Summe von fünfzig Dollar gekauft wurden. Folgen Sie dem Fluss bis in die obere rechte Ecke, dann sehen Sie eine saubere Formation von Apfelbäumen, die für eine der Baumschulen steht, die John Chapman angelegt haben soll.

Ich war dem Muskingum und seinen Zuflüssen von Marietta aus in nördlicher Richtung nachgefahren und so nach Mount Vernon gekommen, um die in Ohio führende Autorität zum Thema Johnny Appleseed kennen zu lernen. William Ellery Jones ist ein einundfünfzigjähriger Berater für Fundraising und Hobbyhistoriker mit einem einzigen Traum: auf einem Hügel bei Mansfield ein Museum mit Freilichttheater für Johnny Appleseed zu errichten. Als ich ihn einen Monat zuvor in Cincinnati anrief, hatte er sich großzügig erboten, mich als Touristenführer im »Johnny-Appleseed-Land« herumzukutschieren. Jones deutete an, er habe einige wichtige Entdeckungen gemacht – wo diverse Chapman-Sehenswürdigkeiten und -Überbleibsel zu finden seien –, und ließ durchblicken, ich bekäme, wenn ich es geschickt anstellte, ein paar davon zu Gesicht. Das Ganze erschien mir fast zu schön, um wahr zu sein – dass ich mit einem einzigen Anruf einen Cicerone des Appleseed-Country aufgetan haben sollte. Nach drei Tagen, die ich in Begleitung dieses sanften Monomanen in Ohio herumgefahren war, bewahrheitete sich diese Einschätzung.

Das Museum mit Freilichttheater hätte mir eigentlich schon einen Wink geben können. Praktisch bei unserem ersten Händedruck erkannte ich, dass Bill Jones bis zum Hals in ebender Version von Chapmans Leben steckte, der ich auf meinem Westwärtstrip entkommen wollte: dem heiligen Sankt Appleseed. »Chapman ist ein Held für unsere heutige Zeit«, erklärte er mit todernster Miene, als ich mich erkundigte, was ihn zu Chapmans Geschichte hingezogen habe. »Mit seiner Philanthropie, seiner Selbstlosigkeit und seinem christlichen Glauben. Außerdem war John Chapman Amerikas erster Umweltschützer. Ein besseres Vorbild für unsere Kinder könnte man nicht einmal erfinden, stimmt's oder habe ich Recht?« Ich beschloss, ein wenig zu warten, bis ich die Geschichte mit der Kindsbraut oder den Apfelschnaps ins Spiel brachte.

Bill Jones ist ein hoch gewachsener, vornehmer Mann

mit blassblauen Augen und zarter, papierener Haut. Er hat etwas von einer zum Zerreißen gespannten Trommel, hat wenig Sinn für Ironie und ist, seiner eigenen Einschätzung zufolge, irgendwie unzeitgemäß. Das heutige Amerika bringt ihn auf – die Popkultur, die Gewalt, der Mangel an »moralischen Richtlinien«. Die Vergangenheit zu Zeiten der Besiedlung von Ohio ist ihm dagegen lebhaft gegenwärtig, und Ausdrücke wie »Potztausend!«, »Heiliger Strohsack« oder »Da brat mir einer einen Storch« kommen ihm oft und ganz selbstverständlich über die Lippen.

Als Erstes fielen mir an Bill seine zarten weißen Hände und die diversen Paar Lederhandschuhe auf, die er in seiner Mappe bei sich hatte. Obwohl es erst Oktober war, zog Bill zum Tanken Handschuhe an, und sogar im Restaurant, wenn man ihm eine heiße Kaffeetasse in die Hand drückte. Nachdem wir uns ein bisschen näher kennen gelernt hatten, ließ er durchblicken, für seine Begriffe sei Chapman ein zwanghafter Charakter gewesen, außerdem hätten sich die Leute immer über seine zarten Hände lustig gemacht. »Wenn man damals keine Holzfällerpranken hatte, hieß es gleich, man sei weibisch.«

Jones hatte uns eine ehrgeizige Reiseroute zwischen Mount Vernon und Fort Wayne zusammengestellt, die mit einem flotten Morgenmarsch zu den Flurnummern 145 und 147 begann. Chapmans zwei Grundstücke in Mount Vernon liegen einander gegenüber, mit der Straße dazwischen, am Ufer des Owl Creek. Jones erzählte, er habe beim Staat Ohio beantragt, auf dem Grundstück, das heute für eine Reifenhandlung als Parkplatz dient, Gedenktafeln zu errichten. Der Owl Creek sah viel zu seicht und träge aus, um der viel befahrene Wasserweg zu sein, als den ihn mein

Begleiter beschrieb, aber Bill Jones fügte sofort hinzu, dass die meisten einheimischen Flüsse schon vor Jahren durch Dämme und Stauseen gezähmt worden seien. Der Chapmansche Grundbesitz in Mount Vernon war, wie mir später klar wurde, typisch für ihn: Das Land grenzte an einen Fluss, so dass zunächst die Bewässerung seiner Sämlinge und später der Durchreiseverkehr von potenziellen Käufern gesichert waren, und die Grundstücke lagen am Rand einer neuen Siedlung. Dieser spezielle »Tropismus«, der Chapman aus dem quirligen Zentrum heraus und an die Ränder des Geschehens führte, entpuppte sich mit der Zeit als Konstante bei unserem Mann und seinem Lebensprojekt.

Im Lauf der nächsten paar Tage zeigte mir Bill das ganze Appleseed-Land und machte diesen quasi historischen Ort wirklich eindrucksvoll für mich lebendig. Wir trabten durch ein Dutzend ehemaliger Chapmanscher Baumschulen, hielten bei der kleinsten Gedenktafel an (Jones beklagte die jüngst erfolgte Umstellung von Messing- auf Aluminiumschilder), und standen an einer Hand voll stinknormaler Straßenecken, von denen Bill allein wusste, dass sie »enorm wichtige Appleseed-Sehenswürdigkeiten« waren. Am Ufer des Auglaize machten wir die Wiese ausfindig, auf der der berühmte Platanenstumpf stand, in dem Chapman weiland gehaust hatte (inzwischen der Vorgarten einer Ranch), und in einem heruntergekommenen Viertel von Mansfield besichtigten wir die Stelle, an der das ehemalige Haus von Chapmans kleiner Schwester Persis Broom stand und sich heute ein Drive-Through-Liquor-Store namens »Galloping Goose«, galoppierende Gans, befindet. In Defiance kletterten wir auf den höchsten Punkt einer großen Trinkwasseraufbereitungsanlage, um einen ungehinderten Blick auf eine von Appleseeds Plantagen zu genießen, und in der Nähe von Loudonville paddelten wir zwei Stunden lang mit einem Kanu, um einen Blick auf eine weitere zu erhaschen. Auf einer Farm bei Savannah fotografierten wir uns gegenseitig vor einem uralten, halb toten Apfelbaum, der womöglich von Chapman gepflanzt worden war.

Die ganze Zeit über tischte mir Bill Geschichten über Johnny Appleseed auf, eine dicke Suppe aus Legenden, gewürzt mit historischen und biografischen Fakten. Das meiste, was man über Chapman weiß, stammt aus Erzählungen, die von den vielen Siedlern überliefert sind, die ihn in ihre Hütten eingeladen hatten, um dem berühmten Apfelmann und Erweckungsprediger eine Mahlzeit und ein Bett für die Nachtruhe anzubieten. Im Gegenzug ließen sich Chapmans Gastgeber nur zu gern mit Botschaften (von Indianern, von wundersamen himmlischen und Chapmans irdischen Wundertaten) und Apfelbäumen (von denen er zum Dank meistens ein paar anpflanzte) beglücken. Außerdem bot er ihnen den schieren Unterhaltungswert eines Gastes, der im wahrsten Sinn des Wortes eine lebende Legende war.

Chapman wohnte überall und nirgends. Er war ständig auf Achse, reiste im Herbst in die Alleghenies, um Apfelkerne zu holen, kundschaftete im Frühling geeignete Stellen für Apfelplantagen aus und säte an, reparierte im Sommer Zäune alter Plantagen und stellte ortsansässige Helfer an, die ein Auge auf seine Bäume haben und sie verkaufen sollten, nachdem er selten so lange irgendwo verweilte, dass er diese Arbeit selbst hätte übernehmen können. Noch jenseits der sechzig, als Chapman sein Hauptquartier schon nach

Indiana verlegt hatte, macht er eine jährliche Pilgerreise ins Herz von Ohio, um seine dortigen Baumschulen zu betreuen. Dieses Fernmanagement brachte mit sich, dass er häufig übers Ohr gehauen wurde und dass von seinem Land oft widerrechtlich Besitz ergriffen wurde, wobei er sich in solchen Fällen offenbar vor allem darum sorgte, ob es seinen Bäumen gut ging. Trotz solcher Rückschläge gelang es ihm aber, genügend Geld anzuhäufen, um seine Ländereien ständig aufzustocken und bedürftigen Mitmenschen, oft wildfremden, mit Geldspenden unter die Arme zu greifen. Um mit Bill Jones zu sprechen: Allein die Größe seines Grundbesitzes – mindestens zweiundzwanzig ausgedehnte, zusammenhängende Nutzflächen – ist schwer zu vereinbaren mit der Vorstellung, er sei etwas gutgläubig oder nicht ganz bei Trost gewesen.

Trotzdem war er zweifellos »eine der merkwürdigsten Gestalten in unserer Geschichte«, wie sich ein Historiker aus Mount Vernon im neunzehnten Jahrhundert ausdrückte. In der Erinnerung der Siedler, die er auf seinen jährlichen Trecks besuchte, entspannen sich fantastische Geschichten über seine Ausdauer, seine Großzügigkeit, seine Mildtätigkeit, sein Heldentum und, wie man auch sagen muss, seine erzkonservative Eigentümlichkeit. Jones kennt all diese Geschichten in- und auswendig, und selbst wenn er dem Wahrheitsgehalt der wildesten darunter nicht traut, hat er sie doch gern weitererzählt – die meisten jedenfalls.

Erwartungsgemäß konzentrierte sich Bill auf die Chapman'schen Heldengeschichten, und wir wandelten zum Beispiel gemeinsam auf den Spuren des berühmten »Barfußlaufs« von 1812. Während des Krieges gegen England schwangen mit den Briten verbündete Indianer bisweilen das Kriegsbeil, und eines späten Septemberabends spurtete Chapman dreißig Meilen durch den Wald von Mansfield nach Mount Vernon, um die Siedler vor deren Eintreffen zu warnen. »Weh euch, die heidnischen Stämme stehen vor eurer Tür«, soll er gerufen haben, »und es folget ihnen eine sengende Flamme!«

Wie an der hochtrabenden Ausdrucksweise abzulesen ist, betrachtete sich Chapman selbst als Held einer biblischen Erzähltradition im Dunstkreis der Mormonenkirche, als Gesalbter mit dem Auftrag, »die Posaune in der Wildnis zu blasen«. Und die blies er in jeder Hütte, die er besuchte, wenn er nach dem Abendessen seine Gastgeber fragte, ob sie »die himmlische Botschaft, frisch aus dem Äther« hören wollten, bevor er die swedenborgianischen Traktate hervorzog, die er im Hosenbund stecken hatte. Mit blitzenden dunklen Augen ließ er dann eine mit dem schwärmerischen Eifer des Mystikers durchtränkte Predigt vom Stapel. Chapman begriff sich sozusagen als Biene an der Grenze zur Wildnis, die sowohl Samen als auch Gottes Wort verbreitete – *sweetness and light*, sowohl die Süße als auch das Licht der Erkenntnis.

Die Lehre des schwedischen Mystikers Emanuel Swedenborg, die besagt, dass alles Irdische direkt mit irgendetwas im Leben nach dem Tod »korrespondiert«, mag erklären, weshalb sich Chapman der Natur gegenüber so wundersam verhielt. Dieselbe Landschaft, die seine Landsleute als feindselig, heidnisch und folglich als Objekt der Unterwerfung behandelten, sah Chapman als rundum nützlich an; in seinen Augen erstrahlte noch im niedrigsten Wurm ein göttlicher Zweck. Seine Tierliebe war weithin bekannt und für die Gepflogenheiten an der Frontier unerhört. Man munkelte, er würde eher sein Lagerfeuer löschen als die Moskitos versengen, die von den Flammen angezogen würden. Oft kaufte Chapman von seinen Erträgen lahme Pferde, um sie vor dem Schlachter zu retten, und einmal befreite er einen Wolf, den er in einer Schlinge fand, pflegte das Tier gesund und behielt es dann als zahmen Gefährten. Als er eines Abends entdeckte, dass der hohle Baum, in dem er nächtigen wollte, schon von Bärenjungen bevölkert war, überließ er ihnen das Feld und schlief stattdessen im Schnee. Chapman konnte offenbar überall schlafen, wenngleich er wohl eine gewisse Vorliebe für hohle Stämme und zwischen zwei Bäumen aufgespannte Hängematten hatte. Einmal trieb er angeblich im Schlaf auf einer Eisscholle hundert Meilen den Allegheny hinunter, ohne ein einziges Mal aufzuwachen.

Kurioserweise haben viele Geschichten über Chapman mit seinen Füßen zu tun: dass er bei jedem Wetter barfuß ging, wie er einmal seinen Fuß dafür bestrafte, dass er auf einen Wurm (in manchen Versionen auch auf eine Schlange) getreten war. Junge Burschen unterhielt er damit, dass er Nadeln oder heiße Kohlen in seine Fußsohlen drückte, die mittlerweile so hart und verhornt wie Elefantenfüße waren. (Obwohl er eine prächtige Zielscheibe für Spott abgegeben haben muss, waren die Jungs damals von seiner Kraft und Ausstrahlung so beeindruckt, dass sie sich nie über ihn lustig machten.) Als er in Mansfield einmal einem Wanderprediger zuhörte, der von einer Baumstumpfkanzel herab predigte und zum zigsten Mal donnerte: »Wo ist heute ein Mann, der wie die Urchristen barfuß und im härenen Hemd ins Himmelreich eingeht?«, rappelte sich Chapman von dem Baumstamm auf, an den er sich gelümmelt hatte, und pflanzte seinen nackten, ungestalten Fuß mitten auf den Holzklotz des Predigers. »Da hast du deinen Urchristen!« Das wiederkehrende Barfußthema unterstreicht, dass die Leute das Gefühl hatten, Chapman habe eine besondere und irgendwie übermenschliche Beziehung zur Natur gehabt. Unsere Schuhsohlen schaffen eine schützende Barriere zwischen uns und dem Erdboden, die Chapman nicht gebrauchen konnte; wenn Schuhe zu einem zivilisierten Leben gehörten, stand Chapman mit einem Fuß in einem anderen Reich, hatte zumindest so viel mit den Tieren gemein. Immer wenn ich von Chapmans nackten und verhornten Füßen höre, stelle ich ihn mir unweigerlich als eine Art Satyr oder Zentaur vor.

Trotz seines seltsamen Aufzugs und der eigenartigen Gewohnheiten beschrieben ihn die Zeitgenossen, die ihn kennen gelernt hatten, als »nie abstoßend«. Man hatte ihn gern zu Gast in seinem Haus, und Eltern gaben ihm ihre Kleinkinder zum Hoppereiterspielen auf den Schoß.

Dubiose Geschichten über sein Liebesleben scheinen Chapman quer durchs gesamte Pioniergebiet verfolgt zu haben, aber jedes Mal, wenn ich Bill Jones danach fragte, wurde er zugeknöpft. Eine Geschichte besagt zum Beispiel, Chapman sei in die Wildnis gegangen, nachdem ihn ein Mädchen am Traualtar zu Hause in Massachusetts versetzt habe. Wenn er gefragt wurde, warum er nie geheiratet habe, antwortete er, Gott habe ihm »ein rechtes Weib im Himmelreich« versprochen, sofern er auf Erden auf eine Heirat verzichte. In der seltsamsten dieser Geschichten hatte Chapman mit einer Siedlerfamilie an der Frontier vereinbart, sie würden ihre zehnjährige Tochter als seine künftige Braut heranwachsen lassen. Mehrere Jahre lang besuchte Chapman das Mädchen regelmäßig und trug zu ihrem

Unterhalt bei, bis er bei einem solchen Besuch einmal zufällig mitbekam, wie seine junge Verlobte mit gleichaltrigen Burschen flirtete. Tief getroffen und wütend brach Chapman die Beziehung sofort ab. Ob wahr oder nicht, jedenfalls legen diese Geschichten eine gewisse sexuelle Exzentrik nahe. Vielleicht war Chapmans Libido auch unter einer Art polymorpher Liebe zur Natur verschüttet, wie sich das manche Biografen für Thoreau zurechtgelegt haben.

Einmal versuchte ich behutsam, das Thema bei Bill Jones anzusprechen. Mein Timing war vielleicht nicht das beste: Wir saßen in meinem Mietwagen und fuhren den bewaldeten Hügel bei Mansfield hinauf, auf dem er eines Tages sein Museum und »Eins-a«-Freilichttheater erbauen wollte, als Ausflugsziel für Schulklassen und Familien in den Ferien, wie er mir mehr als einmal erklärt hatte. Und da fragte ich ihn nun rundheraus, ob sein Held vielleicht, na ja, ein Faible für junge Mädchen gehabt hätte.

»Ich weiß genau, auf welche Geschichte Sie anspielen«, antwortete Jones verkniffen. »Die Kindsbraut. Meiner Meinung nach ist das völlig aus der Luft gegriffen.«

Eine Weile war Jones still, dann steigerte er sich in eine Schimpftirade gegen »solche Miesmacher, die unseren Helden immer am Zeug flicken müssen«. Und dann, während er sich verbissen über die Mundwinkel strich, vertraute er mir seine allerschlimmste Befürchtung an, einen Verdacht in Bezug auf die Sexualität seines Helden, welcher – wiewohl haltlos, wiewohl niemals von irgendwem zur Sprache gebracht – geeignet wäre, »alles zu ruinieren, was wir hier aufbauen wollen«. Leider muss ich gestehen, dass der Preis dafür, diesen Verdacht zu Ohren zu bekommen, das Versprechen war, nichts davon weiterzuerzählen.

Bill Jones hatte seine eigene zensierte Theorie über Chapmans Liebesleben, die mit einem Mädchen aus Massachusetts in Zusammenhang stand, das möglicherweise ein Versprechen gebrochen hatte, ihm nach Ohio nachzureisen. »Mehr kann ich Ihnen im Augenblick leider nicht sagen«, meinte Bill. Das klang, als spräche er mit Bob Woodward in einem Parkhaus. Ich bohrte sanft nach. »Nein. Kein Wort, bevor ich da nicht Brief und Siegel darauf habe und an die Öffentlichkeit gehen kann.«

Am selben Abend ging ich zu einer Veranstaltung, auf der Bill im Geschichtsverein von Loudonville einen Vortrag über Chapman hielt – eine Etappe in seiner Einmannkampagne, um Sponsoren für sein Museum mit Freilichtbühne aufzutreiben. An die fünfzig Zuschauer, die meisten im Rentenalter, saßen auf Klappstühlen, nippten an ihrem Kaffee und hörten höflich zu, wie Jones seine Trümpfe aus dem Ärmel zog: John Chapman sei das leuchtende Vorbild schlechthin, das unseren Kindern helfen könne, sich in einer tückischen Welt zurechtzufinden, »aber keiner erzählt seine Geschichte«. Während er sprach, warf der Diaprojektor einen frühen Stich von Chapman an die Wand, der von einer Frau stammte, die ihn in Ohio erlebt hatte. Barfüßig und hager, trägt er ein sackartiges Hemd, das in der Taille zusammengeschnürt ist wie ein Kleid, und dazu einen Blechnapf als Hut; in der einen Hand hält er einen Apfeltrieb wie ein Szepter. Der Mann wirkt komplett verrückt.

Bills Rede nahm die rhetorische Form einer Predigt an, und der Satz »aber keiner erzählt seine Geschichte!« wurde zum skandierten Refrain. Er war wild entschlossen, Chapmans Leben in ein christliches Muster zu pressen, und die Geschichten, die er erzählte, mündeten allesamt in einen Antrag auf Seligsprechung. Prototyp des Umweltschützers, Philanthrop, Kinderfreund, Tierfreund, Indianerfreund – es war wenig mehr als seichte Unterhaltung, und ich war nicht der Einzige im Raum, der ungeduldig wurde – vor allem, als Jones schließlich auf die Äpfel zu sprechen kam, die er unglaublicherweise als »wichtige Vitamin-C-Quelle an der Frontier« verherrlichte. In diesem Augenblick stieß ein alter Knacker hinter mir seinem Nachbarn den Ellbogen in die Rippen und flüsterte: »Ob er wohl endlich die Sache mit dem Apfelschnaps bringt?«

Brachte er nicht. Bill hatte sich auf das Thema »Heilige der amerikanischen Siedlerzeit« eingeschossen, und da hatten Alkohol oder Mystizismus, Liebe oder irgendwelche psychologischen Seltsamkeiten keinen Platz. Apfelmost kam lediglich im Zusammenhang mit Apfelessig vor, der »als Konservierungsmittel unentbehrlich« gewesen sei. (Ach so, dann war John Chapman der Schutzpatron der Konserven!) Als wir hinterher Bills Stative und Dias wegpackten, erkundigte ich mich nach dem blinden Fleck in seinem Vortrag. Er grinste. »Ach, kommen Sie, das ist doch eine Veranstaltung für die ganze Familie.«

Ich glaube, am nächsten Morgen bekam ich einen besseren Eindruck von John Chapman, als Bill und ich mit dem Kanu nördlich von Loudonville ein Stück den Mohican hinunterpaddelten. Bill wollte mir eine von Chapmans ufernahen Plantagen zeigen, und ich war neugierig darauf, das Land aus einer Perspektive zu sehen, die der von Chapman ähnlicher war – vom Wasser her, meine ich, denn schließlich war auch er meistens per Kanu oder Einbaum unterwegs gewesen. Auf den alten Karten, die Chapman damals bei sich hatte, sind die Flüsse und Flüsschen dicke schwarze Striche auf viel leerem Hintergrund. Sein Amerika gruppierte sich um diese Adern so wie das heutige um die Highways. Auf ihnen konnte man von der Stelle, an der Bill Jones und ich losfuhren, bis nach Pittsburgh oder bis zum Mississippi schippern, je nachdem, welche Richtung man bei Marietta einschlug.

Die Sonne blickte noch nicht über die Bäume, als wir unsere Kanus ein paar Meilen nördlich von Perrysville aufs Wasser setzten. Ich bekam den vorderen Sitz, da Bill der erfahrenere Paddler war. Das Wasser, das für die Jahreszeit mit erstaunlicher Eile dahinfloss, sah aus wie eine frisch geteerte Straße, außer an den Stellen, wo Baumstümpfe die Oberfläche aufwühlten und glitzern ließen. Ab und zu stieg geisterhafter Dunst auf, und die Ufer waren so dicht bewaldet – mit riesigen Pappeln, die weit übers Wasser ragten, mit bizarr verdrechselten Platanen –, dass es nicht schwer fiel sich vorzustellen, wir würden uns durch die Wildnis schlagen. In Wirklichkeit lagen unmittelbar hinter den Baumreihen weite Flächen mit frisch geschnittenem Mais, und irgendwo schimmerte durch ein Loch im Blätterwald eine tuckernde Fabrik. Wir glitten an Wildenten und Gänsesägern vorbei und beobachteten, wie ein Helmspecht sich als Pfahlramme am Stumpf eines toten Baumes am Ufer betätigte. Einmal erlaubte uns eine junge Brautente, sie gut hundert Meter weit zu verfolgen, vermutlich um uns von einem Nest wegzulotsen, und als sie die Luft für rein hielt, stob sie mit lautem Geschnatter auf und flog davon.

Nachdem wir ungefähr eine Stunde gepaddelt waren, deutete Bill auf ein weites, flaches Stück offenes Land links von uns. Dort stand früher Greentown, ein florierendes Indianerdorf, das Chapman oft besucht hatte, jedenfalls bis es im Krieg von 1812 von Siedlern in Brand gesteckt wurde. Nur ein paar hundert Meter weiter, wo ein dünnes Rinnsal in den Fluss plätscherte, lag einst die Chapman'sche Apfelplantage. Ich zog mein Paddel aus dem Wasser und konnte durch die Bäume grobe Maisstoppeln auf einem sanft geschwungenen schwarzen Hügel erkennen.

Die Nähe der Plantage zu einer Indianersiedlung hätte jeden anderen wohl beunruhigt, aber Chapman pendelte mit Leichtigkeit zwischen den Gesellschaften der Siedler und der amerikanischen Ureinwohner hin und her, selbst wenn beide miteinander im Krieg lagen. Die Indianer betrachteten ihn als hervorragenden Waldkenner und Medizinmann. Außer Äpfeln, auf die die Indianer erpicht waren, führte Chapman auch die Samen von einem guten Dutzend Heilpflanzen bei sich, darunter Königskerze, Beifuß, Löwenzahn, Wintergrün, Poley und Hundskamille, und er kannte sich mit deren Anwendung bestens aus.

Chapmans Fähigkeit, unbefangen Grenzen zu überschreiten, die andere für starr und unüberwindbar hielten – die zwischen der roten und der weißen Welt, zwischen Wildnis und Zivilisation, sogar zwischen dem Diesseits und dem Jenseits –, war eines seiner Charaktermerkmale und vermutlich genau das, was die Menschen, damals wie heute, an ihm so stutzig machte. Mich hat es jedenfalls frappiert. Aus konventioneller Distanz sieht Chapmans ganzes Leben aus wie ein Gewirr widerstreitender Begriffe und Widersprüche, die kein normales Gehirn fassen, geschweige denn je auflösen könnte.

Als Bill und ich langsam den Mohican hinunterglitten,

jeder allein mit seinen Gedanken, versuchte ich, einige dieser Widersprüche aufzulisten, um vielleicht eine Art Muster zu entdecken. Chapman verband das beinharte Draufgängertum eines Frontier-Helden wie Daniel Boone mit der Sanftmut eines Hindus. Er war ein zutiefst frommer Mensch – manchmal unerträglich, steht zu befürchten (»Wollt ihr die himmlische Botschaft hören, frisch aus dem Äther?«) –, aber angeblich trank er auch gern (oder schnupfte) und konnte gut Witze erzählen, oft selbstironische. Ich überlegte, wie er die beiden Berufungen, die ihn beschäftigten, in Einklang brachte, das heißt, wie er den Menschen, die ein unerbittliches Leben an der Grenze zur Wildnis führten, zwei ganz verschiedene Arten von Trost spendete: Gottes Wort und hochprozentigen Alkohol.

Die Paradoxien türmten sich. Einerseits Vorreiter der Zivilisation, der die Wildnis mit Hilfe seiner Apfelbäume, Heilkräuter und der Religion zähmte, fühlte er sich gleichzeitig in der ungezähmten Wildnis vollkommen zu Hause, genauso wie in der Gesellschaft von amerikanischen Ureinwohnern, für die diese Zivilisation Gift war. Und als barfüßiger Hinterwäldler im Rupfenkittel konnte Chapman gleichwohl über Swedenborgianische Theologie, die vermutlich intellektuell anspruchsvollste Religionslehre von damals, kenntnisreich referieren.

Vielleicht war das der Schlüssel. Vielleicht war es das Swedenborg'sche Gedankengut, das Chapmans Denken gab, was es brauchte, um all diese Paradoxien aufzulösen. In Swedenborgs Lehre gibt es keine Kluft zwischen der natürlichen und der göttlichen Welt. Ähnlich wie Emerson, der ihn als Einfluss nennt, behauptete Swedenborg, es gebe Eins-zu-eins-»Korrespondenzen« zwischen natürlichen und spirituellen Phänomenen, so dass genaue Beobachtung und Hinwendung an Erstere ein besseres Verständnis der Letzteren ermögliche. Ein blühender Apfelbaum war also Teil des natürlichen Vorgangs der Obstproduktion, und gleichzeitig war er eine »lebendige Predigt von Gott«; ganz ähnlich war eine Krähe, die in den Lüften krächzte, eine Vertreterin der dunklen Mächte, die nur darauf warteten, menschliche Seelen zu überwältigen, wenn diese Menschen vom rechten Weg abkamen. Der Fluss vor einem mochte dieser rechte Weg sein, aber eine falsche Abzweigung darauf führte einen womöglich nach Newark, Ohio, eine raue Pionierstadt, die für kräftigen Alkoholkonsum, Glücksspiel und Prostitution berüchtigt war.

Wenn man inbrünstig daran glaubte, mussten solche Glaubenssätze die ganze Landschaft in einem göttlichen Licht erstrahlen lassen – die Flüsse und Bäume, die Bären, Wölfe und Krähen, sogar die Mücken. Jeder rechte Weg durch den Wald hatte seinen Sinn, jede Entbehrung war ein göttlicher Test. Hätte man die christliche Symbolik herausgenommen, wäre Chapmans Welt vermutlich der der alten Griechen ganz ähnlich gewesen, in der die Natur und alles Erleben von einer göttlichen Bedeutung durchdrungen waren: die Stürme, die Morgendämmerung, die Fremden vor der eigenen Schwelle. Um einen Sinn zu finden, wendete man den Blick nach außen, in die Natur, nicht nach innen oder nach oben.

Doch so erschien die Natur den Amerikanern zu Chapmans Zeiten im Allgemeinen nicht. Für die meisten war der Urwald immer noch ein heidnisches Chaos. Man muss sich vor Augen halten, dass die neuenglischen Transzendentalisten das Göttliche in der Natur (»Gottes zweites

Buch« nannten sie diese) erst allmählich aufspürten, als ihre Landschaft schon über ein Jahrhundert fest unter menschlicher Aufsicht stand. Die Wälder am Waldensee in Thoreaus berühmtem Werk waren alles andere als eine Wildnis. Für Chapman war die natürliche Welt selbst im wildesten Zustand niemals ein Abfallen oder auch nur eine Ablenkung von der göttlichen Welt, sie hing vielmehr mit ihr zusammen. Diese Doktrin hat mancherlei Anklänge an die Kosmologie der amerikanischen Ureinwohner, was die Verwandtschaft, die Chapman zu den Indianern und sie zu ihm spürten, erklären könnte. Chapmans mystische Lehren reichen so nahe an Pantheismus und Naturreligion heran, wie es das Christentum sonst nie riskiert hat. Im puritanischen Neuengland wäre er als Häretiker verhaftet worden.

Vielleicht hat gerade seine Überzeugung, dass das Diesseits eine Form oder eine Art Faustskizze des Jenseits sei, Chapman erlaubt, die Spannungen zu übersehen oder aufzulösen, die wir Normalsterblichen zwischen den Reichen von Materie und Geist, Natur und Zivilisation wahrnehmen. Für ihn waren diese Grenzen womöglich einfach nicht vorhanden. Etliche Legenden über Appleseed stellen ihn als eine Art Schwellenwesen dar, halb Mensch und halb – tja, irgendetwas anderes. Und dieses irgendwie andere, symbolisiert vielleicht durch seine nackten Fußsohlen, die mit einer dicken Hornhautschicht verschwielt waren, gestattete ihm, mit einem Fuß in unserer Welt zu leben und mit dem anderen in der Wildnis. Er war eine Art Satyr ohne den Eros – ein protestantischer Satyr, könnte man sagen, der durch diese Wälder streifte, als seien sie sein wahres Zuhause, der sich in hohlen Baumstümpfen sein Bett machte, sein

Frühstück von einem Walnussbaum holte und Umgang mit Wölfen pflegte.

Als mir die versprengten Siedler an diesen Flüssen durch den Kopf gingen, die Chapman freundlich bei sich aufnahmen und dieser eigentümlichen Erscheinung in Lumpen eine Mahlzeit und ein Bett anboten, musste ich daran denken, dass die Götter in der klassischen Mythologie bisweilen als Bettler verkleidet bei den Menschen vor der Tür standen. Sicherheitshalber waren die Griechen also selbst dem dubiosesten Fremden gegenüber überaus gastfreundlich, denn man wusste ja nie, ob der zerlumpte Typ auf der Schwelle sich nicht als verkleidete Athene entpuppte. Natürlich eilte Johnny Appleseed sein Ruf gewöhnlich voraus, aber man konnte es einer Siedlerfamilie trotzdem nicht verübeln, wenn sie sich fragte, ob der Mann vor ihrer Tür nicht etwas Jenseitiges an sich habe. Schließlich hatte er dieses Leuchten in den Augen, das alle erwähnten, diese Botschaften aus anderen Welten (aus der Wildnis, der Welt der Indianer und der himmlischen Welt) und natürlich diese wertvollen Äpfel im Gepäck.

Während wir zu Vogelgezwitscher und dem Geplätscher der Paddel, die durchs dunkle Wasser stichelten, durch den Wald glitten, versuchte ich, mir Chapman bildlich vorzustellen. Dafür griff ich auf eines der Dias zurück, die Bill am Vorabend bei dem Vortrag im Geschichtsverein gezeigt hatte. Es war ein Stich, der einen Artikel von 1871 über Chapman in *Harper's New Monthly Magazine* illustriert hatte, und er zeigte Chapman als sehnige, barfüßige Gestalt mit einem Ziegenbart, die auch hier ein Kleidungsstück trug, das reichlich nach Toga oder Kleid aussah. Daher wirkte er wie halb Mann, halb Frau. Aber das Bild war sogar noch vieldeutiger, da die zierliche Gestalt mit dem Ziegenbart mit den schattigen Bäumen ringsum zu verschmelzen oder aus ihnen hervorzugehen scheint. Was für ein seltsames Bild, hatte ich gedacht, und nun meinte ich zu verstehen, warum: Chapman erschien darauf wie eine leicht christianisierte Version einer heidnischen Waldgottheit. Und das kam mir ganz passend vor.

Als ich noch in dieser kleinen Erscheinung schwelgte, war die Sonne hinter den Bäumen bereits so hoch gestiegen, dass sie zwischen den Pappelblättern grell durchflackerte, fast wie ein Stroboskop, und die Flusslandschaft für Augenblicke in einen Schattenriss ihrer selbst verwandelte. Ich sah Chapman nun so klar, wie ich es mir nur wünschen konnte. Johnny Appleseed war kein christlicher Heiliger – das ließ zu viele Seiten seines Seins außer Acht, zu viele Aspekte dessen, wofür er in unserer Mythologie stand. Vielmehr war er in Wirklichkeit der amerikanische Dionysos.

Nach dieser Flussfahrt geriet mein Interesse an Bill Jones' Version von John Chapman ins Wanken. Pech für mich, denn wir hatten zwischen hier und Fort Wayne, von wo ich nach Hause fliegen wollte, noch eine geraume Strecke zurückzulegen. Plötzlich blendete ich zum Beispiel eine rührende Geschichte aus, wie Chapman angeblich einer Familie, die ihr gesamtes Hab und Gut in einem Feuer verloren hatte, ein neues Geschirr schenkte. Es fühlte sich an, als ob zwei John Chapmans bei uns im Wagen mitführen, Bills christlicher Heiliger und mein heidnischer Gott, und Fahrer- und Beifahrersitz wurden allmählich für beide zu eng. Das machte die Fahrt bis Fort Wayne ausgesprochen lang.

Als ich endlich zu Hause war, heftete ich mich wieder

an die Spur von Appleseed, diesmal in der Bibliothek. Ich las alles, was ich über Dionysos in die Finger bekam, da ich nur die üblichen Highschool-Fakten über ihn parat hatte. Dadurch, dass er den Menschen gezeigt hatte, wie man Traubensaft gären lässt, hatte Dionysos der Zivilisation den Wein geschenkt. Das war mehr oder weniger die gleiche Gabe, die Johnny Appleseed an die amerikanische Frontier mitbrachte: Da die amerikanischen Trauben nicht süß genug waren, um erfolgreich fermentiert zu werden, diente der Apfel als amerikanische Traube und Most als Wein. Je tiefer ich jedoch in den Dionysos-Mythos einstieg, desto klarer wurde mir, dass an seiner Geschichte noch viel mehr dran war, und der so eigenartig changierende Gott, der in mein Blickfeld rückte, wies erstaunliche Ähnlichkeit mit John Chapman auf. Oder zumindest zu »Johnny Appleseed«, der, davon bin ich inzwischen überzeugt, der amerikanische Sohn von Dionysos ist.

Wie Johnny Appleseed war Dionysos ein Wesen der fluktuierenden Ränder, das zwischen den Reichen der Wildnis und der Zivilisation, von Mann und Frau, Mensch und Gottheit, Tier und Mensch hin und her glitt. Ich fand Dionysos abwechselnd dargestellt als Wilden, dem Blätterwerk aus dem Kopf spross, als Bock, als Bulle, als Baum und als Frau. Friedrich Nietzsche zeichnet Dionysos als Gestalt, die »all die starren, feindseligen Abgrenzungen« zwischen Natur und Kultur auflösen könne.

Die Griechen betrachteten Dionysos als Gegenpol zu Apollo, dem Gott der klaren Grenzen, der Ordnung und des Lichts, der sicheren menschlichen Herrschaft über die Natur. Dionysische Schwelgerei weicht jede Apollonische Grenze auf, so dass, wie Nietzsche schreibt, »die entfremdete, feindliche oder unterjochte Natur … ihr Versöhnungsfest mit ihrem verlorenen Sohne, dem Menschen [feiert]«. Wenn die Athener Dionysos anbeteten und sich mit seinem Wein betranken, kehrten sie vorübergehend zur Natur zurück, zu einer Zeit, da der Mensch, wie die Kennerin der klassischen Antike, Jane Harrison, schreibt, »seinem eigenen Dafürhalten nach noch der Bruder der Pflanzen und Tiere ist«. Die eigenartige, ekstatische Verehrung des Dionysos, für die man keinen Tempel brauchte, fand immer draußen vor der Stadt statt und brachte die Religion zurück in die Wälder, wo sie begonnen hatte.

Ich erfuhr außerdem, dass Dionysos der Gott war, der ursprünglich für die innige Verbindung zwischen Menschen und Pflanzen zuständig war, die John Chapmans Doppelkanu für mich immer versinnbildlicht hatte. James Frazer erläutert in *The Golden Bough*, Dionysos sei nicht nur der Schutzpatron der Weinrebe, sondern überhaupt der kultivierten Bäume gewesen, und er schreibt ihm explizit das Verdienst der Entdeckung des Apfels zu. Tatsächlich war Dionysos der Gott der Domestizierung selbst, der die Weisheit »aus der tiefsten Brust der Natur heraus« verkündete und die Menschen nicht nur lehrte, Trauben zu Wein gären zu lassen, sondern auch, ihren Pflug an einen Ochsen zu spannen. Dionysos brachte wilde Pflanzen ins Haus der Zivilisation, aber gleichzeitig erinnerte seine eigene ungezähmte Präsenz die Menschen an die ungezähmte Natur, auf der dieses Haus, etwas schwankend, immer ruht. Dasselbe galt, wie ich erkannte, für Johnny Appleseed.

Nichts beschreibt das Paradox der dionysischen Doppelrolle als Kraft der Domestizierung und der Wildheit besser als sein Verhältnis zu Trauben und Wein. Wein ist selbst eine eigenartige Schwellensubstanz, die an der Kante zwischen Natur und Kultur sowie Beherrschung und Sichgehenlassen steht. Das ist wirklich etwas Unerhörtes, diese kunstvolle Verwandlung purer Natur – einer Frucht! – in eine Substanz mit der Fähigkeit, die menschliche Wahrnehmung zu verändern. Und trotzdem ist Wein eine Kulturleistung, die wir für selbstverständlich nehmen oder verteufeln können, besonders wir Amerikaner, für die Alkohol schon immer ein moralisches Problem darstellte. Die Griechen, die mit widersprüchlichen Vorstellungen in ihrem Denken viel besser umgehen konnten als wir, verstanden, dass Rausch göttlich oder gottlos sein kann, ein Fest menschlicher Gemeinschaft oder des Wahnsinns, je nachdem, wie sorgfältig man mit seiner Zauberkraft umgeht. »Wein ist ruchlos«, warnte Plato. (Er riet, ihn mit Wasser gemischt in winzigen Bechern zu reichen.) Dionysische Schwelgerei, die ekstatisch beginnt und oft blutig endet, verkörpert diese Wahrheit: Derselbe Wein, der die Knoten der Scheu lockert und die Natur von ihrer wohlwollendsten Seite zeigt, kann genauso die Bande der Zivilisation aufweichen und unbeherrschbare Leidenschaften entfachen.

Deswegen ist Dionysos laut Euripides von allen Göttern »für die Menschen am wildesten und am süßesten«. Wenn Apollo ein Gott des gebündelten Lichts ist, dann ist Dionysos, den man nachts verehrt, ein Gott der verstreuten Süße. Unter seinem Einfluss »fließt und fließt die Erde unter uns, dann fließt die Milch, und es fließt Wein und Nektar, flammengleich«. Im Bann von Dionysos und seinem Wein befriedigt die gesamte Natur unsere Bedürfnisse, stillt all unser Begehren.

Was die wilde, zügellose Seite von Dionysos betrifft, so

hatte Johnny Appleseed damit nichts zu tun. Er war ein viel sanfteres, viel weniger sexuelles Wesen als Dionysos, obwohl sein Geschlecht manchmal genauso amorph wirkt. (Wenn man sich's überlegt, hat Johnny Appleseed schließlich auch Sexorgien gefördert – wenn auch nur unter Apfelbäumen.) Die Flucht aus der Zivilisation in die Wildnis ist in Amerika meist ein einsames und asketisches Unterfangen, das mehr mit der Wildnis als mit Wildheit zu tun hat. Johnny Appleseed war ein ausgesprochen amerikanischer Dionysos – zahm und naiv. In dieser Hinsicht hat er vielleicht mitgeholfen, den harmlosen, schönfärberischen Zug zu prägen, der das Dionysische in der amerikanischen Kultur kennzeichnet, und zwar vom Transzendentalisten Concord bis zum Woodstocker Sommer der Liebe.

»Wir hören ihn noch«, erinnerte sich eine Frau, die Chapman noch gekannt hatte, in dem 1871 im *Harper's Magazine* erschienenen Artikel. »So wie damals an diesem Sommertag, als wir oben beim Quiltnähen waren und er unten vor der Tür stand und die Stimme zu einer packenden Anklage erhob – tosend wie der Sturm und die Wellen, dann wieder einschmeichelnd wie die lauen Lüfte, die das Windenlaub um seinen grauen Bart erzittern ließen. Er hatte bisweilen eine eigentümliche Beredsamkeit an sich und war zweifellos ein genialischer Mann.«

Man muss sich vorstellen, wie fesselnd so eine Gestalt an der amerikanischen Frontier gewirkt haben musste, dieser sanfte Wilde, der direkt vom Busen der Natur (immerhin mit Winden bekränzt) an der Türschwelle auftauchte. Er brachte ekstatische Botschaften aus fremden Welten mit und versprach durch seine Apfelbäume und den Apfelmost ein Quäntchen Süße in der hiesigen Welt. Für einen Pionier, der unter den Entbehrungen an der Besiedlungsgrenze schuftete und jeden Tag mit der Gleichgültigkeit der Natur konfrontiert war, boten Johnny Appleseeds Worte und Apfelkerne eine Abwechslung zur ewigen Alltagsfron, bargen die Hoffnung auf Transzendenz.

Im Bann dieser Gestalt aus anderen Welten erschien die Welt vor der eigenen Blockhütte plötzlich ganz anders, nicht mehr so buchstabengetreu oder so fest ans Hier und Jetzt gebunden. Johnny Appleseed lehrte einen, das Göttliche in der Natur zu entdecken, seine »eigentümliche Beredsamkeit« verwandelte die alltägliche Landschaft in eine lebhafte Schau von Erscheinungen. Man konnte sich vorgaukeln, es sei eine brave christliche Doktrin, die er verbreitete, aber in Wirklichkeit war sie mystisch und ekstatisch, betonte mehr die allumfassende Süße der Natur als das einzelne Licht Christi im Himmel. Und wenn auch seine Worte die Erde nicht überfließen und Milch und Wein und Nektar flammengleich strömen ließen, so waren da immerhin die Apfelbäume, die er pflanzte – Opfergaben auf ihre Art, und, vielleicht mit der stärksten Wirkung, der Apfelmost, den diese Bäume erbrachten. Zu den Wundern des Alkohols gehört nämlich, dass er die Welt um uns, diesen kalten, gleichgültigen Planeten, mit dem warmen Schein des Sinns durchtränkt, oder jedenfalls diese Illusion in die Welt setzt. Und das war die »süße« Gabe, die Chapman ins unbesiedelte Landesinnere brachte.

Selbst wenn ihm die orgiastische Wildheit des Dionysos als Gegengewicht fehlen mochte, bot Johnny Appleseed mit seinem Beispiel trotzdem einen Kitzel, eine furchteinflößende Mahnung daran, wie nahe die Wildnis und wie fragil die Zivilisation war. Sowohl in seiner Person als auch in seinen Geschichten löste er vorübergehend den krassen Gegensatz zwischen Wildnis und Zivilisation auf, der das Leben an der Frontier bestimmte. Ich könnte mir vorstellen, dass die Pioniere, die sich in der Wildnis durchschlugen, Appleseed als willkommenen Kontrast betrachteten. Wie dürftig die eigene Existenz an der Siedlungsgrenze auch sein mochte, wenn man sich mit John Chapman verglich, musste man unweigerlich von Glück reden, denn immerhin hatte man Lederschuhe und einen warmen Ofen, eine gesellige Tischrunde und ein Dach über dem Kopf. Die Erzählungen des Gastes von dem Winter, in dem er sich ausschließlich von Walnüssen ernährte, oder von der Zeit, als er mit einem Wolf als Gefährten in einem Laubbett schlief, müssen die zugigste Hütte aufgewärmt, die kärgste Mahlzeit schmackhaft gemacht haben. Manchmal ist der Sache der Zivilisation am besten durch einen Blick in die Seele ihres Gegenstücks gedient. Ein derartiges Prinzip mag für die dionysischen Ausschweifungen im alten Athen gebürgt haben – und für den Impuls, jemanden wie John Chapman im Ohio des neunzehnten Jahrhunderts in sein trautes Heim einzuladen.

Wie Dionysos war John Chapman ein Botschafter der Domestizierung. Mit jeder Mostplantage, die er anpflanzte, wurde die Wildnis ein Stück gastfreundlicher und heimeliger. (Zufällig wollte er in diesem Heim allerdings selbst nicht leben.) Der Apfel war aber nur eine der vielen Pflanzen aus der Alten Welt, die John Chapman mit ins Landesinnere brachte; daneben stand ein kleines Arzneibuch voller Heilpflanzen sowie eine ganze Reihe von Unkräutern. In Ohio sind mir Leute begegnet, die John Chapman immer noch verwünschen, weil er die Kassie einschleppte, ein wucherndes Unkraut, das er überall anpflanzte, wo er hinkam, im Glauben, es könne die Malaria von einem Haus fern halten. (In Ohio nennt man es heute noch »Johnny-weed«.) Seine Anpflanzungen halfen mit, aus der Landschaft der Neuen Welt ein vertrauteres Bild zu machen, und trugen gleichzeitig zu einer ökologischen Verwandlung Amerikas bei, deren Ausmaß wir erst allmählich begreifen.

Jedes Kind weiß, dass die Besiedlung des Wilden Westens nur mit Flinte und Axt zu bewältigen war, aber nicht weniger wichtig für den Erfolg der Europäer in der Neuen Welt waren die Pflanzensamen. (Dass man sich an John Chapman heute in einer Reihe mit Wildwesthelden wie Daniel Boone und Davy Crockett erinnert, deutet an, dass wir das vielleicht schon wussten, bevor wir es in allen Einzelheiten verstanden haben.) Die Europäer brachten eine Art portables Ökosystem mit an die Frontier, mit dem sie ihren gewohnten Lebensstil neu einrichten konnten – die Gräser, die ihr Vieh brauchte, um zu gedeihen, Kräuter, die sie selbst gesund erhielten, Früchte und Blumen aus der Alten Welt, die das Leben angenehmer machten. Diese biologische Besiedlung des Westens fand oft von den Siedlern unbemerkt und unbeachtet statt, weil sie Unkrautsamen in den Ritzen ihrer Stiefelsohlen, Grassamen in den Futtersäcken ihrer Pferde und Mikroben in ihrem Blut mitbrachten. (Die Indianer bemerkten und beachteten übrigens diese Neuankömmlinge sehr wohl.) John Chapman ging bei diesem Tun, indem er Millionen von Samen setzte, nur methodischer vor als die meisten.

Während Chapman das Land verwandelte, verwandelte

er auch den Apfel – oder besser, ermöglichte er dem Apfel, sich selbst zu verwandeln. Hätten Leute wie John Chapman nur gepfropfte Bäume angebaut – hätten die Amerikaner ihre Äpfel also gegessen statt getrunken –, dann hätte sich der Apfel nicht neu erschaffen und seiner neuen Heimat anpassen können. Die Kerne und der Most machten es erst möglich, dass der Apfel durch Ausprobieren die exakte Kombination von Eigenschaften entdeckte, die er brauchte, um in der Neuen Welt zu gedeihen. Aus Chapmans riesigen Mengen angesäter, namenloser Mostapfelkerne entstanden einige der großen amerikanischen Kulturvarietäten des neunzehnten Jahrhunderts.

Aus diesem Blickwinkel betrachtet, war das Anpflanzen von Kernen statt des Klonens ein Akt außergewöhnlichen Vertrauens in die amerikanische Erde, eine Stimme zugunsten des Neuen, Unvorhersehbaren im Gegensatz zum Vertrauten, Europäischen. Hier schloss Chapman die klassische Wette der Pioniere ab, indem er auf die neuen Möglichkeiten setzte, die aus Samenkernen erwachsen mochten, wenn man sie in den rettenden amerikanischen Boden steckte. Zufällig arbeitet die Natur genauso, schließlich bringt sie unter anderem durch Hybridisierung Neues in die Welt. John Chapmans Millionen von Kernen und Tausende von Meilen verwandelten den Apfel, und der Apfel verwandelte seinerseits Amerika. Kein Wunder also, dass Johnny Appleseed die Historiker und Biografen hinter sich gelassen hat und ins Reich unserer Mythologie aufgestiegen ist.

Soviel ich weiß, hat John Chapman zwar nie den Fuß nach Geneva, New York, gesetzt, aber es gibt dort trotzdem eine Apfelplantage, wo ich meinen letzten und in mancher Hinsicht lebendigsten Eindruck von ihm bekommen habe. Hier am Ufer des Lake Geneva, mitten im besten Apfelkulturland, unterhält eine staatliche Stelle namens *Plant Genetic Resources Unit* (Anlage für pflanzengenetische Ressourcen) die weltgrößte Sammlung von Apfelbäumen. An die zweizausendfünfhundert verschiedene Sorten aus aller Welt wurden gesammelt und hier paarweise angepflanzt, sozusagen auf einer gestrandeten botanischen Arche. In der Kartei zu dem gut sechzehn Hektar großen Baumarchiv ist die gesamte pomologische Palette abgedeckt, vom »Adam's Pearmain«, einem altehrwürdigen englischen Apfel, bis zum deutschen »Zucalmagio«. Dazwischen findet der Besucher praktisch jede Sorte, die in Amerika je entdeckt wurde, seitdem sich 1645 in einer Mostplantage in der Nähe von Boston der »Roxbury Russet« hervortat.

Die Plantage in Geneva ist unter anderem ein Museum des goldenen Apfelzeitalters in Amerika, und ein paar Wochen nach meiner Reise in den mittleren Westen kam ich – allein – hierher, um zu sehen, was ich von Johnny Appleseeds Vermächtnis auf diesen Fluren finden könnte. Auf den ersten Blick sieht die Plantage aus wie jede andere: Fein säuberlich führen die Reihen von veredelten Bäumen wie Bahngleise bis zum Horizont. Aber schon nach kurzer Zeit sticht einem die unglaubliche Vielfalt dieser Bäume ins Auge – in der Farbe, der Blattform und der Art, wie die Äste sprießen –, wie endlos lange Regale mit Büchern, die sich nur auf den ersten Blick ähnlich sehen. Als ich die Plantage besuchte, war es Ende Oktober, und die meisten Bäume bogen sich vor reifen Früchten, während viele andere schon prachtvolle rote, gelbe und grüne Umhänge abgeworfen und am Boden um sich gebreitet hatten.

Fast einen ganzen Vormittag schlenderte ich durch die belaubten Gänge und probierte all die berühmten alten Sorten, von denen ich so viel gelesen hatte – den »Esopus Spitzenberg« und den »Newtown Pippin«, den »Hawkeye« und den »Winter Banana«. Fast alle diese klassischen Sorten stammten von zufällig gewachsenen Bäumchen, die man in genau solchen Apfelmostplantagen gefunden hatte, wie sie John Chapman förderte, und zweifellos gibt es in dieser Plantage noch Apfelbäume, die ursprünglich aus den Kernen stammen, die er in Pennsylvania, Ohio und Indiana gepflanzt hat. Man kann bloß nicht mehr sagen, welche.

Während ich mit Hilfe eines Verzeichnisses, das mir der Kurator der Sammlung, Phil Forsline, ausgedruckt hatte, durch die Reihen streifte, konzentrierte ich mich auf die Sorten, die als »amerikanisch« klassifiziert waren, und überlegte, was das eigentlich genau hieß. Weil sie so unendlich viele Äpfel aus Kernen zogen, führten Amerikaner wie John Chapman nolens volens ein riesiges evolutionäres Experiment durch, indem sie den Äpfeln aus der Alten Welt erlaubten, buchstäblich Millionen von neuen genetischen Kombinationen auszuprobieren und sich dadurch an die neue Umgebung anzupassen, in der sich der Baum nun befand. Jedes Mal, wenn ein Apfel in amerikanischem Boden nicht keimte oder gedieh, jedes Mal, wenn ein amerikanischer Winter einen Baum umbrachte oder ein Maifrost seine Knospen angriff, wurde ein evolutionäres Votum abgegeben und die Äpfel, die dieses große Spreu-vom-Weizen-Trennen überlebten, wurden noch ein Stückchen amerikanischer.

Eine etwas anders gelagerte Entscheidung wurde dann von spürsinnigen Obstgärtnern getroffen. Immer wenn sich ein Baum inmitten einer Pflanzung von namenlosen Mostäpfeln irgendwie hervortat – sei es durch robuste Konstitution, eine rote Schale oder ein feines Aroma –, dann bekam er sofort einen Namen, wurde gepfropft, veröffentlicht und vervielfältigt. Durch diesen Prozess der natürlichen und der gleichzeitig ablaufenden Kulturselektion nahmen die Äpfel die Quintessenz von Amerika in sich auf – den Boden, das Klima und die Lichtverhältnisse ebenso wie die Bedürfnisse und Wünsche der Menschen, und vielleicht sogar ein paar Gene der einheimischen Holzäpfel. Mit der Zeit wurden alle diese Eigenschaften zum wesentlichen Bestandteil dessen, was es heißt, ein Apfel in Amerika zu sein.

In den Jahren nachdem John Chapman begonnen hatte, seinem Geschäft quer durch den mittleren Westen nachzugehen, erlebte Amerika, was manchmal parallel zum »Goldrausch« der »Große Apfelrausch« genannt wurde – und der hatte mit dem Alkoholgehalt von Most nichts zu tun. Man suchte vielmehr das Land minutiös nach der nächsten preiswürdigen Frucht ab. Einen Jonathan, Baldwin oder Grimes Golden zu entdecken konnte ein amerikanisches Vermögen und sogar ein gewisses Maß an Ruhm einbringen, und jeder Farmer beschnitt seinen Mostgarten mit einem Schielen auf die große Chance: den Apfel, der Karriere machen würde. »Jeder wilde Apfelstrauch weckt in uns folglich gespannte Erwartung«, heißt es bei Thoreau, »ähnlich wie jedes ungebärdige Kind. Es könnte ja ein verkleideter Prinz sein. Welch eine Lektion für uns Menschen! … Auf ländlichen Weiden sprießen also Dichter, Philosophen und Staatsmänner und überdauern die Wirte unschöpferischer Männer.«

Die landesweite Jagd auf den pomologischen Geniestreich, dessen Wahrscheinlichkeit mit eins zu achtzigtausend gehandelt wurde, brachte buchstäblich Hunderte von neuen Sorten zum Vorschein, darunter die meisten, die ich jetzt probierte. Ich kann allerdings berichten, dass nicht all diese Chapmans'chen Kinder eine Gaumenfreude sind: ein ganze Reihe von Früchten, die ich an diesem Vormittag anbiss, waren abscheuliche Holzäpfel. Der Wolf River ist mir in besonders schlechter Erinnerung geblieben. Er hatte das gelbliche, an feuchtes Sägemehl erinnernde Fleisch eines besonders labberig gewordenen Red Delicious, ohne dass er auch nur annähernd so schön gewesen wäre.

Die bunte Vielfalt von Eigenschaften, die die Amerikaner während der Glanzzeit der Sämlinge im Apfel entdeckten, ist überwältigend, vor allem, nachdem so viele dieser Eigenschaften in den Jahren seither verloren gegangen sind. Ich stieß auf Äpfel, die nach Banane schmeckten, andere nach Birne; es gab aromatische Äpfel und bonbonsüße, Äpfel, die so frisch und munter schmeckten wie Zitronen und solche, die so fett und gehaltvoll waren wie Nüsse. Ich pflückte Äpfel, die ein gutes Pfund wogen, und andere, die so kompakt waren, dass sie in eine Kinderhosentasche gepasst hätten. Hier wuchsen gelbe Äpfel, grüne Äpfel, getupfte Äpfel, rotbraune Äpfel, gestreifte Äpfel, violette Äpfel, sogar ein Apfel, der fast blau war. Es gab Äpfel, die aussahen wie poliert, und andere, die einen staubigen Schimmer auf ihren Bäckchen trugen. Manche dieser Äpfel hatten Eigenschaften, mit denen ich überhaupt nichts anfangen konnte, die für die damaligen Zeitgenossen aber den entscheidenden Unterschied ausgemacht hatten: Äpfel, die im

März süßer schmeckten als im Oktober, Äpfel, aus denen man besonders gut Most, Gelee oder Mus machen konnte, Äpfel, die man unbeschadet ein halbes Jahr lagern konnte, Äpfel, die nacheinander reif wurden, um ein Übermaß zu vermeiden, oder gleichzeitig, um die Ernte zu vereinfachen, Äpfel mit langen oder kurzen Stielen, dünner oder dicker Schale, Äpfel, die nur in Virginia himmlisch schmeckten und andere, die erst mit einem scharfen New-England-Frost ihr vollendetes Aroma erreichten, Äpfel, die im August rot wurden und andere, die damit bis zum Winter warteten, und sogar Äpfel, die es sechs Wochen auf dem Boden eines Fasses aushielten, so lange, wie eine Schiffspassage nach Europa dauerte, und die dann so knackig und frisch herauskollerten, dass sie in London Höchstpreise erzielten.

Und was für Namen diese Äpfel hatten! Namen, die nach dem Amerika des neunzehnten Jahrhunderts rochen, nach dem wichtigtuerischen Hosenträgergeschnalze von unwichtigen Lokalgrößen, der marktschreierischen Zurschaustellung von Abnormitäten im Zirkus, der schrulligen Individualität fernab aller Fokusgruppen. Da gab es Namen, die vor allem beschreiben wollten, oft mit Hilfe einer treffenden Metapher: der flaschengrüne Bottle Greening (»Flaschengrünling«), der schafsnasige Sheepnose (»Schafsnase«), der Yellow Bellflower (»Gelbe Glockenblume«), der Black Gilliflower (»Schwarze Gatennelke«) oder der Twenty-Ounce Pippin (»Zwanzig Unzen schwerer Pippin«). Manche Namen platzten vor Stolz auf die Heimatstadt, wie der Westfield Seek-No-Further (»Nonplusultra aus Westfield«), der Hubbardston Nonesuch (»Hubbardstoner Ohnegleichen«), der Rhode Island Greening (Grünschaliger aus Rhode Island), der Albemarle Pippin – wenn auch exakt derselbe runde Apfel in der Gegend von Newtown, New York, unter dem Namen Newtown Pippin bekannt war – der York Imperial (»Yorker Kaiserapfel«), der Kentucky Red Streak (»Rot gestreifter aus Kentucky), der Long Stem of Pennsylvania (»Langstieliger aus Pennsylvania), der Ladies Favorite of Tennessee (»Liebling der Damen aus Tennessee«) und der American Nonpareille (»amerikanischer Ohnegleichen«). Andere Namen geben Ehre, wem Ehre gebührt (vermuten wir jedenfalls): Baldwin, Macintosh, Jonathan, McAfee's Red, Norton's Melon, Moyer's Prize, Metzger's Calville, Kirke's Golden Reinette, Kelly's White und Walker's Beauty. Und dann sind da noch die Namen, die die besondere Spezialität dieses Apfels bezeichnen, wie Wismer's Dessert (»Wismers Nachtisch«), Jacob's Sweet Winter (»Jacobs süßer Winterapfel«), der Early Harvest and Cider Apple (»früh zu erntender Mostapfel«), der Clothes-Yard Apple (»Wäschegartenapfel«), der Bread and Cheese (»Brot und Käse«), Cornell's Savewell und Putnam's Savewell (»Cornells Haltbarer« und »Putnams Haltbarer«), Paradise Winter (»paradiesischer Winterapfel«), Payne's Late Keeper (»Paynes Haltbarer«) und Haye's Winter Wine (»Hayes Winterwein«).

Wie viele andere Früchte nennen wir schon beim Vornamen? Na gut, es gibt vielleicht eine Hand voll Birnen mit Spitznamen und den einen oder anderen berühmten Pfirsich, aber kein anderes Obst in der Geschichte hat so viele gängige Namen – so viele Berühmtheiten! – hervorgebracht wie die Äpfel, die Chapman und seine Kumpane anpflanzten. Wie Sportler oder Politiker hatte jeder seinen Tross an Fans, darunter ein paar Unentwegte, die einem den Weg zu der quasi heiligen Stelle weisen konnten, an der dieser Apfelbaum ursprünglich gestanden hatte (häufig durch ein Denkmal dokumentiert) und die seine Biografie vortragen konnten, die oft verblüffende Geschichte, wie dieser Geniestreich damals rein zufällig entdeckt, ums Haar übersehen wurde und schließlich zu rechtmäßigen Ehren kam.

Da gab es zum Beispiel die Geschichte von dem Zollaufseher, der an einem Bostoner Kanal über den Baldwin stolperte, oder die von dem Farmer, dem aufgefallen war, dass die jungen Burschen aus der ganzen Gegend sich jeden Winter über das Fallobst unter einem bestimmten Baum hermachten, der schließlich zum York Imperial wurde, dem »König der haltbaren Äpfel«. Und dann war da noch dieser störrische, womöglich wunderbegabte Sämling, der zwischen den Reihen von Jesse Hiatts Plantage in Peru, Iowa, immer wieder hochkam, egal, wie oft darüber gemäht wurde, bis schließlich der Quäker Hiatt beschloss, das müsse ein Zeichen sein. Also ließ er das Bäumchen leben und Früchte tragen, um festzustellen, dass diese Äpfel bei weitem die besten waren, die er je gekostet hatte. Hiatt nannte die Sorte Hawkeye (»Falkenauge«) und schickte 1893 per Post vier Äpfel zu einem Wettbewerb der Stark-Brothers-Baumschulen in Louisiana, Missouri, wo C. M. Stark dem Hawkeye den ersten Preis sowie einen glanzvollen neuen Namen verlieh: Delicious. (Stark, ein geborener Marketing-Mensch, hatte diesen Namen jahrelang auf einem Zettel in der Hosentasche herumgetragen und darauf gewartet, dass endlich der passende Apfel kam und ihn für sich beanspruchte.) Unglücklicherweise verschusselte man in der allgemeinen Aufregung den Anmeldeschein von Jesse Hiatt, so dass eine hektische, zwölf Monate lange Suche nach dem begann, was schließlich der beliebteste Apfel der Welt werden sollte.

Es muss Dutzende von Apfelgeschichten nach einem ähnlichen Strickmuster gegeben haben, Aschenputtelmärchen mit einer Frucht als Hauptperson, die einen vorbildlichen Baum mit einem bestimmten Menschen und einem bestimmten Ort verknüpften. Diese Parabeln bewiesen nicht nur, dass der amerikanische Boden »Vorzügliches hervorbringen« konnte, wie es Henry Ward Beecher ausdrückte, sondern auch, dass die Amerikaner einen Blick für die große Chance hatten und dass sich in Amerika die wahren Verdienste im Endeffekt auszahlten. Irgendwie war diese Frucht zur leuchtenden Metapher für den amerikanischen Traum geworden.

Aber wieso ausgerechnet diese Spezies? Beecher selbst meinte, das liege daran, dass der Apfel »die wahrhaft demokratische Frucht« sei. Damit zufrieden, praktisch überall zu wachsen, »ob vernachlässigt, missbraucht oder im Stich gelassen, sie kann für sich selbst sorgen und bringt Vorzügliches hervor«. Der Vom-Tellerwäscher-zum-Millionär-Apfel, der in einer Holzapfelplantage auftauchte, war in gewissem Sinn auch »self-made«, und das lässt sich nur über wenig andere Pflanzen sagen. Eine besonders schöne Rose ist zum Beispiel das Ergebnis sorgfältiger Zuchtanstrengungen, absichtlicher Kreuzung zweier aristokratischer Elternteile – »Elitelinien« in der Züchtersprache. Anders der besonders gelungene Apfelbaum, der sich ohne Bezug zur Ahnenschaft oder Zuchtanstrengungen von den »Wirten unschöpferischer Männer« unterscheidet. Die amerikanische Apfelplantage, oder jedenfalls John Chapmans Apfelplantage, ist eine blühende, früchtetragende Meritokratie, in der jeder Apfelkern im selben Boden wurzelt und jeder Sämling die gleiche Chance auf Großartigkeit hat, ungeachtet seiner Abstammung oder des geerbten Vermögens.

Passend zur amerikanischen Erfolgsstory bewirkte die botanische Anlage des Apfels – die Tatsache, dass ein eingepflanzter Apfelkern alles Mögliche vermag, nur nicht seinem Elternteil nachschlagen –, dass seine Geschichte eine der heldenhaften Individuen werden sollte, und nicht eine der Gruppen, Typen oder Abstammungslinien. Es gibt, beziehungsweise es gab, einen einzelnen Golden-Delicious-Baum, von dem jeder weitere Baum mit diesem Namen ein geklonter Ableger ist. Der Ur-Golden-Delicious stand bis in die fünfziger Jahre auf einem Hügel in Clay County in West Virginia, wo er in einem verriegelten Stahlkäfig mit Alarmanlage seinen goldenen Austrag hatte. (Das mit dem Käfig war eine von Paul Stark, C. M.'s Bruder, organisierte Publicity-Nummer: Er hatte den Baum 1914 für die damals stolze Summe von fünftausend Dollar gekauft. Dort, wo der ursprüngliche Red Delicious wuchs, zwischen den Baumreihen auf Jesse Hiatts Farm in Iowa, steht heute ein Denkmal aus Granit. Und das sind nur zwei der vielen Helden, die »im jungen amerikanischen Obstgarten«, wie Andrew Jackson Downing das nannte, »wandelten«.

Welcher einheimische Florafanatiker würde jetzt noch wagen, solchen Bäumen das Recht abzusprechen, sich als »amerikanisch« zu bezeichnen? Ihre Ahnen mochten von einer halben Welt weit entfernt stammen, aber diese Äpfel haben inzwischen fast den gleichen Akkulturationsprozess durchlaufen wie die Menschen, die sie angepflanzt haben. Im Grunde sind sie sogar noch weiter gegangen als die Menschen, denn die Äpfel rührten so kräftig in ihrem Genpool, dass sie sich für das Leben in der Neuen Welt neu erschufen.

Einige dieser »Amerikaner« haben inzwischen in fernen Ländern eine neue Heimat gefunden (der Golden Delicious wächst heute auf fünf Kontinenten), viele andere gedeihen aber auch nur in Amerika und nirgendwo sonst, sind in manchen Fällen sogar ausschließlich an das Leben in einer bestimmten Region angepasst. Der Jonathan reift zum Beispiel lediglich im mittleren Westen zur Perfektion (was eigentlich verblüfft, da er im Hudson Valley entdeckt wurde). Ich glaube, der Jonathan wäre in England oder Kasachstan, dem Heimatland seiner Vorfahren, genauso fehl am Platz wie ich in Russland, wo meine Familie herkommt. Der Pfeil der Naturgeschichte dreht im Flug nicht um: Der Jonathan ist heute genauso Amerikaner wie ich.

Das goldene Zeitalter der amerikanischen Äpfel, das John Chapman mit aus der Taufe hob, lebt in der Plantage in Geneva weiter – allerdings praktisch nirgends sonst. Die Anlage existiert sogar nur, weil diese ursprünglichen Giganten des jungen amerikanischen Obstgartens, die tatsächlichen und metaphorischen Nachfahren der Apfelkerne des »Johnny Apfelkern« so gut wie vernichtet wurden: durch die Dominanz von ein paar kommerziell erfolgreichen Äpfeln – und einer sehr eng gefassten heutigen Vorstellung davon, was Süße ausmacht. Noch viel brutaler wurde die wunderbare Vielfalt des Apfels um die Jahrhundertwende ausgedünnt. Zur Zeit der Prohibition trieb die »Mäßigungsbewegung« den Apfelmost in den Untergrund und mähte die amerikanischen Mostplantagen reihenweise nieder, dieses Überbleibsel der Wildnis, diese zügellose Brutstätte der Apfeloriginalität. Die Amerikaner begannen ihre Äpfel eher zu essen als zu trinken, teilweise dank des PR-Slogans: »An apple a day keeps the doctor away.« Ungefähr um die gleiche Zeit machte die Kühltechnik einen überregionalen Markt für Äpfel möglich, und die Branche beschloss, es wäre klug, diesen Markt einfacher zu gestalten, indem man nur eine Hand voll eingeführter Markensorten anpflanzte und bewarb. Der Markt konnte mit der unglaublichen Vielfalt von Eigenschaften, die der Apfel des neunzehnten Jahrhunderts besaß, nichts anfangen. Jetzt zählten nur noch zwei Kriterien: Schönheit und Süße. Schönheit hieß bei einem Apfel immer mehr: ein makelloses, leuchtendes Rot – war eine Sorte zu bräunlich, nützte ihr auch ein noch so feines Aroma nichts.

Und was die Süße betrifft, so war der vielschichtige metaphorische Widerhall dieses Wortes inzwischen verklungen, hauptsächlich dadurch, dass billiger Zucker so leicht verfügbar wurde. Was als komplexes Bedürfnis begonnen hatte, war zur reinen Gier verkommen – einem Heißhunger auf Süßes. Süße in einem Apfel hieß inzwischen schlicht und einfach: Zuckergehalt. In einer Kultur, in der Süße jederzeit zugänglich ist, musste der Apfel jetzt mit jeder anderen zuckerigen Zwischenmahlzeit aus dem Supermarktregal konkurrieren; sogar der Anflug von Säure, der der Süße des Apfels eine gewisse Tiefe verleiht, fiel in Ungnade.[1] Folglich errangen der Red und der Golden Delicious – die nur über das geniale Marketing der Stark-Brothers (die beide Sorten benannt und als Marken eingeführt hatten) miteinander verwandt sind – mit ihrer außergewöhnlichen Süße die Oberherrschaft über die riesige, veredelte Monokultur, zu der die amerikanischen Apfelplantagen geworden sind. Apfelzüchter, die sich in einer Art süßem Wettrüsten gegen Schokoriegel behaupten müssen, tendieren stark zu den Genen dieser beiden Äpfel, die in den meisten der in den letzten Jahren entwickelten beliebten Apfelsorten zu finden sind, wie zum Beispiel im Fuji und im Gala. Tausende von Apfeleigenschaften sowie die Gene, in denen diese Eigenschaften angelegt sind, sind ausgestorben, weil die ungeheure Vielfalt der Äpfel, die Johnny Appleseed mit gefördert hatte, so lange durchgesiebt wurde, bis nur doch die Hand voll Sorten übrig war, die durch das Nadelöhr unserer beschränkten Vorstellungen von Süße und Schönheit passen.

Deswegen ist die Apfelplantage in Geneva ein Museum. »Die kommerziellen Äpfel von heute stellen nur einen Bruchteil des Genpools der Spezies *Malus* dar«, erklärte mir Phil Forsline, der Museumskurator, während wir auf eine entlegene Ecke der Plantage zusteuerten, wo es etwas Ungewöhnliches gab, das er mir zeigen wollte. Forsline ist ein hochaufgeschossener Mann, ein Gartenbauexperte um die Fünfzig mit leuchtend blauen, skandinavisch wirkenden Augen und ergrauendem Blondhaar. »Vor einem Jahrhundert gab es noch ein paar tausend verschiedene Apfelsorten im Handel; jetzt haben die meisten Äpfel, die wir züchten, dieselben fünf oder sechs Eltern: Red Delicious, Golden Delicious, Jonathan, Macintosh und Cox Orange

[1] Der Granny Smith, ein relativ saurer grüner Apfel, der 1868 in Australien von einer Mrs Smith entdeckt wurde, stellt gewissermaßen eine Ausnahme dar, wobei sein Überleben vermutlich darauf zurückzuführen ist, dass er sich gut einkochen lässt, eine schöne Farbe hat und praktisch unverwüstlich ist.

Pippin. Züchter schöpfen immer wieder aus demselben Brunnen, und der wird immer seichter.«

Forsline hat sein ganzes Arbeitsleben dem Erhalt und der Erweiterung der genetischen Vielfalt des Apfels gewidmet. Er ist überzeugt, dass die moderne Geschichte des Apfels – vor allem die Praxis, eine schwindende Hand voll geklonter Sorten auf riesigen Plantagen zu züchten – ihn als Pflanze weniger widerstandfähig gemacht hat, weshalb die modernen Äpfel auch mehr Pestizide brauchen als jedes andere Obst oder Gemüse. Forsline erklärte mir, warum.

In der Wildnis entwickeln sich eine Pflanze und ihre Schädlinge in einem Prozess der wechselseitigen Anpassung, einem Tanz von Widerstand und Eroberung, in dem es keinen endgültigen Sieger geben kann. Aber diese Koevolution kommt in einem Obstgarten mit gepfropften Bäumen zum Stillstand, weil diese von Generation zu Generation genetisch identisch sind. Das Problem ist ganz einfach, dass sich die Apfelbäume nicht mehr geschlechtlich vermehren, wie sie das tun, wenn man Kerne in die Erde steckt, und Sex ist nun mal das Mittel der Natur, um neue Genkombinationen zu schaffen. Gleichzeitig sind aber die Viren, Bakterien, Pilze und Insekten umso reger tätig, vermehren sich geschlechtlich und passen sich an, bis sie schließlich durch Zufall genau die genetische Kombination treffen, mit der sie jegliche Widerstandskraft, die die Äpfel vielleicht irgendwann besessen haben, aushebeln können. Plötzlich ist der totale Sieg im Blickfeld der Schädlinge – es sei denn, der Mensch eilt den Bäumen zu Hilfe, indem er die moderne Chemiekeule schwingt.

»Für uns heißt die Lösung, dem Apfel bei einer künstlichen Evolution zu helfen«, erläuterte Forsline, und zwar, indem per Züchtung frische Gene ins Spiel gebracht werden. Eineinhalb Jahrhunderte nachdem John Chapman und andere die Neue Welt mit Apfelbäumen bepflanzten und damit die Apfelsexorgie entfesselten, die zu den Abermillionen von neuen Sorten führte, die auf dieser Plantage stehen, ist womöglich ein neuerliches Aufmischen der Gene notwendig. Genau deswegen ist es so wichtig, so viele verschiedene Apfelgene wie möglich zu erhalten.

»Es geht um Artenvielfalt«, sagte Forsline, während wir durch die langen Reihen der uralten Apfelbäume schritten und bei unserer Unterhaltung immer wieder Äpfel kosteten. Für mich hatte sich der Begriff Artenvielfalt bisher immer auf wilde Arten bezogen, aber natürlich ist die Vielfalt der domestizierten Arten, auf die wir angewiesen sind – und die nun auf uns angewiesen sind –, nicht weniger wichtig. Jedesmal, wenn eine alte Apfelsorte nicht mehr angebaut wird, verschwindet ein kompletter Gensatz – also eine einmalige Kombination von geschmacklichen, farblichen und Konsistenz-Eigenschaften sowie von Robustheit und Schädlingsresistenz – von der Erdoberfläche.

Die größte Vielfalt einer Art findet sich typischerweise immer dort, wo sie sich ursprünglich entwickelt hat – wo die Natur mit all den Möglichkeiten herumexperimentiert hat, die in einem Apfel, einer Kartoffel oder einem Pfirsich stecken. Für den Apfel liegt dieses »Diversitätszentrum«, wie die Botaniker einen solchen Ort nennen, in Kasachstan, und Forsline hat sich in den letzten Jahren damit beschäftigt, die wilden Apfelgene, die er und seine Kollegen in den kasachischen Wäldern gesammelt haben, zu retten. Forsline reiste mehrmals dorthin und brachte Tausende von Kernen und Ablegern mit, die er in zwei langen Reihen ganz hinten auf seiner Plantage in Geneva angepflanzt hat. Diese Bäume, viel ältere und wildere Apfelbäume als die, die Johnny Appleseed je gepflanzt hat, hatte Forsline mir zeigen wollen.

Es war der große russische Botaniker Nikolai Vavilov, der 1929 als Erster den Garten Eden der wilden Äpfel in den Wäldern um Alma-Ata in Kasachstan entdeckt hat. (Für die Einheimischen wäre das vermutlich nichts Neues gewesen: Alma-Ata bedeutet »Vater des Apfels«.) »Auf einer riesigen Fläche rings um die Stadt bedeckten wilde Apfelbäume die Ausläufer der Berge«, schrieb er. »Man konnte mit eigenen Augen sehen, dass dieser herrliche Ort die Wiege des Kulturapfels war.« Vavilov wurde später ein Opfer von Stalins pauschaler Verurteilung der Genetik und verhungerte 1943 in einem Gefängnis in Leningrad, und seine Entdeckung blieb für die Wissenschaft bis zum Fall des Kommunismus verloren. 1989 lud einer der letzten noch lebenden Studenten von Vavilov, ein Botaniker namens Aimak Djangaliev, eine Gruppe von amerikanischen Pflanzenwissenschaftlern ein, um einen Blick auf die wilden Apfelbäume zu werfen, die er, heimlich, still und leise, in den langen Jahren der sowjetischen Herrschaft studiert hatte. Djangaliev war bereits achtzig, und er brauchte die Hilfe der Amerikaner, um die wilden Standorte der *Malus sieversii* vor einer Welle der Baugrunderschließung zu retten, die von Alma-Ata aus in die umliegenden Hügel schwappte.

Forsline und seine Kollegen fanden voller Staunen ganze Apfelwälder, dreihundertjährige Bäume, die fünfzehn Meter hoch waren und so dick wie Eichen, und die zum Teil Äpfel trugen, die so groß und rot waren wie moderne

Zuchtsorten. »Sogar in der Stadt kamen Apfelbäumchen zwischen Pflasterritzen durch«, erinnerte er sich. »Man brauchte diese Äpfel nur anzusehen, dann hatte man keinen Zweifel, dass das die Vorfahren des Golden Delicious oder Macintosh waren.« Forsline beschloss, so viel wie möglich von diesem Keimplasma zu retten. Er war sich sicher, dass man irgendwo unter den wilden Äpfeln von Kasachstan Gene für Resistenzen gegen Krankheiten und Schädlinge finden konnte, außerdem Gene für Apfeleigenschaften, die wir uns nicht einmal vorstellen können. Da das Überleben des wilden Apfels in der Wildnis inzwischen zweifelhaft war, sammelte er Hunderttausende von Apfelkernen, pflanzte so viele an, wie er in Geneva nur unterbringen konnte, und bot den Rest Forschern und Züchtern in der ganzen Welt an. »Ich schicke jedem Kerne, der mich darum bittet, solange er verspricht, sie einzupflanzen, sich um die Bäume zu kümmern und mir irgendwann Bericht zu erstatten.« Die wilden Äpfel hatten ihren Johnny Appleseed gefunden.

Und dann standen wir endlich vor den zwei unbeschreiblich bunt gemischten Reihen der seltsamsten Apfelbäume, die ich je gesehen hatte. Sie waren dicht nebeneinander angesät, und die Reihen konnten das schiere Fest aus Blättern und Früchten kaum fassen, geschweige denn ordnen, obwohl alles erst sechs Jahre zuvor angelegt worden war. Ich hatte noch nie eine Plantage von angesäten Apfelbäumen zu Gesicht bekommen (das tun heutzutage nur noch die wenigsten), wobei man sich schwer vorstellen kann, dass es irgendwo noch eine wilde Plantage von einer so verrückten Vielfalt gibt. Forsline hatte mir erzählt, dass sämtliche

Apfelgene, die bisher nach Amerika gebracht wurden – all die Gene, die neben John Chapman den Ohio hinuntergeschippert waren –, gerade mal ein Zehntel des gesamten *Malus*-Genoms ausgemacht hatten. Na, und hier war der Rest.

Keine zwei dieser Bäume sahen sich auch nur im Entferntesten ähnlich, weder in der Form noch in der Blattform oder der Frucht. Manche wuchsen kerzengerade nach oben, andere krochen am Boden entlang, bildeten niedrige Büsche oder mickerten einfach aus, weil ihnen das Klima im Staat New York nicht zusagte. Da standen Apfelbäume mit Blättern wie Linden und andere, die aussahen wie debile Forsythiensträucher. Vielleicht ein Drittel aller Bäume trug Früchte – aber sehr eigenartige Früchte, die aussahen und schmeckten wie Gottes erste Entwürfe dessen, was einmal ein Apfel werden könnte.

Ich sah Äpfel, die farblich und größenmäßig an Oliven und Kirschen erinnerten, neben leuchtend gelben Pingpongbällen und dunkelvioletten Beeren. Ich sah ein ganzes Sortiment von baseballförmigen Früchten, an den Polen abgeflacht, konisch oder kugelrund, manche so hellgrün wie junges Gras, andere stumpf wie Holz. Und ich pflückte große, glänzende rote Früchte, die aussahen wie echte Äpfel, geschmacklich aber eher eigenwillig waren. Stellen Sie sich vor, Sie beißen herzhaft in eine rohe, pfefferscharfe Kartoffel oder eine leicht matschige, mit Leder überzogene Paranuss. Auf den ersten Biss fühlten sich manche dieser Äpfel am Gaumen höchst vielversprechend an, um plötzlich auf einen so bitteren Beigeschmack umzuschwenken, dass sich mir der Magen beim bloßen Gedanken daran umdreht.

Um den Geschmack wieder loszuwerden, steuerte ich auf eine kultiviertere Reihe zu und pflückte ein essbares Exemplar – einen Jonagold, glaube ich, eine Kreuzung aus Golden Delicious und Jonathan, die für meine Begriffe eine der großartigen Leistungen der modernen Apfelzucht ist. Es ist nämlich eine große Leistung, eine scharfe, beißende Kartoffel in eine Augenweide und einen Gaumenschmaus für Menschen zu verwandeln. Diese ganze Plantage ist ein Zeugnis für die Zauberkunst der Domestizierung, für unseren dionysischen Hang, die wildesten Früchte der Natur den verschiedenen Bedürfnissen der Kultur anzupassen. Und trotzdem kann man es mit der Domestizierung, wie die moderne Zeitgeschichte des Apfels zeigt, auch übertreiben, der menschliche Drang, die Wildheit der Natur zu beherrschen, kann Schaden anrichten. Eine Art zu domestizieren heißt, sie unter das Dach der Kultur zu holen, aber wenn der Mensch sich zu lange auf zu wenige Gene verlässt, verliert eine Pflanze ihre Fähigkeit, allein in der freien Natur zurechtzukommen. So etwas Ähnliches passierte der Kartoffel in Irland um 1840, und womöglich passiert es genau jetzt dem Apfel.

Was die Kartoffel aus dieser Notlage rettete, waren Gene für Resistenzen, die Wissenschaftler schließlich in wilden Kartoffeln fanden, die in den Anden wuchsen, dem Diversitätszentrum der Kartoffel. Wir leben allerdings in einer Welt, in der die wilden Heimatorte wilder Pflanzen rasch schwinden. Was geschieht, wenn es keine wilden Kartoffeln und wilden Äpfel mehr gibt? Die beste Technologie der Welt kann kein neues Gen schaffen oder ein altes nachbauen, das verloren gegangen ist. Deswegen widmet Phil Forsline sein ganzes Leben der Aufgabe, jeden erdenklichen

Apfel zu bewahren und zu verbreiten – gute, schlechte, mittelmäßige und vor allem wilde –, bevor es zu spät ist. Und deswegen verdienen all die anderen, die wilde Kerne anpflanzen, all jene, die sich im Namen von John Chapman abrackern, unser höchstes Lob, selbst wenn manchmal etwas schief geht und sie neben all ihren guten Äpfeln ab und zu ein bisschen Kassie mit aussäen. In der besten aller Welten würden wir die wilden Orte selbst bewahren – die Heimat des Apfels in der kasachischen Wildnis zum Beispiel. Die zweitbeste Welt ist aber eine, die die Qualität der Wildnis an sich bewahrt, wenn auch nur, weil die Domestizierung ausgerechnet von der Wildnis abhängig ist. Das mag neu für uns sein, obwohl es einen Johnny Appleseed schon vor hundert Jahren gab und einen Dionysos ein paar Jahrtausende davor. Aber wie schön für uns, dass die Wildnis in einem Apfelkern überlebt und angebaut werden kann – dass sie selbst in den schnurgeraden Reihen und rechten Winkeln einer Obstplantage überlebt. »In der Wildnis liegt die Rettung der Welt«, schrieb Thoreau einst; und jetzt, hundert Jahre später, da es viele der wilden Orte nicht mehr gibt, wandelt Wendell Berry das Zitat folgerichtig ab: »In der menschlichen Kultur liegt die Rettung der Wildnis.«

Eine Hand voll wilder Äpfel reiste mit mir von Geneva nach Hause, ein paar große Rote, die mir aufgefallen waren und ein kleiner Runder, der nicht größer war als eine Olive. Dieser seltsame Kerl lag ein paar Wochen lang auf meinem Schreibtisch, und als er anfing zu schrumpeln, schnitt ich ihn mit dem Messer durch und kratzte die Kerne heraus – fünf polierte Ebenholzkerne, die unvorstellbare Apfelgeheimnisse bargen. Wer weiß, was für Äpfel aus solchen Kernen kommen würden, oder aus deren Kernen wiederum, nachdem die Bienen ihre Gene mit denen der Baldwins und Macs in meinem Garten gekreuzt hätten? Vermutlich keine Äpfel, die man unbedingt essen oder auch nur ansehen wollte. Aber wer konnte das so genau sagen? Zugegeben, das Experiment ist lächerlich, aber ich beschloss trotzdem, einem der Kerne dieses wilden Apfels einen Platz in meinem Garten einzuräumen – vermutlich John Chapman zu Ehren, aber auch, um einfach zu beobachten, was passiert.

Selbst wenn es unrealistisch ist, zu erwarten, dass aus diesem Wildling je ein süßer Apfel wächst, würde ich mich doch wundern, wenn er meinem Garten nicht eine besondere Note verleihen würde – wenn er ihn nicht irgendwie zu einem süßeren Ort machen würde, als er es jetzt ist. Stellen Sie sich vor, wie dieser verwilderte, bizarr geformte Baum ausgerechnet in einem Garten aufwächst, einem Apfelbaum ähnlich vielleicht, aber keinem, den man je gesehen hätte, und wie er jeden Herbst merkwürdige, nicht zuzuordnende Früchte trägt. Mitten in einem Garten – also mitten in einer Landschaft, die ausdrücklich so angelegt ist, dass sie unsere Bedürfnisse befriedigt – wird die Frucht eines solchen Baumes aber vor allem eines sein: Zeugin einer urtümlichen Wildnis, um uns daran zu erinnern, wie notwendig sie ist.

Wallace Stevens hat ein Gedicht darüber geschrieben, wie ein einfaches Marmeladenglas, das auf einem Hügel in Tennessee steht, den gesamten Wald ringsum verwandelt. Er hat beschrieben, wie dieses ganz gewöhnliche Stück menschlicher Kunstfertigkeit »alles beherrschte« und die »schlampige Wildnis« rings um sich ordnete wie ein Licht die Dunkelheit. Ich frage mich, ob ein wilder Baum, den man mitten in einer geordneten Landschaft pflanzt, das Umgekehrte bewirken kann, ob er diesen straff organisierten Garten auflockern kann, ob er den kultivierten Pflanzen darin erlauben wird, ihre eigene innerste Wildheit, die jetzt so gedämpft ist, laut und rein erklingen zu lassen. Es kann keine Zivilisation ohne Wildnis geben, würde ein solcher Baum uns ans Herz legen, keine Süße ohne ihr saures Gegenüber.

Mein Garten ist von einem schrumpfenden Bestand alter, knorriger Baldwins umgeben, die in den zwanziger Jahren von dem Farmer angepflanzt wurden, der unser Haus gebaut und, lokalen Gerüchten zufolge, den köstlichsten und härtesten Apfelschnaps der ganzen Stadt gebraut hat. Zumindest wird mein original kasachischer Apfelbaum, der mitten unter seinen benannten und kultivierten Nachkömmlingen aufwachsen wird, diese alten Baldwins süßer schmecken lassen, als sie das jetzt tun. Und wenn ich je dazu komme, aus meinen Baldwins ein Fass Apfelmost zu machen, dann werden ein paar dieser namenlosen wilden Äpfel dem Trank eine herbe, interessante Note verleihen, einen fremden Geschmack, auf den ich mich heute schon freue.

Kapitel 2

BEGEHREN: SCHÖNHEIT

PFLANZE: TULPE

(*Tulipa*)

Die Tulpe war meine erste Blume – oder jedenfalls die erste, die ich je selbst gepflanzt habe; doch noch lange Zeit danach blieb ich blind für ihre strenge, strahlende Schönheit. Damals war ich ungefähr zehn, und erst in meinen Vierzigern konnte ich eine Tulpe wieder richtig betrachten. Ein Grund für die lange Auszeit – für all die Jahre des Vorbeischauens – war die spezielle Tulpensorte, die ich als Kind gepflanzt hatte. Es müssen wohl Triumph-Tulpen gewesen sein, die hochgewachsenen Allerweltsblumen mit ihren knallbunten, kugeligen Blüten, die man zuhauf in Frühlingslandschaften als Meer von Farbklecksen auf Stängeln wahrnimmt (oder eben nicht). Wie die anderen kanonisierten Blumen – Rose oder Pfingstrose etwa – ist die Tulpe über die Jahrhunderte immer wieder dem jeweils vorherrschenden Schönheitsideal angepasst worden, und die Geschichte des zwanzigsten Jahrhunderts bestand für sie vornehmlich im Aufstieg und Triumph jener bonbonfarbenen Massenproduktion.

Herbst um Herbst kauften meine Eltern Netzsäcke mit Sortimenten von Tulpenzwiebeln, je fünfundzwanzig oder fünfzig in einem Beutel, und belohnten mich mit ein paar

Pennys pro Zwiebel, wenn ich sie im bodendeckenden Ysander versenkte. Vermutlich schwebte ihnen etwas Wald- und Naturnahes vor, weshalb sie das Tulpenpflanzen getrost einem Zehnjährigen überlassen konnten, dessen plan- und zielloses Vorgehen haargenau den gewünschten Effekt herbeiführen würde. Ich rammte und schraubte das Pflanzgefäß in den ganz von Wurzelwerk durchsetzten Boden, bis meine Handballen von Blasen übersät waren, und zählte bei der Arbeit sorgfältig mit, rechnete die wachsende Anzahl von Tulpenzwiebeln in klingende Münze für Süßigkeiten oder neue Spielkarten zum Tauschen um.

Die Mühsal des Oktobers wurde verlässlich mit der ersten Farbe des Frühjahrs belohnt – der ersten nennenswerten Farbe, sollte ich wohl sagen, denn die Narzissen kamen schon früher heraus. Aber Gelb sieht man im Frühling überall und es zählt für ein Kind kaum als richtige Farbe; rot, purpur oder rosa, das waren Farben, und die Tulpen präsentierten sie in allen Schattierungen. Damals, in der Frühzeit der Raumfahrt, erinnerten mich die kräftigen Tulpenstängel an abschussbereite Raketen mit ihrer Nutzlast in aufgeblähten buntfarbigen Kapseln an der Spitze.

Diese Tulpen waren eindeutig Kinderblumen. Sie ließen sich von allen am leichtesten malen, und das klare Farbenspektrum, in dem sie daherkamen, fand stets seine Entsprechung im Buntstiftkasten. Diese gefälligen, unkomplizierten Tulpen, die Mitte der sechziger Jahre in jedem Gartencenter zu haben waren, konnte jedes Kind mit Leichtigkeit erfassen und zum Wachsen bringen. Aber man entwuchs ihnen auch leicht, und als ich endlich Herr über einen eigenen Garten war – ein schmaler Riegel von Gemüsebeet, eng an das Fundament unseres Ranchhauses geschmiegt, hatte ich mit Tulpen nichts mehr im Sinn. Ich betrachtete mich nunmehr als jungen Farmer, der keine Zeit auf solche Frivolitäten wie Blumen zu verschwenden gedachte.

Dreihundertfünfzig Jahre zuvor hatte die damals erst frisch im Westen eingetroffene Tulpe einen kurzlebigen Massenwahn ausgelöst, der eine ganze Nation erschütterte und ihre Wirtschaft um ein Haar zum Kollaps gebracht hätte. Niemals, weder vorher noch nachher, hat eine Blume – eine Blume! – einen derart grandiosen Auftritt auf der Hauptbühne der Geschichte hingelegt wie die Tulpe zwischen 1634 und 1637 in Holland. Von der Episode fieberhafter Spekulationen, die Menschen aus allen Gesellschaftsschichten in ihren Bann zog, blieb lediglich das »Tulpenfieber« als neue Wortschöpfung, die in den seither verstrichenen Jahrhunderten keinen Staub angesetzt hat, und als ein historisches Rätsel. Warum ausgerechnet im Land der drögen, knauserigen Calvinisten? Warum ausgerechnet in einer Epoche allgemeinen Wohlstands? Und warum ausgerechnet diese Blume – warum die kühle, duftlose, leicht distanzierte Tulpe, die so wenig Dionysisches an sich hat und viel eher Bewunderung hervorruft als Leidenschaft entfacht?

Doch eine innere Stimme sagt mir, dass sich die Triumph-Tulpen, die ich im Ysander rund um mein Elternhaus pflanzte, in einigen wesentlichen Punkten von der »Semper Augustus« unterschieden. Dies war die zart gefiederte rotweiße Tulpensorte, deren Zwiebeln auf dem Höhepunkt des Tulpenfiebers zu einem Stückpreis von zehntausend Gulden gehandelt wurden – eine Summe, um die man damals ein prächtiges Patrizierhaus an einem der großen Kanäle Amsterdams hätte erwerben können. Semper Augustus kommt in der Natur nicht mehr vor, aber nach den noch vorhandenen Gemälden zu schließen (wenn das Geld für den Kauf nicht reichte, ließ man besonders hoch geschätzte Tulpen in Holland wenigstens malen), nimmt sich eine heutige Tulpe neben einer Semper Augustus wie ein Spielzeug aus.

Zwischen diesen beiden Polen möchte ich mich im Folgenden bewegen: meinem jugendlichen Unverständnis für Sinn und Zweck von Blumen zum einen, zum anderen der unsinnigen Leidenschaft für sie, der die Holländer kurzfristig verfielen. Die jugendliche Sichtweise hat das eisige Gewicht der Rationalität auf ihrer Seite: Keine Kosten-Nutzen-Rechnung rechtfertigt all die unnütze Schönheit. Aber gilt das nicht für alles Schöne? Wiewohl die Holländer es letztlich entschieden zu weit trieben, bleibt festzuhalten, dass wir Übrigen – sprich ein Großteil der Menschheit in einem Großteil ihrer Geschichte – im gleichen irrationalen Boot sitzen wie die Holländer des siebzehnten Jahrhunderts: verrückt nach Blumen. Worum geht es nun bei diesem Tropismus, dieser Krümmungsneigung, für uns und für die Blumen? Wie brachten die ausführenden Organe der pflanzlichen Vermehrung es zuwege, sich mit menschlichen Begriffen von Wert, Status und Eros zu verflechten? Und was mag uns unsere uralte Neigung zu Blumen über die tieferen Geheimnisse der Schönheit lehren – über das, was ein Dichter einmal »jene so gänzlich unverdiente Anmut« genannt hat? Ist es das? Oder beruht Schönheit auf Verdienst? Die Geschichte der Tulpe – einer der beliebtesten Blumen, die doch so schwer zu lieben ist – verspricht Antworten auf diese Fragen. Allerdings verläuft die Suche, dank der Natur des Gegenstandes, nicht gradlinig. Eher folgt sie dem Flug der Bienen – mit vielen Zwischenhalten.

Blumen gleichgültig gegenüberzustehen ist möglich – aber nicht sehr wahrscheinlich. Bei ihren Patienten bewerten Psychiater eine derartige Haltung als Anzeichen einer schweren Depression. Wenn es so weit gekommen ist, dass die unvergleichliche Schönheit einer voll erblühten Blume die Hülle düsterer oder obsessiver Gedanken in einem menschlichen Gehirn nicht mehr zu durchdringen vermag, hängt die Verbindung dieses Gehirns zur sinnlichen Welt offenbar nur noch an einem seidenen Faden. Eine solche Befindlichkeit ist das krasse Gegenteil des Tulpenfiebers, sie ließe sich als »floral ennui« bezeichnen. Allerdings ist es ein Syndrom, das nicht eine ganze Gesellschaft befällt, sondern nur bei Einzelpersonen auftritt.

Nach meiner Erfahrung zu urteilen, sind Jungen gleich welcher psychischen Verfassung in einem bestimmten Alter an Blumen kaum interessiert. Nur in Obst und Gemüse konnte ich einen Sinn erkennen – selbst in jenen Gemüsesorten, die ich für Geld und gute Worte nicht gegessen hätte. Das Gärtnern betrachtete ich als eine alchemistische Kunst – einen quasi magischen Vorgang, bei dem sich Samen, Erde, Wasser und Sonnenlicht zu einem wertvollen Produkt wandelten –, und solange man weder Spielzeug noch LPs aus dem Boden wachsen lassen konnte, blieb es mehr oder weniger bei Obst und Gemüse. (Ich betrieb einen bescheidenen Stand für Gartenerzeugnisse, mit meiner Mutter als einziger Kundin.) Unter Schönheit verstand ich damals (und noch heute) den atemberaubenden Anblick einer glänzenden, glockenförmigen Paprika, die wie ein Weihnachtsschmuck am Strauch hing, oder auch eine Wassermelone, eingebettet in ein Gewirr von Schlingpflanzen. (Später empfand ich kurzzeitig das Gleiche beim Anblick der fünffingrigen Blätter einer Marihuanapflanze, aber das ist ein Sonderfall.) Blumen waren schön und gut, wenn man Platz dafür hatte, aber wozu waren sie eigentlich gut? In meinem Garten ließ ich nur solche Blumen wachsen, die zu etwas gut waren, die eine Frucht hervorbrachten: der hübsche, weißgelbe Knopf der Erdbeerblüte, die alsbald anschwoll und sich rot färbte, die plumpen gelben Trompeten, die den Auftritt einer Zucchini verkündeten: teleologische Pflanzen, gewissermaßen.

Die andere Sorte – Blumen als Selbstzweck – erschienen mir äußerst windig, kaum höher einzustufen als Blätter, denen ich ebenfalls wenig Wert beimaß; beide brachten es niemals zu derselben, existentiellen Bedeutung wie Tomaten oder Gurken. Tulpen mochte ich nur dann, wenn sie kurz vor dem Aufblühen standen; in dieser Phase erschien die Blüte noch als geschlossene Kapsel, die Ähnlichkeit mit einer wunderbaren, gewichtigen Frucht hatte. Sobald sich jedoch die Blütenblätter nach außen bogen, entströmte ihnen das Geheimnis und hinterließ, für mein Gefühl, nur schwache, papierne Substanzlosigkeit.

Nun ja, damals war ich zehn Jahre alt. Was wusste ich schon von Schönheit?

Abgesehen von gewissen fantasielosen Knaben, schwer Depressiven und einer weiteren Ausnahme, auf die ich noch komme, weisen alle entsprechenden Belege darauf hin, dass die Menschheit Blumen stets selbstverständlich mit Schönheit assoziiert hat. Die alten Ägypter achteten darauf, den Toten nebst anderen Kostbarkeiten auch Blüten auf ihre Reise in die Ewigkeit mitzugeben; etliche, erstaunlich gut erhaltene Exemplare wurden in den Pyramiden gefunden.

Die Gleichsetzung von Blumen und Schönheit war offenbar in allen bedeutenden Zivilisationen der Antike gegeben, wenn sich auch einige, vor allem Juden und frühe Christen, gegen die Verehrung und die praktische Verwendung von Blumen verwahrten – nicht etwa, weil sie blind für deren Schönheit gewesen wären, ganz im Gegenteil: Die Anbetung von Blumen forderte den Monotheismus heraus, sie war ein noch glimmender Funke des heidnischen Naturkults, der erstickt werden musste. Kaum zu glauben, aber im Garten Eden gab es keine Blumen – oder sie wurden, was wahrscheinlicher ist, bei der Aufzeichnung der Schöpfungsgeschichte aus dem Garten getilgt.

Der welthistorische Konsens über die Schönheit von Blumen, der uns ebenso richtig wie unstrittig erscheint, ist dennoch bemerkenswert, wenn man bedenkt, wie wenige Dinge es in der Natur gibt, denen die Schönheit nicht erst von Menschen angedichtet werden musste. Sonnenaufgänge, das Federkleid von Vögeln, Gesicht und Gestalt des Menschen, und Blumen: viel mehr wohl nicht. Berge galten bis vor wenigen Jahrhunderten als hässlich (»Warzen der Erde« hatte Donne sie genannt und damit der allgemeinen Anschauung Ausdruck verliehen); Wälder waren die »verabscheuungswürdigen« Schlupfwinkel des Satans, bis die Romantiker ihnen zu neuen Ehren verhalfen. Auch die Blumen wurden von Dichtern besungen, hatten dies aber nie in demselben Maße nötig.

In seiner Untersuchung zur Rolle der Blumen in einem Großteil der Weltkulturen – in Ost und West, Vergangenheit und Gegenwart – bezeichnet der englische Anthropologe Jack Goody die Liebe zu Blumen als nahezu universales Phänomen, mit einer Einschränkung: Afrika. Dort spielen, wie Goody in *The Culture of Flowers* schreibt, Blumen bei religiösen Bräuchen oder sozialen Alltagsritualen praktisch keine Rolle. (Ausgenommen die afrikanischen Regionen, die früh mit anderen Zivilisationen in Berührung gekommen waren – beispielsweise der islamische Norden.) In Afrika werden selten Zierblumen angepflanzt, und ebenso selten finden sich Blumenmotive in afrikanischer Kunst oder Religion. Wenn Bewohner Afrikas über Blumen sprechen oder schreiben, so eher in Hinblick auf die davon erhofften Früchte als auf die Sache selbst.

Für das Fehlen einer Blumenkultur in Afrika bietet Goody zwei mögliche Erklärungen an, eine ökonomische und eine ökologische. Die ökonomische Erklärung besagt: Solange Menschen nicht genug zu essen haben, können sie keine Aufmerksamkeit für Blumen erübrigen; eine ausgewachsene Blumenkultur ist ein Luxus, den sich ein Grossteil Afrikas im Lauf seiner Geschichte nie hat leisten können. Die andere Erklärung besagt, dass Afrika in ökologischer Hinsicht mit Blumen – vorzeigbaren zumindest – nicht allzu reich gesegnet ist. Relativ wenige weltweit verbreitete Zierblumen stammen ursprünglich aus Afrika, und die Bandbreite der Blumengattungen erreicht in keinem Teil des Kontinents auch nur annähernd eine Vielfalt wie etwa in Asien oder selbst Nordamerika. Die Blumen, die man beispielsweise in der Savanne findet, blühen zumeist nur kurz und bleiben über die gesamte Trockenzeit hinweg verschwunden.

Welche Schlüsse im Fall Afrika zu ziehen sind, weiß ich ebenso wenig zu sagen wie Goody. Läuft es darauf hinaus, dass die Schönheit von Blumen tatsächlich nur im Auge des

Betrachters existiert – Menschenwerk wie die Erhabenheit der Bergwelt oder die gehobene Stimmung, die wir in einem Wald verspüren? Falls ja, warum haben so viele verschiedene Völker zu so unterschiedlichen Zeiten und an so unterschiedlichen Orten jene Schönheit für sich entdeckt? Vermutlich ist Afrika eher die Ausnahme, die die Regel bestätigt. Goody weist darauf hin, dass die Bewohner Afrikas rasch eine eigene Blumenkultur entwickelten, sobald sie von außen an sie herangetragen wurde. Vielleicht ist die Liebe zu Blumen allen Menschen gemeinsam, kann aber erst gedeihen, wenn die Umstände dazu reif sind – mit einem reichhaltigen Angebot von Blumen und reichlich Muße, innezuhalten und an ihnen zu schnuppern.

Angenommen, wir sind tatsächlich mit einer solchen Vorliebe geboren, die uns, wie die Bienen, instinktiv zu den Blumen zieht. Für Bienen liegt der Vorteil einer angeborenen Neigung zu Blumen auf der Hand – aber welchen erkennbaren Nutzen bietet sie dem Menschen?

Einige Vertreter der Evolutionspsychologie halten eine interessante Antwort bereit. Zwar lässt sich ihre Hypothese, falls überhaupt, erst dann beweisen, wenn Wissenschaftler darangehen, Gene für menschliche Vorlieben (vielleicht sogar für die Wertschätzung von Schönheit) zu identifizieren, aber sie sei hiermit zitiert: Unser Gehirn entwickelte sich unter dem Druck der natürlichen Selektion, uns zu Experten in einer Tätigkeit reifen zu lassen, mit der die Menschheit 99% ihrer Zeit auf Erden zugebracht hat: der Nahrungssuche. Selbst ich als Junge begriff, dass Blumen verlässlich auf Nahrung hindeuteten. Wer sich zu ihnen hingezogen fühlte, sie darüber hinaus zu unterscheiden und den genauen Ort zu bestimmen wusste, an dem er sie gesichtet hatte, erntete bei der Nahrungssuche viel größere Erfolge als derjenige, der blind für ihre Signalwirkung war. In seinem Werk *Wie das Denken im Kopf entsteht* umreißt der Neurowissenschaftler Steven Pinker eine Theorie, wonach die natürliche Selektion notwendig diejenigen unter unseren Vorfahren begünstigen musste, die über botanisches Forschertalent und ein Auge für Blumen verfügten, also imstande waren, Pflanzen zu erkennen, einzuordnen und sich an ihren Standort zu erinnern. Mit der Zeit wurde der Augenblick des Erkennens (vergleichbar mit der Erregung, die man beim Aufspüren eines begehrten Objekts in der Landschaft verspürt) zum angenehmen Erlebnis – und damit der Träger der Signalwirkung als schön empfunden.

Wäre es für den Menschen aber nicht sinnvoller, sich stur auf das Erkennen der eigentlichen Früchte zu konzentrieren und die Blumen außer Acht zu lassen? Vielleicht – doch Blumen zu erkennen und in Erinnerung zu behalten, verhilft dem Nahrungssuchenden dazu, als Erster, vor der Konkurrenz, bei der Frucht zu sein. Da ich genau weiß, wo an meiner Zufahrtstraße die Brombeersträucher im letzten Monat in Blüte standen, habe ich in diesem Monat beste Aussichten, vor allen anderen – einschließlich der Vögel – an die Beeren heranzukommen.

Letztere Spekulationen, das sollte ich an diesem Punkt wohl erwähnen, stammen von mir und nicht von irgendeinem Wissenschaftler. Aber ist es nicht bezeichnend, dass wir Blumen in der Erfahrung so untrennbar mit unserem Gefühl für Zeit verbinden? Vielleicht gibt es einen guten Grund dafür, warum ihre Vergänglichkeit uns so tief anrührt, warum die Betrachtung einer voll erblühten Blume fast unweigerlich weitergehende Gedanken – der Hoffnung oder des Bedauerns – in uns auslöst. Womöglich hegen wir dieselbe unwiderstehliche Neigung zu Blumen wie gewisse Insekten; doch kommen diesen beim Anblick einer Blüte vermutlich keine Gedanken an Vergangenheit und Zukunft in den Sinn – komplizierte menschliche Überlegungen, die einst durchaus nicht müßig gewesen sein mögen. Die Blumen haben uns seit jeher Bedeutsames zum Thema Zeit gelehrt.

Reine Spekulation, das alles, ich weiß – obwohl gerade die Spekulation zuweilen das A und O einer Blume zu sein scheint. Ob sie je darum gebeten haben, entzieht sich meiner Kenntnis, aber Blumen tragen seit jeher die oft absurde Last der von uns erfundenen Bedeutungen, und zwar in einem Ausmaß, das mich zögern lässt, zu behaupten, sie bäten nicht darum. Man bedenke schließlich, dass die natürliche Selektion den Blumen eben genau die Signalwirkung zugeordnet hat. Sie waren die »Tropen«, die Sinnbilder der Natur, lange bevor wir auf den Plan traten.

Die natürliche Selektion hat Blumen auf die Kontaktaufnahme mit anderen Gattungen ausgerichtet; dabei kommt ein erstaunliches Sortiment visueller, olfaktorischer und taktiler Hilfsmittel zum Einsatz, mit denen sie die Aufmerksamkeit bestimmter Insekten, Vögel und sogar mancher Säugetiere auf sich lenken. Um ans Ziel zu kommen, verlassen sich viele Blumen nicht allein auf simple chemische Signale, sondern auf Zeichen, mitunter sogar auf eine gewisse Symbolik. Manche Pflanzengattungen gehen so weit, täuschende Ähnlichkeit zu anderen Lebewesen oder Objekten zu entwickeln, um sich die Befruchtung – oder, im Fall der Fleisch fressenden Pflanzen – eine Mahlzeit zu sichern. Zur Anlockung von Fliegen in ihr Allerheiligstes (wo bereits Verdauungsenzyme lauern) hat die Kannenpflanze eine Blüte mit einem befremdlichen Streifenmuster in Kastanienbraun und Weiß ersonnen, das nur Kreaturen mit einer Vorliebe für verrottendes Fleisch als reizvoll empfinden. (Der abstoßende Geruch der Blüte trägt das Seine zu der Wirkung bei.)

Ophryus-Orchideen entwickeln gespenstische Ähnlichkeiten ausgerechnet mit Insekten – je nach Orchideengattung mit Bienen oder Fliegen. In viktorianischer Zeit interpretierte man diese Mimikry als Abschreckung für die echten Insekten, auf dass die Pflanze sich keusch der Selbstbefruchtung widmen konnte. Dabei ließen die Viktorianer die Möglichkeit außer Acht, dass Ophryus-Orchideen Insektengestalt annahmen, eben um Insekten anzulocken. Durch Ausbildung eines täuschend ähnlichen Musters aus Wölbungen, Flecken und Behaarung gelingt es der Pflanze, bestimmten männlichen Insekten wie ein passendes Weibchen – in aufreizender Rückenansicht – zu erscheinen. Was der männliche Part in der Folge vollführt, nennen Botaniker »Pseudokopulation«; die Blume, die ein solches Verhalten auslöst, heißt auch »Prostituierten-Orchidee.« Mit seinen fieberhaften Paarungsversuchen sorgt das Insekt für die Befruchtung der Orchidee: Seine wachsende Frustration treibt es dazu, hektisch eine Blüte nach der anderen zu besteigen und so zwar nicht das eigene, aber immerhin das Genmaterial der Blume weiterzuverbreiten.

Eins steht fürs andere: Blumen sind von Natur aus Metapherntäger; selbst eine wild blühende Wiese strotzt von Bedeutsamkeiten, die nicht vom Menschen gemacht sind.

Wechselt man in den Garten, fächern die Bedeutungen sich weiter auf, da die Blumen nun neben Bienen, Fledermäusen oder Schmetterlingen auch unsere obskuren Ansichten vom Guten und Schönen im Visier haben. Irgendwann vor langer Zeit kreuzten sich die metaphorischen Begabungen von Blume und Mensch; ihrer Paarung, ihrer wundersamen Symbiose der Bedürfnisse, entsprangen die Blumen in unserem Garten.

Jetzt, Mitte Juli, herrscht in meinem Garten Hochsommer; mit all den dicht an dicht gereihten Blumen, mit all seiner Geschäftigkeit und Vielfalt wirkt er eher wie eine belebte Großstadtstraße und mitnichten wie ein ruhiges Plätzchen auf dem Land. Auf den ersten Blick nimmt man nur einen erschreckenden Wirrwarr sensorischer Informationen wahr, einen Andrang von Blumenfarben und -düften, untermalt von summenden Insekten und raschelnden Blättern; nach einer Weile jedoch heben sich die einzelnen Blumen klarer heraus. Sie sind die handelnden Personen auf dieser sommerlichen Gartenbühne, die im Reigen ihrer kurzen Auftritte ihr Möglichstes tun, um unseren Blick auf sie zu lenken. Sagte ich unseren Blick? Nun, nicht nur unseren – schließlich ist da noch ein anderes Publikum: Bienen und Schmetterlinge, Motten, Wespen, Hummeln und alle anderen potentiellen Bestäuber.

Mittlerweile sind die frühen Rosen weitgehend verblüht, und nur die letzten traurigen Reste von abgestorbenem Zellgewebe sind an den kraftlosen Büschen verblieben; Rugosa- und Teerosen hingegen verströmen weiterhin ihre Farbenpracht und erregen Aufmerksamkeit. Wie berauscht kämpfen sich Japankäfer durch den Dschungel der Blütenblätter, speisen und bestäuben mit Feuereifer, manchmal zu dritt oder zu viert in einem Kelch; die Szene mutet wie ein römisches Bacchanal an, und die Blumen gehen gründlich zerzaust daraus hervor. Ein Stück weiter unten am Gartenpfad stehen die Taglilien, erwartungsvoll vorgestreckt wie Hunde; winzige Wespen folgen der Einladung, ganz bis nach oben in ihren Schlund zu steigen und dort nach Nektar zu suchen; hinterher torkeln sie wie Betrunkene aus einer Bar wieder heraus. Bevor sie jedoch an die frische Luft kommen, drängeln sie sich durch die Staubblätter in ihrer sanften Mulde und benetzen sich mit Pollen, den sie später auf den Stempeln anderer Blüten wieder abstreifen.[1]

Am vorderen Rand des Winterbeets formt der Wollziest einen weichen grauen Niederwald von Blütenähren, die aussehen, als hätte man sie in ein Fass Bienen getaucht: vollständig mit einem wolligen Überzug versehen, ähneln sie eher Flügeln als Blütenblättern, und die ganze Pflanze bebt vor Konzentration. Hinter und hoch über ihnen verstreut der Federmohn Wolken winziger weißer Blüten, deren feine Behaarung man nur von nahem erkennt; unwiderstehlich von ihnen angezogen, scheinen die Honigbienen durch die Luft um sie herum- und in sie hineinzuschwimmen. Die

---

[1] Obwohl Lilien und viele andere Blumengattungen über männliche und weibliche Geschlechtsorgane verfügen, verhindern sie eine Selbstbestäubung nach Kräften. Sie liefe dem Sinn und Zweck der Blumenwelt zuwider, der in der Vermischung von Genen durch Fremdbestäubung besteht. Verhindern kann eine Blume die Selbstbestäubung entweder durch chemische Methoden (Unverträglichkeit von Eizelle und Pollenkorn), durch ihre Bauweise (Staubblätter und Stempel sind deutlich getrennt voneinander angeordnet) oder durch zeitliche Staffelung (von Pollenproduktion und Empfängnisbereitschaft der Stempel).

Gartenwicken räkeln sich verführerisch auf ihren schlanken Stängeln; doch erst wenn die Biene sich ihren Weg durch die geschürzten Lippen erschnuppert hat, gelangt sie zu dem dahinter liegenden Blütenkelch; ein neckisches, bautechnisches Detail, das den – irrigen – Eindruck erweckt, hier würde ein Bedürfnis der Biene (und nicht etwa der Gartenwicke) befriedigt.

Die Bienen! Die Bienen lassen sich zu den lächerlichsten Positionen verleiten: Wie die Schweine schnobern sie sich durch das purpurne, dichte Borstenhaar einer Distel, wälzen sich hilflos im Medusenschopf der goldgelben Staubblätter einer einzelnen Pfingstrose. Sie erinnern mich an Odysseus' Gefährten, die Circes Zauber erlagen. Mir scheinen die Bienen in einen Taumel sexueller Ekstase verfallen zu sein, aber das ist natürlich nichts weiter als Projektion. Reiner Zufall – oder etwa nicht? –, dass die leidenschaftliche Begegnung von Biene und Blume, die den Menschen tausend Jahre vor der Entdeckung des Bestäubungsvorganges an Sex denken ließ, tatsächlich mit Sex zu tun hat. »Fliegende Penisse«, so nannte ein Botaniker die Bienen. Von einer aus dem Rahmen fallenden Blume wie der »Prostituierten-Orchidee« einmal abgesehen, geht es zumindest den Insekten eigentlich nicht um Sex; die Funktion von Penissen übernehmen sie, bis zu welchem Grad auch immer, nur unwissentlich. Trotzdem scheinen die Bienen völlig außer sich zu sein – und sind es wohl auch, was aber vermutlich eher auf den stark zuckerhaltigen Nektar oder auch auf eine der Designerdrogen zurückzuführen ist, die Blumen mitunter einsetzen, um Bienen in Verwirrung zu stürzen. Oder aber – wer weiß –, vielleicht sind sie ja nur tief in ihrer Arbeit versunken.

Ich habe die Szene aus der Perspektive der Bienen geschildert, doch mit den Augen der Blumen gesehen, würde offenbar, dass das menschliche Bedürfnis im Garten gleichermaßen stark vertreten ist. Unbestritten haben sich hier unzählige Gattungen ausdrücklich zu dem Zweck entwickelt, meinen Blick auf sich zu lenken – häufig um den Preis der eigenen Bestäubung. Ich denke an all die Gattungen, die ihren Duft zugunsten prächtigerer, gefüllter oder bizarr gefärbter Blüten geopfert haben – um einem Schönheitsideal zu entsprechen, das im Königreich der Bestäuber womöglich nichts gilt, weil dort das Auge nicht der einzige Maßstab ist.

Viele Blumen haben mit der Zeit die Menschheit zur großen Liebe ihres Lebens erkoren. Die erwartungsvoll vorgebeugten Taglilien? Sie wenden tatsächlich uns ihr Antlitz zu, denn unsere Gunst sichert ihnen den Erfolg mittlerweile besser, als jeder Käfer es könnte. Die Pfingstrose mit ihren schamlosen, schamhaarigen Staubblättern? Daran sind die Chinesen schuld, deren Dichter – auf der Suche nach Offenbarungen der Prinzipien von Yin und Yang im Garten – seit Jahrtausenden die Blüte einer Pfingstrose mit den weiblichen Geschlechtsorganen verglichen haben (und Biene oder Schmetterling mit denen des Mannes); im Lauf der Zeit entwickelten sich die Chinesischen Pfingstrosen durch künstliche Selektion dahin, jenem wunderlichen Einfall perfekt zu entsprechen. Selbst der Duft mancher chinesischer Strauchpäonien ist eindeutig weiblich – blumig mit einer salzigen, schweißigen Note; die Blumen riechen nicht wie Parfüm aus der Flasche, sondern eher wie ein seit geraumer Zeit in menschliche Haut eingezogener Duft. Vielleicht auch für Bienen noch interessant – mittlerweile aber zielt jenes Parfüm vor allem auf die Anregung unseres Hirnstamms ab.

Auf meinem Weg durch die sonnendurchflutete Landschaft bemühe ich mich, genau zu bestimmen, was einen Garten in voller Blüte von einem gewöhnlichen Flecken Natur unterscheidet. Zunächst einmal wimmelt es in einem blühenden Garten nur so von Informationen – in der Dichte mit einer Metropole vergleichbar. Er ist ein eigenartig geselliges, öffentliches Plätzchen, an dem die verschiedenen Gattungen darauf bedacht scheinen, einander das Leben so angenehm wie möglich zu machen – sie putzen sich heraus, sie kokettieren, schwirren umher und statten einander Besuche ab. Im Vergleich dazu wirken die umliegenden Wälder und Felder sehr viel verschlafener – ein gleichmäßig summendes, eintöniges Grün mit eher unauffälligen und kurzlebigen Blumen; viele der dort wachsenden Pflanzen halten sich lieber an ihresgleichen, verzichten auf Annäherungsversuche an andere Gattungen und kümmern sich nur um die eigenen Angelegenheiten, sprich: in erster Linie um die Photosynthese, das Routinewerk der Natur. Geschlechtliche Vermehrung findet selbstverständlich auch hier statt, aber ohne großes Tamtam: Wer nimmt es schon zur Kenntnis, wenn Nadelbäume ihre Pollen oder Farne ihre winzigen Sporen in den Wind schießen? Von April bis Oktober gleichen sich hier die Tage bis aufs Haar. Was sich an Schönem findet, ist zumeist absichtslos, zweckfrei und nirgendwo angekündigt.

Kommt man in den Garten, oder selbst auf eine blühende Wiese, belebt sich die Szene mit einem Schlag. Na, was geht heute ab? Irgendwas, das spüren selbst die begriffsstutzigsten Bienen (oder Burschen), etwas Besonderes. Nennen wir jenes Etwas die Anfänge von Schönheit. Schönheit in der Natur zeigt sich häufig in enger Nachbarschaft zu Sex – man denke an das Federkleid der Vögel oder an die Paarungsrituale im Tierreich. »Sexuelle Selektion« – die evolutionäre Förderung von Eigenschaften, welche die Anziehungskraft und damit die Chancen einer Pflanzen- oder Tiergattung zu erfolgreicher Vermehrung steigern – ist die beste Erklärung, die uns für die im Übrigen sinnlose Extravaganz von Federn und Blumen (vielleicht auch von Sportwagen und Bikinis) zur Verfügung steht. Zumindest in der Natur wird ein Mehraufwand an Schönheit gewöhnlich mit Sex belohnt.

Ob zwischen Schönem und Gutem ein Zusammenhang besteht, ist ungeklärt; zu vermuten ist aber ein Zusammenhang zwischen Schönheit und Gesundheit (die nach Darwin'schen Begriffen wohl mit dem Guten gleichzusetzen ist.) Evolutionsbiologen betrachten bei vielen Lebewesen Schönheit als verlässliches Anzeichen von Gesundheit und somit als höchst vernünftiges Auswahlkriterium bei der Paarung. Ein prächtiges Federkleid, üppiges Haar, symmetrische Gesichtszüge sind »Gesundheitszertifikate«, so die Formulierung eines Wissenschaftlers – sie zeigen an, dass das betreffende Lebewesen über Gene zur Abwehr von Parasiten[2] verfügt und auch sonst nicht unter Stress steht. Ein prächtiger, auffälliger Schwanz ist eine metabolische Extravaganz, die sich nur gesunde Lebewesen leisten können.

[2] In der Vogelwelt tragen die Gattungen mit der größten Anfälligkeit für Parasiten das ausgefallenste Federkleid – sie haben es am nötigsten, ihre Gesundheit augenfällig zu machen.

(Das Gleiche gilt für die finanzielle Extravaganz eines prächtigen, auffälligen Autos, das sich nur erfolgreiche Existenzen leisten können.) Auch in unserer Gattung sind Schönheitsideale häufig an Gesundheit gekoppelt: Zu Zeiten, in denen Mangelernährung die häufigste Todesursache war, galt Leibesfülle als schön. (Allerdings lässt die augenblickliche Vorliebe für kränklich blasse, spargeldünne Models vermuten, dass die Kultur sich über evolutionäre Vorgaben hinwegzusetzen vermag.)

Wie steht es aber mit den Pflanzen, die sich ihre Partner nicht aussuchen können? Warum sollten die Bienen, die die Wahl für sie treffen, auch nur einen Pfifferling auf die Gesundheit der Pflanze geben? Sie tun es nicht – belohnen sie aber dennoch unwillentlich dafür. Die gesündesten Blumen können sich die extravaganteste Aufmachung und den süßesten Nektar leisten und sichern sich so den größten Zuspruch durch die Bienen, sprich ein Maximum an Bestäubung und Nachwuchs. In gewisser Weise wählen die Blumen ihre Partner also sehr wohl nach ihrem Gesundheitszustand aus und schicken dazu die Bienen stellvertretend ins Rennen.

Bevor dieses Wettrüsten der sexuellen Selektion einsetzte – bevor Blumen und Federn auf den Plan traten –, herrschte die reine Natur. Schönheit existierte, aber nicht in gestalteter Form; die Schönheit etwa von Wäldern oder Bergen lag ausschließlich im Auge des Betrachters.

Wollte man einen neuen Mythos vom Ursprung der Schönheit (zumindest der gestalteten Schönheit) ins Leben rufen, böte sich der Garten mit seinen Blumen als Ausgangspunkt an. Beginnen wir mit dem Blütenblatt, an dem sich das erste Prinzip von Schönheit – Kontrast zur Umgebung – anhand seines meisterlichen Einsatzes von Farbe veranschaulichen lässt. Eingelullt vom rundum herrschenden Grün registriert das Auge den Unterschied und wird aufmerksam. Bienen sind nicht farbenblind, wie früher angenommen, aber sie nehmen Farben anders wahr als wir. Grün erscheint ihnen als graue Hintergrundschattierung, von der sich Rot – das Bienen als Schwarz wahrnehmen – am krassesten abhebt. (Das Sehvermögen der Bienen reicht außerdem bis ans ultraviolette Ende des Farbenspektrums, für das wir blind sind; aus ihrer Perspektive muss ein Garten wie ein Großflughafen bei Nacht wirken – hell erleuchtet und mit Signalfarben ausgestattet, um die darüber kreisenden Bienen auf die Landeplätze zu Nektar und Pollen zu dirigieren.)

Ob Biene oder Knabe – unsere Aufmerksamkeit wird durch die Farbe des Blütenblatts geweckt, sie macht uns neugierig auf das Folgende, auf Gestalt oder Muster als zweites Prinzip der Schönheit zur Ummodelung der bestehenden Welt. Eine Farbe allein, die sich vom sprießenden Grün des Hintergrunds abhebt, mag purer Zufall sein (eine Feder etwa oder ein welkendes Blatt); tritt jedoch zusätzlich Symmetrie auf den Plan, ist dies ein verlässlicher Hinweis auf eine formale Ordnung, auf Zweck- und Zielgerichtetheit. Symmetrie signalisiert unmissverständlich das Vorhandensein wichtiger Informationen – denn als Eigenschaft findet sie sich nur bei einer relativ kleinen Anzahl von Objekten in der Landschaft, die ausnahmslos für uns von lebhaftem Interesse sind. Auf der engeren Auswahlliste natürlicher Symmetrien stehen diverse Lebewesen und Menschen (vor allem deren Gesichter), menschliche Gebrauchsgegenstände und Pflanzen – vorrangig jedoch Blumen. Da Symmetrie von Mutationen und Umwelteinflüssen leicht beeinträchtigt werden kann, signalisiert ihr Vorhandensein auch, dass das betreffende Lebewesen gesund ist. Ein Augenmerk auf symmetrische Objekte zu haben ist demnach durchaus sinnvoll, denn Symmetrie hat für gewöhnlich etwas zu besagen.

Das Gleiche gilt für die Bienen. Woher wir das wissen? Symmetrie bei Pflanzen ist (anders als bei Tieren, die ohne sie keinen Schritt vorankämen) eine Extravaganz, die vermutlich längst der natürlichen Selektion zum Opfer gefallen wäre, wenn die Bienen diese Sonderleistung nicht zu würdigen wüssten. »Mit ihren Farben und Formen liefern die Blumen ein exaktes Verzeichnis dessen, was Bienen anziehend finden«, schrieb der Dichter und Kritiker Frederick Turner, um im Folgenden anzumerken: »Es wäre ein geradezu paradox anthropozentrischer Fehler anzunehmen, dass, nur weil Bienen primitivere Organismen darstellen … unsere Freude an Blumen nichts mit der ihren gemein hätte.«

Die Freude von Biene und Mensch an Blumen mag eine gemeinsame Wurzel haben, doch entwickeln die verbindlichen Schönheitsideale alsbald Sonderformen und Abzweigungen – und zwar nicht nur von Biene zu Knabe, sondern auch unter den Bienen selbst. Offensichtlich bevorzugen verschiedene Bienengattungen jeweils verschiedene Formen von Symmetrie. Honigbienen zieht die Radialsymmetrie von Gänseblümchen, Klee und Sonnenblumen an, während Hummeln die spiegelbildliche Ausformung von Orchideen, Erbsen und Fingerhutgewächsen bevorzugen.[3]

Mit Hilfe von Farbe und Symmetrie als den elementaren Grundregeln von Schönheit (Kontrast und Muster) machen Blumen andere Gattungen auf ihr Vorhandensein und ihre Wichtigkeit aufmerksam. Wer sich unter ihnen bewegt, sieht Gesichter, die sich (allerdings nicht ausschließlich) ihm zuwenden, ihm zunicken, ihn begrüßen, ihm Mitteilungen zukommen lassen, die Verheißungen – bedeutungsvolle Verheißungen – für ihn bereithalten. Darüber hinaus wird es kompliziert, denn Honigbienen und Hummeln entwickeln ihren jeweils eigenen Kanon der Schönheit. Und in diesem grandiosen Tanz von Pflanzen und Bestäubern treten schließlich noch wir auf den Plan, vermengen die Bedeutungen von Blumen über jegliche Vernunftgrenze hinaus, sehen unsere Erfahrungen (und die vieler anderer) in ihren Geschlechtsorganen versinnbildlicht und rasten und ruhen nicht, bis wir die Evolution zu ausgefallenen, verrückten und prekären Schönheiten wie der einer Madame-Hardy-Rose oder einer Semper-Augustus-Tulpe vorangetrieben haben.

Es gibt solche und solche Blumen: solche, um die sich komplette Kulturen entwickelt haben, solche, hinter denen ein ganzes, geschichtsträchtiges Weltreich steht, Blumen, in deren Form, Farbe und Duft, ja in deren Genen menschliche Vorstellungen und Bedürfnisse über die Zeiten hinweg ihren Niederschlag gefunden haben wie in großartigen Büchern. Es verlangt einer Pflanze einiges ab, den wechselnden Farben menschlicher Träume zu entsprechen, und dies mag erklären, warum sich nur eine Hand voll von ihnen

[3] In jedem Falle gilt: je perfekter ausgeprägt die Symmetrie, desto gesünder – und damit süßer duftend – die Blume.

für die Aufgabe als willig erwiesen hat. Die Rose gehört ganz offensichtlich dazu; desgleichen die Pfingstrose, vor allem im Osten. Die Orchidee zählt zu den sicheren Anwärtern. Und dann ist da noch die Tulpe. Über einige andere (etwa die Lilie?) ließe sich streiten, aber die wenigen Genannten sind seit langem unsere kanonisierten Blumen, die Shakespeares, Miltons und Tolstois der Pflanzenwelt, umfangreich und vielseitig, eine erlesene Gesellschaft, die sich über alle schnell wechselnden Moden hinweg einen souveränen und unübersehbaren Platz erobert hat.

Wodurch nun setzen sie sich von der Heerschar reizender Gänseblümchen, Nelken und Gartennelken ab, ganz zu schweigen von den Legionen hübscher Wildblumen? Wohl vor allem durch ihre Mannigfaltigkeit. Es gibt tadellose Blumen, die schlicht und unverwechselbar nur sie selbst sind: entweder in ihrer Identität vollständig festgelegt oder lediglich zu einigen simplen Abwandlungen – beispielsweise hinsichtlich ihrer Färbung oder der Anzahl ihrer Blütenblätter – fähig. Man kann sie drehen und wenden, wie man will, kann sie selektieren, kreuzen, ummodeln – irgendwann stößt eine Rudbeckie oder eine Lotosblume an ihre Grenzen. Gelegentlich picken sich wechselnde Moderichtungen eine dieser Blumen heraus und lassen sie nach einer Weile wieder fallen – man denke an die Nelke oder die Levkoje zu Shakespeares Zeiten oder an die Hyazinthe in der viktorianischen Ära: Sie alle konnten sich kein neues Erscheinungsbild verpassen, nachdem das alte einmal passé war.

Rose, Orchidee und Tulpe hingegen vollbringen wahre Wunder darin, sich immer wieder neu zu erfinden, um jeden Wandel im ästhetischen oder politischen Klima mit zu vollziehen. Die Rose, im elisabethanischen Zeitalter hinreißend offenherzig, zeigte sich den Viktorianern pflichtschuldigst zugeknöpft und züchtig. Als die Holländer den Blumen als Nonplusultra an Schönheit ein wild marmoriertes Muster aus lebhaft kontrastierenden Farben verordneten, reagierten die Tulpen mit extravagant »gefiederten« und »geflammten« Blütenblättern. Für die im 19. Jahrhundert ganz auf Blumenteppiche versessenen Engländer jedoch ließen die Tulpen sich brav in einen mit knalligen, dicken Tupfen reinsten Pigments voll gekleckssten Farbkasten verwandeln und zur Massenware heranzüchten. Hier haben wir die Blumengattungen, die unseren bizarrsten Vorstellungen mit Vergnügen entsprechen. Natürlich erweist sich ihre Willigkeit, am Wechselspiel menschlicher Kultur teilzuhaben, auf Dauer als brillante Erfolgsstrategie: Sind doch die Rosen heutzutage sehr viel zahlreicher und weiter verbreitet als zu Zeiten, in denen nur geringes Interesse an ihnen herrschte. Für eine Rose führt der Weg zur Weltherrschaft über die ständig wechselnden Schönheitsideale der Menschheit.

Die Zugehörigkeit der Tulpe zu dieser erlauchten Blumengesellschaft versteht sich nicht von selbst – vielleicht deshalb, weil sie mittlerweile in einer solch simplen, eindimensionalen Erscheinungsform daherkommt und ihre einstige Mannigfaltigkeit zum Großteil unwiederbringlich verloren ist. Von Rosen oder Pfingstrosen sind bis heute neben den modernen Inkarnationen auch historische Formen erhalten geblieben (zum einen sind diese Pflanzen sehr langlebig, zum anderen können sie zeitlich unbegrenzt geklont werden); von dem jedoch, was eine Tulpe einst in den Augen von Türken, Holländern oder Franzosen schön erscheinen ließ, haben wir nur dank entsprechender zeitgenössischer Gemälde und botanischer Illustrationen eine gewisse Vorstellung. Denn eine Tulpensorte, deren Beliebtheit nachlässt, stirbt bald aus, da die Zwiebeln nicht verlässlich in jedem Jahr wiederkommen. Grundsätzlich muss eine spezifische Sorte, um zu überleben, regelmäßig neu angepflanzt werden, das heißt, die Kette genetischer Kontinuität kann bereits binnen einer Generation einen Bruch erleiden. Die Lebenskraft einer bestimmten Tulpenvarietät wird erhalten und vermehrt, indem man die »Brutzwiebeln« – winzige, genetisch identische Zwiebelchen – von ihrem Bildungsort am unteren Ende der Tulpenknolle entfernt und einpflanzt; doch selbst bei einer derart fortlaufenden Neuanpflanzung verliert die Varietät im Lauf der Zeit an Kraft und muss schließlich aufgegeben werden. Die heutigen Züchter suchen emsig nach einer neuen schwarzen Tulpe, weil sie davon ausgehen, dass das derzeitige Vorzeigeexemplar – die Königin der Nacht – womöglich nicht mehr allzu lange Bestand haben wird. Mit anderen Worten: Tulpen sind sterblich.

Unter der Blumenpracht in den Säumen mittelalterlicher Gobelins ist die Tulpe nicht vertreten; sie findet auch keinerlei Erwähnung in den ersten »Kräuterbüchern« der Alten Welt, die Beschaffenheit und Verwendungsart aller bis dahin bekannten Pflanzen der Welt verzeichneten. Welch heftige Leidenschaft die Tulpe im siebzehnten Jahrhundert in Holland (sowie in geringerem Ausmaß auch in Frankreich und England) entfacht hat, erklärt sich vielleicht aus ihrem recht unvermittelten Auftreten als echte Neuheit im Westen. Unter unseren kanonisierten Blumen ist sie die jüngste, die Rose die älteste.

Ogier Ghislain de Busbecq, Gesandter des österreichischen Habsburgerreichs am Hofe Süleymans des Prächtigen, ließ bald nach seiner Ankunft in Konstantinopel im Jahre 1554 eine Sendung Blumenzwiebeln nach Westen verschicken und beanspruchte damit für sich die Ehre, die Tulpe in Europa eingeführt zu haben. (Das Wort »Tulpe« leitet sich von der türkischen Bezeichnung für »Turban« ab.) Die Tatsache, dass ihre erste Reise Richtung Westen die Tulpe von einem Fürstenhof zum anderen führte – sie sich demnach der Gunst erlauchter Häupter erfreute –, mag ein Übriges zu ihrem raschen Aufstieg beigetragen haben: Höfische Moden fanden von jeher viele Nachahmer.

Die Tulpe musste nicht, wie andere Pflanzen, erst die ganze Welt bereisen, um auch in der Heimat Anerkennung für ihre Vorzüge zu finden: Als Busbecq seine erste Ladung verschickte, verfügte die Tulpe im Osten bereits über einen festen Kultkreis von Bewunderern, die sie ein gutes Stück von ihrer ursprünglichen Erscheinungsform in der Wildnis fortentwickelt hatten. Dort präsentierte sie sich für gewöhnlich als hübsches, munteres Blümchen mit offenem Antlitz inmitten von sechs sternförmig angeordneten Blütenblättern, deren Boden häufig ein auffällig kontrastierender Farbklecks zierte. Die in der Türkei vorkommenden Tulpensorten sind vorwiegend rot, seltener auch weiß oder gelb. Ihre von den Osmanen entdeckte enorme Wandelbarkeit verdankten die wilden Tulpen einerseits freien Kreuzungen (wobei eine aus Samen gezüchtete Tulpe erst nach sieben Jahren zum ersten Mal blüht und ihre neuen Farben enthüllt), andererseits dem Diktat von Mutationen, die spontane und wundersame Variationen in Form und Farbe hervorriefen. Die Wandlungsfähigkeit der Tulpe galt als Zeichen, dass der Natur an jener Blume besonders gelegen war. 1597 schrieb John Gerard dazu in seinem Kräuterbuch: »Es hat den Anschein, wie wenn die Natur, im Vergleich zu allen anderen, vorzüglich mit dieser Blume ihr Spiel treibt.«

Und wahrhaftig hat die Tulpe mit ihrer genetischen Variabilität der Natur – genauer gesagt, der natürlichen Selektion – reichlich Spielmaterial beschert. Aus der Gesamtmenge zufällig entstandener Mutationen einer Blume bewahrt die Natur die wenigen, die einen Vorteil gewähren – seien es kräftigere Farben, perfektere Symmetrien oder sonstiges. Über Jahrmillionen hinweg erfolgte die Selektion dieser Eigenschaften letztlich durch die Bestäuber der Tulpe – sprich, die Insekten –, bis die Türken des Weges kamen und selbst Hand anlegten. (Zielgerichtete Kreuzungen gelangen den Türken erst ab dem siebzehnten Jahrhundert; die von ihnen gepriesenen neuen Tulpensorten hatten sich Berichten zufolge schlicht »ergeben«.) Darwin bezeichnete einen solchen Prozess – im Gegensatz zur natürlichen – als künstliche Zuchtwahl: eine Unterscheidung, die für die Blume jedoch ohne Belang ist. Ob Biene oder Türke – die Pflanzen, die mit bestimmten Eigenschaften das Interesse bestimmter Gruppen weckten, vermochten sich jedenfalls stärker zu vermehren. Wir betrachten die Domestizierung als einen Vorgang, dessen Zielrichtung vom Menschen zur Pflanze führt; zugleich aber stellt sie eine Strategie dar, mit der sich die Pflanzen uns und unsere Bedürfnisse – bis hin zu unseren ausgeprägtesten Schönheitsidealen – im eigenen Interesse nutzbar gemacht haben. Je nach der Umgebung, in die eine Gattung gerät, greifen verschiedene Anpassungsmodelle. Mutationen, mit denen die Natur in der Wildnis kurzen Prozess gemacht hätte, entpuppen sich in einem von menschlichen Bedürfnissen geprägten Milieu mitunter als optimale Anpassungen.

Im Milieu des Osmanischen Reiches war das Vorankommen der Tulpe am besten dadurch gewährleistet, dass sie bizarr verlängerte, nadelspitz zulaufende Blütenblätter bildete. Auf Zeichnungen, Gemälden und Keramiken (als einzig greifbare Belege, auf denen sich die türkischen Idealvorstellungen von Tulpenschönheit bis heute noch orten lassen – ein Zeichen für die Instabilität allen Menschenwerks) erwecken die lang gezogenen Blüten den Eindruck, von einem Glasbläser bis zum Äußersten gestreckt worden zu sein. Als Metapher für die gewünschte Form des Tulpenblatts diente der Dolch. Eine Tulpe, die es im Reich der Osmanen zu etwas bringen wollte, musste zudem über klare Farben und weich geränderte Blütenblätter verfügen, die sich eng genug zusammenschlossen, um die Staubbeutel in ihrem Inneren zu verbergen; verpönt war weiterhin die »gefüllte« Blüte mit übermäßig vielen Blütenblättern nach Art der Hybridrosen. Die letztgenannten Eigenschaften treten auch bei Zuchttulpen auf; verjüngte Blütenblätter hingegen sind in der Wildnis praktisch unbekannt, was darauf schließen lässt, dass das osmanische Ideal einer schönen Tulpe – elegant, scharf umrissen und maskulin – aus dem Rahmen fiel, mühsam erkämpft werden musste und keinen Vorteil für das Leben in der Natur bot. (Die Eigenschaften, die das Wohlgefallen des Menschen erregen, schmälern sehr häufig die Überlebenschancen von Pflanzen und Tieren in der Wildnis.) Ab einem gewissen Punkt gingen Osmanen und Insekten mit ihren Idealvorstellungen von einer schönen Tulpe nicht länger konform.

Im achtzehnten Jahrhundert gab es eine Phase, während

der in Konstantinopel für Zwiebeln von Tulpensorten, die dem türkischen Ideal entsprachen, mit Säcken voll Gold bezahlt wurde: Das geschah in der Regierungszeit Sultan Achmeds III., zwischen 1703 und 1730. Türkische Historiker bezeichnen jene Periode als *lale devri* oder Tulpenära. Der Sultan stand so gänzlich im Bann der Blume, dass er Millionen von Tulpenzwiebeln aus Holland kommen ließ, dessen Bewohner (vom eigenen Tulpenfieber befreit) sich mittlerweile zu erfahrenen Großproduzenten von Tulpenzwiebeln gemausert hatten. Die alljährlich auf Geheiß des Sultans stattfindenden Tulpenfeste wurden ihm mit ihrer Extravaganz letztlich zum Verhängnis; die offenkundige Verschwendung staatlicher Gelder heizte die Revolte an, die seiner Herrschaft ein Ende setzte.

Jeweils im Frühjahr prunkten die Palastgärten für einige Wochen mit preisgekrönten Tulpen (aus Holland, Persien und der Türkei), alle aufs Vorteilhafteste präsentiert. Exemplare, deren Blütenblätter sich zu weit geöffnet hatten, zog man von Hand mit feinen Fäden zusammen. Die meisten waren vor Ort aus Zwiebeln gezüchtet worden; ergänzt wurden sie durch Tausende von Schnittblumen in Glasflaschen. An strategischen Punkten im Garten platzierte Spiegel steigerten noch den Gesamteindruck der Tulpenschau. Jede Varietät war mit einem filigran gewirkten, silbernen Schild gekennzeichnet. Auf jeweils drei Blumen folgte eine in die Erde gesteckte Kerze, deren Docht akkurat auf Tulpenhöhe gestutzt war. Singvögel in vergoldeten Käfigen sorgten für die musikalische Untermalung, und durch die Gärten tappten Hunderte von Riesenschildkröten mit Kerzen auf ihren Rückenpanzern, die der Schau zusätzlichen Glanz verliehen. Alle Gäste waren geheißen, sich in Farbtöne zu kleiden, die sich zu den ausgestellten Tulpen schmeichel- und vorteilhaft ausnahmen. Zu verabredeter Zeit ertönte ein Kanonenschlag, die Tore zum Harem wurden aufgestoßen, und geleitet von fackeltragenden Eunuchen hielten die Haremsdamen des Sultans Einzug in den Garten. Die gesamte Szene wiederholte sich Nacht für Nacht, solange die Tulpen in Blüte standen – und Sultan Achmed unangefochten auf seinem Thron saß.

Ihren Aufstieg in Holland hat die Tulpe einem Diebstahl zu verdanken. Einer der ersten Tulpenbesitzer in Europa war ein kosmopolitischer Pflanzer namens Carolus Clusius, der bei der Verbreitung neu entdeckter Pflanzen, speziell in Form von Blumenzwiebeln, in Europa eine zukunftweisende Rolle spielte. Auf besagten Clusius lässt sich die Einführung und Verbreitung von Kaiserkronen, Iris, Hyazinthen, Anemonen, Hahnenfuß, Narzissen und Lilien zurückführen. Die Tulpen fielen Clusius in seiner Eigenschaft als Direktor des kaiserlichen Botanischen Gartens von Wien in die Hände. Anlässlich seiner 1593 erfolgten Übersiedlung nach Leiden, wo er einen neuen Garten für Heilkräuter anlegen sollte, nahm er einige Brutzwiebeln mit.

Um die Zeit von Clusius' Eintreffen gedieh die Tulpe nach Aussage der Historikerin Anna Pavord bereits zumindest in einem Leidener Garten ohne großes Aufsehen. Clusius war jedoch so offenkundig und eifrig auf die Wahrung seiner seltenen Tulpen bedacht, dass er damit die Begehrlichkeit der Holländer weckte – mit fatalen Folgen für seine Kollektion. Ein Zeitgenosse berichtet: »Sie waren von niemandem und um keinen Preis zu beschaffen. [Also] wurden Pläne geschmiedet, die meisten und besten seiner Pflanzen bei Nacht zu stehlen, worüber ihm Mut und Verlangen sanken, weiter an ihrer Aufzucht sich zu betätigen; jene indes, die sich der Tulpen bemächtigt hatten, säumten nicht, deren Samen auszusäen, auf dass die siebzehn Provinzen sich eines stattlichen Bestandes erfreuen durften.«

An der Geschichte ist zweierlei bemerkenswert. Erstens wurden die entwendeten Tulpen durch Samen weiter vermehrt. Gleich dem Apfel reproduziert sich die Tulpe aus Samen nicht identisch – was daraus wächst, weist wenig Ähnlichkeit mit der Mutterpflanze auf. Berücksichtigt man die der Blume eigene Variabilität, so heißt das: Die siebzehn holländischen Provinzen erfreuten sich eines außergewöhnlich breit gefächerten »Bestandes« an Tulpen der unterschiedlichsten Formen und Farben. Die wahllose, ungezügelte Aussaat mag den Grundstein zu der erstaunlichen Vielfalt gelegt haben, die die Holländer aus der Blume herauszuholen vermochten – ein botanischer Schatz, auf den das Land sich im siebzehnten Jahrhundert nicht wenig einbildete. Hollands Tulpen wurden in einem Atemzug mit der unbesiegbaren Flotte und den beispiellosen republikanischen Freiheiten des Landes genannt.

Als zweiter bemerkenswerter Punkt der Geschichte ist festzuhalten, dass am Anfang von Hollands langer, ebenso glanz- wie schmachvoller Beziehung zur Tulpe – ein Diebstahl stand. Es war weder das erste noch das letzte Mal, dass eine neue Pflanze mit unlauteren Methoden eingeführt wurde; ohne einen ähnlichen Fall von Entwendung (aus den Palastgärten Ludwigs XVI.) wäre beispielsweise der Kartoffel in Frankreich nie der Durchbruch gelungen.

In Mythen liegt menschlichen Errungenschaften sehr häufig ein Diebstahl (und die daraus resultierende Scham) zugrunde; man denke an Prometheus, der das Feuer vom Himmel holte, oder an Eva, die von der Frucht der Erkenntnis kostete. Scham, so scheint es, ist der Preis, der für eine Errungenschaft – insbesondere auf Gebieten wie Erkenntnis oder Schönheit – zu zahlen ist. Für die Holländer zumindest ist die Geschichte der Tulpe von Anfang an von Scham überschattet gewesen; allerdings fällt dieser Schatten, in abgeschwächter Form, wahrscheinlich auf alle Blumenzüchtungen. Er manifestiert sich in unserer Assoziation von Blumen mit Verschwendung und Extravaganz, in dem sinnlichen Vergnügen, das sie uns bereiten, in unserer Befriedigung, sie mit Gewalt über ihre natürlichen Grenzen von Form, Farbe und Blütezeit hinauszutreiben, selbst im Anflug gelegentlicher Gewissensbisse ob des Kleindiebstahls, eine Blume abzuschneiden und ins Haus zu bringen.

Die Tulpe ist in neuerer Zeit zu einer solch billigen Allerweltsware verkommen, dass wir uns den strahlenden Glanz, der sie einst umgab, kaum mehr vorstellen können. Zum einen rührte er ohne Zweifel von den orientalischen Wurzeln der Blume – Anna Pavord beschreibt die »berauschende Aura der Ungläubigen«, die von der Tulpe ausging. Zum anderen waren die Tulpen der Frühzeit überaus kostbar; ihr Bestand ließ sich nur ganz allmählich durch Brutzwiebeln aufstocken – eine Schrulle der Biologie, dank der das Angebot weit hinter der Nachfrage zurückblieb. 1608 tauschte ein französischer Müller seine Mühle gegen eine Zwiebel der Marke »Mère Brune« ein. Etwa um die gleiche Zeit erhielt ein Bräutigam zur Mitgift nichts weiter als eine einzige Tulpe – und nahm sie mit Freuden entgegen; die Varietät wurde unter dem Namen »Mariage de ma fille« (Heirat meiner Tochter) bekannt.

Dennoch erreichte das Tulpenfieber in Frankreich und England nie solche Spitzenwerte wie in Holland. Wie lässt sich die verrückte Verschmelzung eines Volkes mit einer Blume erklären?

Aus gutem Grund haben die Holländer sich nie damit anfreunden können, natürliche Gegebenheiten einfach hinzunehmen. Die Niederlande sind eine an konventionellen Reizen und Auflockerungen arme, monotone Sumpflandschaft, an der vor allem ihre Flachheit ins Auge sticht. »Ein einziger Morast«, so beschrieb ein Engländer die Örtlichkeiten, »der Steiß der Welt.« Was sich an Schönem in den Niederlanden findet, ist größtenteils menschlichen Anstrengungen zu verdanken: die Deiche und Kanäle, die zur Entwässerung des Landes gebaut wurden, und die Windmühlen, die sich dem ungehemmt darüber hinfegenden Wind entgegenstemmen. In »Der Tulpen bitterer Duft«, seinem berühmten Essay über den Tulpenwahn, spricht der Dichter Zbigniew Herbert die Vermutung aus, die »Monotonie der holländischen Landschaft [habe] den Traum von einer vielfältigen, vielfarbigen, ungewöhnlichen Flora geboren«.

In dergleichen Träumen ließ es sich im Holland des siebzehnten Jahrhunderts schwelgen wie nie zuvor – brachten Händler und Pflanzenforscher von ihren Reisen doch eine ganze Parade exotischer neuer Pflanzengattungen mit. Botanik wurde zum Hobby der Nation und mit der gleichen gespannten Aufmerksamkeit verfolgt, wie man bei uns heute nach Sportereignissen fiebert. Es war eine Nation und eine Zeit, in der eine botanische Abhandlung zum Bestseller werden und ein Pflanzer wie Clusius Berühmtheit erlangen konnte.

Da fruchtbarer Boden in Holland selten und kostbar war, hatten holländische Gärten Miniaturgröße und bemaßen sich nach wenigen Quadratmetern, die häufig durch Spiegel optisch vergrößert wurden. Die Holländer betrachteten ihre Gärten als Schmuckkästchen, und auf solch beschränktem Raum konnte selbst eine einzige Blume – insbesondere eine so kerzengerade wachsende, unverwechselbare und auffällig gefärbte wie die Tulpe – etwas darstellen.

Etwas darzustellen – ihre Kultiviertheit, ihren Reichtum – darum geht es vielen Menschen bei der Anlage eines Gartens. Im siebzehnten Jahrhundert waren die Holländer die reichste Nation Europas, und wie der Historiker Simon Schama in *The Embarrassment of Riches* dokumentiert, hielt ihr calvinistischer Glaube sie nicht davon ab, ihren Wohlstand unverhohlen und mit Wonne zur Schau zu stellen. Ihr exotischer und kostbarer Charakter ließ die Tulpe für diesen Zweck zweifellos besonders geeignet erscheinen – außerdem zählt sie unter den Blumen zu den nutzlosesten Blendern. Bis zur Renaissance hatten sich bei den Zuchtblumen Schönheit und Nützlichkeit zumeist die Waage gehalten; sie lieferten Arzneien, Parfüm oder auch Nahrung. Sooft Blumen in der westlichen Welt von Puritanern unter Beschuss genommen wurden, rettete sie stets ihr praktischer Nutzen. Dieser, und nicht ihre Schönheit, sicherte Rose und Lilie, Pfingstrose und allen anderen einen Platz in den Gärten von Mönchen, Shakern und frühen amerikanischen Siedlern, die sich sonst tunlichst von ihnen fern gehalten hätten.

Nach dem Debüt der Tulpe in Europa wurden einige Versuche unternommen, einen sinnvollen Nutzen für sie zu finden. In Deutschland servierte man die Zwiebeln gekocht und gezuckert als – wenig überzeugende – Delikatesse; die Engländer versuchten, sie in Öl und Essig eingelegt zu genießen. Apotheker propagierten die Tulpe als Heilmittel gegen Blähungen. Doch kein Vorschlag zur Nutzbarmachung wollte verfangen. »Die Tulpe blieb sie selbst«, schreibt Zbigniew Herbert, »ein Gedicht der Natur, der vulgärer Utilitarismus fremd ist.« Die Tulpe stand für Schönheit, nicht mehr und nicht weniger.

Mit dieser ihrer nutzlosen Schönheit kam sie zum einen der Prunksucht der Holländer zupass, zum anderen fügte sie sich gut in die humanistische Grundstimmung der Zeit, der es um die Schaffung eines gewissen Abstands zwischen Kunst und Religion zu tun war. Anders als etwa die Rose oder die Lilie hatte die Tulpe noch keine Aufnahme in das Register christlicher Symbole gefunden (was sich durch das Tulpenfieber ändern sollte); wer eine Vase Tulpen malte, dem war es um die Wunder der Natur und nicht um ein ikonographisches Archiv zu tun.

Außerdem meine ich, dass die Tulpe mit ihrer speziellen Schönheit einfach gut zum holländischen Nationalcharakter passte. Praktisch duftlos, weist die Tulpe von allen Blumen das kühlste Temperament auf. Tatsächlich betrachteten die Holländer ihren Mangel an Duft wohlwollend als Beweis für ihre Züchtigkeit und Bescheidenheit. Mit ihren einwärts geneigten, die Geschlechtsorgane verbergenden Blütenblättern zählt die Tulpe zu den introvertierten Gewächsen. Und sie bleibt in gewisser Weise für sich – eine Blüte pro Stängel, ein Stängel pro Pflanze. »Die Tulpe lässt sich bewundern«, hält Herbert fest, »sie weckt aber keine heftigen Gefühle.«

Keine der zuvor genannten Eigenschaften ließ den Wahn vermuten, der alsbald losbrechen sollte. Doch wie sich herausstellte, schlummerte Verborgenes in den Tiefen der äußerlich so beherrschten Holländer – und der Tulpen.

Ein wesentliches Element der Schönheit von Tulpen, das Holländer, Türken, Franzosen und Engländer gleichermaßen in Bann schlug, kennen wir nicht mehr aus eigener Anschauung. Für sie bestand die Magie der Tulpe in ihrer Neigung zu spontanen, grandiosen Farbexplosionen. In einem Beet von hundert Tulpen mochte eine dabei sein, deren weißer oder gelber Boden bei weit geöffneten Blütenblättern – wie mit feinstem Pinsel und von fester Hand gemalt – kunstvoll gefiederte oder geflammte Muster in einem lebhaft kontrastierenden Ton aufwies. Dergleichen bezeichnete man bei Tulpen als »gebrochene Farbe«, und besonders auffällige Brechungen – bei denen die andersfarbige Flammung etwa bis zum Rand des Blütenblattes reichte, das Pigment rein und klar und das Muster symmetrisch ausfiel – bedeuteten einen Hauptgewinn für den Besitzer der betreffenden Blumenzwiebel. Denn mit ihren – in Farbton und Muster identischen – Brutzwiebeln ließen sich fantastische Preise erzielen. Der Umstand, dass Tulpen in gebrochenen Farben aus unbekannten Gründen weniger und kleinere Brutzwiebeln produzierten als gewöhnliche Tulpen, trieb ihren Preis noch weiter in die Höhe. Die berühmteste gebrochene Tulpensorte trug den Namen Semper Augustus.

Unter den heutigen Gattungen kommen die Rembrandt-Tulpen den gebrochenen Sorten noch am nächsten; der berühmte Maler, nach dem sie benannt wurden, bannte eines der seinerzeit höchst gelobten Exemplare auf die Leinwand. Doch im Vergleich zu ihnen wirken ihre spätgeborenen Nachfahren mit ihrer groben, ein- oder mehrfarbigen Musterung klobig, wie in Hast mit dickem Pinselstrich gemalt. Nach den Gemälden zu urteilen, die uns von den Originalen geblieben sind, waren die Blütenblätter gebrochener Tulpen zuweilen so fein und kunstvoll wie marmoriertes Papier, brachten die ausufernden Farbstrudel irgendwie das Kunststück zuwege, kühn und fragil zugleich zu erscheinen. Bei den hervorstechendsten Exemplaren – etwa der »Semper Augustus« mit einem dicken Klecks in feurigem Karminrot auf reinweißem Grund – zeitigte die Explosion der Farben, kontrastiert mit der geordneten, linearen Form der Tulpe, eine mitunter atemberaubende Wirkung, wenn die Blütenblätter die emporzüngelnden, eigenwilligen Muster kaum noch zu halten vermochten.

Anna Pavord berichtet, welch außergewöhnliche Anstrengungen holländische Züchter unternahmen, um bei Tulpen gebrochene Färbungen hervorzubringen; mitunter bedienten sie sich Techniken der Alchemisten, die zu ihrer Zeit anscheinend mit vergleichbaren Herausforderungen konfrontiert waren. Die Gärtner bepflanzten Beete mit weißen Tulpen und verteilten über die Erde Unmengen pulverisierter Farbe im gewünschten Ton – der Theorie folgend, dass die Farbe vom Regenwasser zu den Wurzeln hinabgespült und dort von der Tulpenzwiebel aufgenommen würde. Scharlatane hielten Rezepte feil, die angeblich die magischen Farbbrechungen herbeiführten; Taubenkot galt als ebenso wirksames Agens wie Mörtelstaub, den man in alten Häusern von den Wänden kratzte. Im Gegensatz zu den Alchemisten, die mit ihren Bemühungen, unedles Metall in

Gold zu verwandeln, regelmäßig scheiterten, wurden die Zauberlehrlinge bei den Tulpen hin und wieder mit einem gelungenen, gebrochenen Exemplar belohnt, was alle Beteiligten zu verdoppelten Anstrengungen inspirierte.

Die Holländer konnten unmöglich wissen, dass hinter der Magie der gebrochenen Tulpe ein Virus steckte: Kaum entdeckt, wurde diese Tatsache der Schönheit, die sie doch ins Leben gerufen hatte, zum Verhängnis. Eine Tulpe speist sich farblich aus zwei verschiedenen Pigmenten – einer Grundierung (in Weiß oder Gelb) und einer zweiten, in der Fachsprache »Anthocyan« genannten Farbschicht; vermischt ergeben die beiden Tönungen die jeweilige, von uns wahrgenommene Farbe. Das Virus bewirkt stellenweise und irregulär den Ausfall der Anthocyane, wodurch ein gewisser Anteil der unterliegenden Farbe durchschimmert. Erst in den zwanziger Jahren des neunzehnten Jahrhunderts, nach der Erfindung des Elektronenmikroskops, entdeckten Wissenschaftler, dass das Virus sich von Tulpe zu Tulpe durch *Myzus persicae*, die »Blattlaus des Pfirsichs«, verbreitete. (Pfirsichbäume zählten in den Gärten des siebzehnten Jahrhunderts zur Grundausstattung.)

In den zwanziger Jahren des zwanzigsten Jahrhunderts betrachteten die Holländer Tulpen eher als Handelsware denn als Ausstellungsstücke, und da das Virus die von ihm befallenen Zwiebeln schwächte (weshalb gebrochene Tulpen, wie schon erwähnt, vergleichsweise wenige und kleine Brutzwiebeln hervorbrachten), machten sich die holländischen Züchter daran, dem Befall ihrer Felder ein Ende zu setzen. Wo Farbbrechungen auftraten, wurden die entsprechenden Tulpen unverzüglich vernichtet – und eine höchst außergewöhnliche Manifestation natürlicher Schönheit hatte mit einem Schlag aus menschlicher Sicht kein Wohlwollen mehr zu erwarten.

Ich kann mich des Gedankens nicht erwehren, dass das Virus etwas beisteuerte, was der Tulpe fehlte – ebenjener Touch von Zügellosigkeit, nach dem die eisige Förmlichkeit der Blume verlangte. Vielleicht deshalb wurden Tulpen in gebrochenen Farben im Holland des siebzehnten Jahrhunderts so hoch gehalten: Die (bei gelungenen Exemplaren) willkürlich über die Blume ausgestreute Farbe trug zu ihrer Vervollkommnung bei – während das dafür verantwortliche Virus gleichzeitig an ihrer Vernichtung arbeitete.

Oberflächlich betrachtet scheint die Geschichte von Virus und Tulpe jedwedes evolutionäre Verständnis von Schönheit elementar in Frage zu stellen. Warum um alles in der Welt sollte eine Blume ihren Reiz für die Menschheit um den Preis einer Viruserkrankung erhöhen, die ihre Überlebenschancen mindert? Ich sehe eine mögliche Erklärung: Weil das Virus das Tulpenfieber noch weiter anheizte, wurden unzählige neue Tulpen gepflanzt – in der Hoffnung auf neue Exemplare in gebrochenen Farben. Tatsache aber ist und bleibt, dass Tulpen aufgrund eines übersteigerten menschlichen Schönheitsideals jahrhundertelang auf eine Eigenschaft hingezüchtet wurden, die ihnen Krankheit und letztlich den Tod bescherte.

Eine Perversion der natürlichen Zuchtwahl, so scheint es – ein Verstoß gegen die Naturgesetze. So ist es – vom Standpunkt der Tulpe aus betrachtet. Für das Virus jedoch sieht die Sache ganz anders aus – und damit sind die Seiten wieder ausgeglichen. Denn was tat das Virus letztlich anderes, als sich zwischen Mensch und Blume einzuschleichen und sich die menschlichen Idealvorstellungen von Tulpenschönheit schamlos zunutze zu machen. (Was sich, genau genommen, nicht wesentlich vom Eindringen des Menschen in die uralte Beziehung zwischen Bienen und Blumen unterscheidet.) Je schöner die von dem Virus hervorgerufenen gebrochenen Farben, desto größer die Anzahl der davon befallenen Pflanzen in holländischen Gärten und desto mehr Viren insgesamt im Umlauf. Welch ein Geniestreich! Das Virus war auf eine brillante Überlebensstrategie gestoßen – zumindest solange niemand darauf kam, was eigentlich dahinter stand. Denn wo sonst in der Natur hat eine Krankheit je solche Lieblichkeit hervorgebracht? Eine Lieblichkeit zudem in bislang ungeahnter Ausprägung, denn das Virus bescherte der Tulpe eine völlig neue Form von Schönheit – zumindest in unseren Augen. Das Virus wirkte auf den Blick des Betrachters. Dass jener Wandel auf Kosten des Anschauungsobjekts ging, legt nahe, dass Schönheit in der Natur nicht unbedingt mit Gesundheit gleichzusetzen noch dem Träger der Schönheit notwendigerweise nützlich ist.

Ihre Transformation vom Blumenjuwel zur (virusfreien) Handelsware hat die Tulpe weitgehend aus dem Blickfeld gerückt. En masse in der Landschaft vertreten, werden Tulpen von uns meist nur als Farbreiz registriert – beinahe ebenso gut könnte es sich um Lutscher oder Lippenstifte in freier Natur handeln. So jedenfalls wirkten sie auf mich – wie Augenschmeichler, reizvoll gewiss, doch ohne Belang. Die Natur hat mich nicht mit großartiger Beobachtungsgabe gesegnet – und in all den Jahren, seit ich im (bezahlten) Auftrag meiner Eltern hinter unserem Haus

Tulpen pflanzte, bis zu dem Frühling, da ich dieses Buch schreibe, war die Schönheit – die spezifische Schönheit – der Tulpen an mir vorübergegangen. Doch mit diesem Problem stehe ich vermutlich nicht allein.

»Schönheit offenbart sich stets im Besonderen«, schrieb die Kritikerin Elaine Scarry, »und man tut sich umso schwerer, sie wahrzunehmen, je weniger Besonderheiten vorhanden sind.« In gewisser Hinsicht sind »besondere« Tulpen Mangelware – zum Teil deshalb, weil sie mittlerweile zur billigen Allerweltsware gehören, zum Teil aber auch, weil sie in Form und Farbe mehr als die meisten anderen Blumen auffällig abstrakt bleiben. Sehr viel stärker als beispielsweise eine Rose oder eine Pfingstrose kommt eine tatsächlich vorhandene, spezifische Tulpe unserem vorgefertigten Ideal von ihr verblüffend nahe. Mittlerweile sind die sanft geschwungenen Formen der Tulpe so tief in unser Bewusstsein eingeprägt wie die einer Coca-Cola-Flasche; mit verblüffender Zielgenauigkeit, die weit eher auf eine Handelsware als auf ein Naturobjekt schließen lässt, fügen die real vorgefundenen Tulpen sich in das Bild, das man sich von ihnen im Kopf macht. Auch farblich reproduzieren Tulpen (wie die Farbmusterkarten in einem Einrichtungshaus) die jeweils angegebene Schattierung so einheitlich und zuverlässig, dass wir sie ohne Umstände – als *Vorstellung* von Gelb, Rot oder Weiß – in uns aufnehmen und uns alsbald gierig dem nächsten visuellen Reiz zuwenden. Tulpen sind so – tulpenartig, so ganz und gar platonisch sie selbst, dass sie wie Models auf einem Laufsteg an uns vorbeigleiten.

Eine Methode, zurückzuschalten und die der Blume eigene Schönheit neu zu entdecken, fand ich in diesem Frühjahr darin, eine einzelne Tulpe ins Haus zu holen und individuell zu betrachten – womöglich eine sinnvollere Methode, als ältere oder exotischere Varietäten zu pflanzen, denn ich vermute stark, dass sich selbst unter den tütenweise in Großmärkten erhältlichen Triumph- und Darwin-Tulpen einige Exemplare fänden, die – als Schnittblume ins Haus gebracht und genau betrachtet – ebenfalls Erstaunen auslösen könnten. Nicht umsonst haben Pflanzenmaler und Fotografen ihren kritischen Blick so häufig speziell auf diese Pflanze geheftet: Sie belohnt ihn wie keine andere.

Ich möchte jenen Blick kurzzeitig auf einer einzelnen Tulpe verweilen lassen – der »Königin der Nacht«, die heute Morgen, Ende Mai, vor mir auf dem Schreibtisch thront. Sie kommt der Farbe Schwarz so nahe, wie es einer Blume möglich ist; tatsächlich handelt es sich um ein dunkel glänzendes, kastanienbräunliches Purpur, jedoch von so düsterer Tönung, dass es den Anschein erweckt, mehr Licht in sich aufzusaugen als zu reflektieren – ein »schwarzes Loch« in blumiger Variante. Im Garten erscheinen die Blüten der Königin der Nacht, je nach Lichteinfall, als positiver oder negativer Bereich – als Blumen oder als Schatten ihrer selbst.

Genau dieser Effekt stand bei den Holländern hoch im Kurs, und ihre Suche nach einer durch und durch schwarzen Tulpe (die seit vier Jahrhunderten bis heute andauert) hat sich zu einem überaus spannenden Nebenschauplatz des Tulpenwahns gemausert. Alexandre Dumas widmete dem im siebzehnten Jahrhundert in Holland stattfindenden Wettbewerb um die Züchtung der ersten schwarzen Tulpe einen ganzen Roman; durch den Wettbewerb entfacht (im Roman hatte die Gesellschaft für Gartenbau einen Preis von hunterttausend Gulden ausgesetzt) zerstörten Habgier und Intrigen drei Menschenleben. Als die »wundersame Tulpe« sich endlich zeigt, sitzt Cornelius, ihr Züchter, im Gefängnis: Sein Nachbar hatte ihn angezeigt und die preiswürdige Blume fälschlich für sich reklamiert. Cornelius erhascht durch die Gitterstäbe seiner Zelle einen Blick auf die Krönung seines Lebenswerks: »Die Tulpe war schön, prachtvoll, einfach herrlich; ihr Stängel maß nahezu einen halben Meter. Sie erwuchs aus vier grünen Blättern, so glatt und eben wie eiserne Lanzenspitzen; die ganze Blume schimmerte gleich einem schwarzen Bernstein.«

Doch warum eine schwarze Tulpe? Vielleicht weil die Farbe Schwarz in der Natur (oder zumindest in der belebten Natur) so selten vorkommt und weil das Tulpenfieber nichts anderes war als ein gewaltiges, irrwitziges Konstrukt, das auf den letzten Verästelungen botanischer Raritäten balancierte. Zudem weist Schwarz Konnotationen zum Bösen auf, und die Tulpenmanie wurde späterhin als moralische Fabel über weltliche Versuchungen interpretiert, bei der ein ganzes Volk – mit verheerenden Folgen – statt einer einzigen gleich einem ganzen Strauß von Todsünden erlag. Daneben steht Schwarz, wie Weiß, für eine Leere, auf die sich alle erdenklichen Begierden (und Ängste) projizieren lassen. Dumas sah in der schwarzen Tulpe eine Synekdoche für das Tulpenfieber selbst – einen gleichgültigen, willkürlichen Spiegel, in dem ein perverser Zusammenfall von Bedeutung und Wert für eine kurze, unheilvolle Zeitspanne in den Brennpunkt rückte.

Eine zweite – vielleicht wahre – Geschichte berichtet von einem armen Schuhmacher, dem auf dem Höhepunkt des allgemeinen Wahns die Züchtung einer schwarzen Tulpe gelang. In der von Zbigniew Herbert überlieferten Version statten fünf schwarz gekleidete Mitglieder der Haarlemer Gilde der Blumenhändler dem Schuster einen Besuch ab und bieten ihm (als vorgeblichen Freundschaftsdienst) den Abkauf seiner Tulpenzwiebeln an. Der Schuster wittert ihre habgierigen Absichten, verlegt sich auf ernsthaftes Handeln, und nach lamger Schacherei einigen sich beide Parteien auf einen Preis von tausendfünfhundert Gulden für die Tulpenzwiebel – eine für den Schuhflicker unerhörte Summe. Die Zwiebel wechselt den Besitzer.

»Dann erfolgt etwas Unerwartetes«, schreibt Herbert, »das man im Drama den Wendepunkt nennt. Die Kaufleute werfen die mit so hohen Kosten erworbene Zwiebel auf die Erde und zertrampeln sie wütend zu Brei.

›Du Idiot!‹, schreien sie den verdutzten Stiefelflicker an, ›auch wir haben eine *Schwarze.* Sonst aber niemand auf der Welt. Kein König, kein Kaiser, kein Sultan. Hättest du für deine Zwiebel zehntausend Gulden verlangt, und dazu noch ein Paar Pferde, wir hätten ohne ein Wort gezahlt. Und merke dir eins: Dir wird das Glück kein zweites Mal im Leben zulächeln, denn du bist ein Trottel.‹ Damit gehen sie hinaus. Der Schuster schleppte sich schwankenden Schrittes auf den Dachboden, kroch in sein Bett, hüllte sich in seinen Mantel und hauchte den Geist aus.«

Das Tulpenfieber selbst malt Herbert in den schwärzesten Farben. Für ihn hatte die holländische Manie mit Schönheit nichts, dafür aber umso mehr mit dem zerstörerischen Übel der fixen Idee zu tun – ein Phänomen, das jederzeit die »Behausungen der Vernunft« zu zerstören vermag, auf der die Zivilisation beruht. Bei Herbert ist der Tulpenwahn eine Parabel für Utopismus, genauer: für Kommunismus. Es trifft zu, dass ab einem gewissen Punkt die Blumen selbst bedeutungslos wurden – es war dies die Zeit, in der mehr Reichtum damit zu machen war, eine bestimmte Tulpenzwiebel zu zermalmen oder einen »Terminvertrag« über eine noch im Boden ruhende Zwiebel in Händen zu halten, als mit der schönsten je von Menschenaugen gesehenen Blüte.

Trotzdem sollte man in Erinnerung behalten, dass das, was in Holland wahnhaft endete, mit dem Wunsch nach Schönheit begonnen hatte – an einem Ort, der in vieler Augen diesbezüglich zu wünschen übrig ließ. Man bedenke weiterhin, dass sich die Niederländer, ungeachtet ihrer gesellschaftlichen Zugehörigkeit, bemerkenswert einheitlich gewandeten – die Eintönigkeit der Landschaft wiederholte sich also gewissermaßen in der Kleiderordnung. In diesem grauen Calvinistenland vermochte Farbe das Auge mit unvermittelter Wucht zu treffen – und Tulpen boten Farben, wie sie niemand je zuvor gesehen hatte: satt, leuchtend und intensiver als bei allen anderen Blumen.

Die Geschichte der Semper Augustus – für einen Großteil des siebzehnten Jahrhunderts die gefeiertste und teuerste Tulpe – führt vor Augen, dass es beim Tulpenfieber tatsächlich prinzipiell um Schönheit ging; zumindest in Holland, um 1630, hätten Schweinebäuche niemals die Stelle der Tulpen einnehmen können. Es herrschte allgemeine Einigkeit: Semper Augustus war die schönste Blume der Welt, ein wahres Meisterwerk. »Die Färbung ist weiß, mit Karminrot auf blauem Grund und durchgehender Flammung bis empor zum Rand«, schrieb Nicolaes van Wassenaer 1624, nachdem er die Tulpe im Garten eines gewissen Dr. Adriaen Pauw erblickt hatte. »Kein Blumengärtner hat jemals dergleichen an Schönheit gesehen.« Insgesamt existierten nur ein rundes Dutzend Exemplare – die nahezu alle Dr. Pauw gehörten. Der leidenschaftliche Tulpenliebhaber (und Direktor der neu gegründeten Ostindien-Kompanie) züchtete die Blumen auf seinem Anwesen in Heemstede bei Haarlem; um die Wirkung der kostbaren Blüten zu steigern, hatte er ihnen im Garten einen kunstvoll verspiegelten Pavillon eingerichtet. In den zwanziger Jahren des siebzehnten Jahrhunderts wurde Dr. Pauw mit wild eskalierenden Offerten für seine Semper-Augustus-Zwiebeln bombardiert, doch er verkaufte sie um keinen Preis. Seine Weigerung – nach Meinung mindestens eines Historikers ursächlich verantwortlich für den Tulpenwahn – wird von Wassenaer damit begründet, dass Dr. Pauw, der Blumenkenner, das Vergnügen der Betrachtung bei weitem jedem Gewinn vorzog, der mit einer Semper Augustus möglicherweise zu erzielen war.

Vor der Spekulation stand der schöne Anblick.

Beim Betrachten meiner eigenen schwarzen Tulpe, der Königin der Nacht, die hier vor mir auf dem Schreibtisch steht, erkenne ich die klassische Form der einfachen Tulpe: sechs Blütenblätter, in zwei Lagen angeordnet (drei innere, abgeschirmt von drei äußeren), die sich lang gezogen um die Geschlechtsorgane der Blume wölben, sie zugleich hervorheben und den Blicken entziehen; jedes Blütenblatt ist Flagge und zugezogener Vorhang zugleich. Weiterhin fällt mir auf, dass die Blätter nicht identisch sind: Die inneren weisen am oberen Ende eine zarte, kleine Einritzung auf, während die robusten äußeren perfekte Ovale bilden, deren gekerbte Ränder an glatt geschliffene Klingen erinnern. So seidenweich sie auch wirken: Bei Berührung entpuppen sich die Blütenblätter als unerwartet hart, ähnlich den Orchideen, und als ebenso wenig seidig wie diese Buchseite. Die sechs konvexen Blätter fügen sich zu einer maßgeschneiderten, leicht reserviert wirkenden Blüte; sie lädt weder zum Schnuppern noch zum Befühlen ein, sondern will bewundert werden – aus gebührendem Abstand. Dass die Königin der Nacht über keinen wahrnehmbaren Duft verfügt, passt ins Gesamtbild: Was von ihr ausgeht, erfreut einzig und allein das Auge.

Der lange, gebogene Stängel meiner Königin der Nacht ist fast ebenso schön wie die Blüte, die er trägt. Seine Anmut ist von spezifisch männlicher Ausprägung. Sie lässt nicht an einen Frauennacken denken – eher an eine steinerne Skulptur oder an die geschwungenen Stahltrossen einer Hängebrücke. Die Biegung wirkt sparsam, wohl bedacht, unabweisbar in ihrem logischen Aufbau, selbst über den Wandel der Zeiten hinweg. Ein Mathematiker mit einem Faible für Gartenbau wäre ohne Zweifel imstande, den Stängel meiner Tulpe in einer Differenzialgleichung darzustellen.

Mit zunehmender Wärme im Lauf des Tages biegt sich der Stängel ein wenig sanfter, die Blütenblätter falten sich auf und enthüllen das Innenleben der Blume samt ihren Organen. Auch diese erscheinen, wie alles andere an der Tulpe, ausformuliert und logisch. Sechs Staubblätter – eines pro Blütenblatt – gruppieren sich um ein solides, aufrechtes Podest und recken zitternd wie nervöse Freier ein gelb überstäubtes Bukett in die Luft. Das zentrale Podest (von Botanikern als »Griffel« bezeichnet) krönt die Narbe, deren aufgeworfene, leicht gekräuselte Lippen (gewöhnlich sind es drei) der Pollenkörner harren, um sie in die Tiefen zum

Fruchtknoten der Pflanze zu befördern. Mitunter, wie eben jetzt, zeigt sich ein einzelnes, glitzerndes Tröpfchen Flüssigkeit (Nektar? Tau?) auf der Lippe der Narbe, zum Zeichen ihrer willigen Erwartung.

Das Geschlechtsleben der Tulpen wirkt durchweg geordnet und einsichtig; hier findet sich nichts vom okkulten Mysterium, das etwa bei der Vermehrung einer Bourbon-Rose oder einer Pfingstrose mitschwingt. Den Weg zu Letzteren, stellt man sich vor, muss sich die Hummel im Dunkeln ertasten, blind und trunken umhertaumelnd, hoffnungslos verfangen in den unzähligen Blütenblättern. Und genau das soll sie ja auch. Bei der Tulpe hingegen liegen die Dinge anders.

Hier haben wir, so meine ich, den Schlüssel zu der unverwechselbaren Persönlichkeit der Tulpe, wenn nicht zum Wesen von Blumenschönheit ganz allgemein. Verglichen mit den anderen kanonisierten Blumen ist die Tulpe von eher klassischer als romantischer Schönheit. Oder, um die nützliche Dichotomie der alten Griechen zu bemühen: Die Tulpe ist die seltene Verkörperung apollinischer Schönheit in einem vornehmlich von Dionysos beherrschten, gärtnerischen Pantheon.

Rose und Pfingstrose sind unzweifelhaft zutiefst sinnliche, dionysische Blumen, die uns über den Tast- und Geruchssinn ebenso in Bann schlagen wie durch das Auge. Die vollständig unsinnige Vervielfachung ihrer Blütenblätter (Berichten zufolge brachte eine chinesische Strauchpäonie es auf über dreihundert) verwehrt sich dem klaren Blick ebenso wie dem rationalen Zugriff; die mannigfachen Faltungen schaffen einen fließenden Übergang zur fantastischen, berauschenden Auflösung alles Bestehenden. Wer über eine Rose oder eine Pfingstrose geneigt ihren Duft einsaugt, streift für einen Augenblick sein rationales Selbst ab und überlässt sich willig der einzigartigen Wirkung eines faszinierenden Aromas. Das ist die eigentliche Bedeutung von Ekstase: außer sich geraten. Blumen wie Rose oder Pfingstrose stehen nicht für strenge Form, sondern für den Traum von Zügellosigkeit.

Die Tulpe hingegen ist durch und durch apollinische Klarheit und Ordnung: eine lineare, von der linken Hirnhälfte gesteuerte Blume ohne einen Hauch von Okkultismus, ausformuliert und logisch in ihrer Grundform und Anordnung (sechs Blütenblätter – sechs Staubblätter); ihre geballte Rationalität vermittelt sie auf die einzig mögliche Weise: über das Auge. Der glatt polierte, stählerne Stängel reckt uns, nach Bewunderung heischend, seine eine, einzige Blüte entgegen, darauf bedacht, ihre klare Form weit über den Boden hinauszuheben, aus dem alles Mögliche, Ungewisse erwachsen kann. Die Blüten der Tulpe schweben über den aufregenden Unwägbarkeiten der Natur; selbst ihr Niedergang vollzieht sich in Anmut. Rosen zermatschen zu einer breiigen Masse, Pfingstrosenblätter nehmen die Konsistenz gebrauchter Taschentücher an – wohingegen die sechs Blütenblätter der Tulpe sauber, ordentlich und häufig auf einen Schlag vergehen.

Friedrich Nietzsche beschrieb Apollo im Gegensatz zu Dionysos als »Vergöttlichung der Individuation« und der »maßvollen Begrenzung«. Unter der großen Masse von Blumen nimmt sich eine Tulpenblüte – in der Landschaft oder in der Vase – als Einzelgängerin aus: eine Blüte pro Pflanze, ein emporgereckter Kopf auf einem Stängel. (Man vergesse nicht, dass die »Tulpe« sich vom türkischen Wort für »Turban« herleitet.) Weiter unten folgen die lang zugespitzten Blätter (in den meisten botanischen Darstellungen exakt zwei), die sich wie Extremitäten ausnehmen. Kein Wunder, dass die Tulpe als erste Blume die Namen ihrer individuellen Züchter verewigte – in Verneigung vor einzelnen Züchtungen.

Im Gegensatz zu den meisten anderen Blumen, die explizit weibliche Namen tragen, strotzt das Namenregister der Tulpen (abgesehen von der Königin der Nacht) von bedeutenden Männern, insbesondere Generälen und Admirälen. Die Griechen verbanden das Dionysische vornehmlich mit dem weiblichen Prinzip (oder wenigstens mit androgynen Erscheinungen), das Apollonische hingegen mit dem männlichen. Auf ähnliche Weise ordneten die Chinesen wie alles andere auch die Blumen dem (weiblichen) Yin oder dem (männlichen) Yang zu. Nach chinesischer Vorstellung verkörpert die sanfte, überreich mit Blütenblättern ausgestattete Pfingstrose das Prinzip des Yin (wenn ihre gradlinigeren Stängel und Wurzeln auch eher zum Yang tendieren). In biologischer Hinsicht sind die meisten Blumen (einschließlich der Tulpen) zweigeschlechtlich, verfügen über männliche wie weibliche Organe – uns jedoch scheinen sie eher der einen oder anderen Seite zuzuneigen, lassen durch ihre Formen an männliche oder weibliche Schönheit oder gar an die entsprechenden Geschlechtsorgane denken. In meinem Garten wächst eine zerzaust gefüllte Rose im blassesten Roséton, die in Frankreich »Cuisse de Nymph émué« heißt – offensichtlich genügte es nicht, die verführerische Blüte mit dem »Schenkel einer Nymphe« gleichzusetzen, nein, es musste der »Schenkel einer erregten Nymphe« sein. Ein jeder Garten fordert beim Durchschreiten zur Einteilung auf: Junge, Mädchen, Junge, Mädchen, Mädchen, Mädchen … Die kanonisierten Blumen sind für mein Empfinden praktisch alle weiblich – mit Ausnahme der Tulpe als der vielleicht maskulinsten unter ihnen. Wer daran zweifelt, sollte im kommenden April zuschauen, wie eine Tulpe mit der Spitze zuerst aus dem Boden dringt und beim Aufrichten allmählich an Farbe gewinnt. Gräbt man sich bis zu den Tiefen des Schafts, stößt man auf die Zwiebel – glatt, gerundet und hart wie eine Nuss –, die man in der Botanik höchst griffig als »testikular« (hodenförmig) bezeichnet.

Gewiss: Wie alle unsere (apollinischen) Anstrengungen, die Natur zu ordnen und zu klassifizieren, reicht auch diese nur bis zu dem Punkt, an dem die (dionysische) Anziehungskraft der Dinge an sich unvermeidlich ihren Tribut fordert. Ich erwähnte zuvor die säuberliche Anordnung der Blüten- und Staubblätter meiner Königin der Nacht auf dem Schreibtisch; als ich erneut in den Garten ging, um ein weiteres Exemplar abzuschneiden (sie sind dort in ganz unsinniger Menge vertreten), fiel mir erstmals auf, dass es im Beet von milden Perversionen strotzte. Es fanden sich Königinnen der Nacht mit neun, ja zehn Blütenblättern, mutierte Narben mit sechs statt drei Lippen und in einem Fall ein dunkelviolett gestreiftes Blatt, das den Eindruck erweckte, sein Allerweltsgrün sei von den bunten Blütenblättern über ihm durchdrungen worden und ihr Pigment auf irgendeine Weise wie ein Färbe- oder Arzneimittel in den Körper der Pflanze eingesickert.

Allen Großzüchtern ist bekannt, dass Tulpen zu derartigen Ausbrüchen biologischer Irrationalität neigen – seien es willkürliche Mutationen, Farbbrechungen oder »Dieberei«, sprich Reversion; als solche bezeichnen Tulpenzüchter ein rätselhaftes Phänomen, das bestimmte Blumen in einem Feld dazu bewegt, zur Farbe und Form ihrer Mutterpflanze zurückzukehren. Was ich in meinem Beet an den Königinnen der Nacht beobachtete, war ein Beispiel für ihre erstaunliche Instabilität, die zu der Vorstellung führte, lieber als mit jeder anderen Blume treibe die Natur mit Tulpen ihr Spiel.

Vor einigen Wochen passierte ich Grand Army Plaza, einen Zugang zum Central Park in Manhattan; etwas abseits der Fifth Avenue gewahrte ich ein riesiges Blumenbeet mit Tausenden von kugelrunden gelben Triumph-Tulpen, wie Paradesoldaten eintönig in Reih und Glied ausgerichtet. Sie gehörten exakt zu der Sorte steifer Tulpen in Grundfarben, die ich damals immer im Garten meiner Eltern gepflanzt hatte. Ich hatte gelesen, dass sich selbst heute noch, trotz größter Anstrengungen der Tulpenzüchter, gelegentlich ein Virus auf freiem Feld durchsetzt und eine Blüte in gebrochenen Farben zustande kommen lässt. Dort nun, inmitten dieses gnadenlos monotonen Blumenbeets, erspähte ich eine solche: ein wilder Ausbruch in Rot auf einem züchtigen kanariengelben Blütenblatt. Es war zwar keine besonders hübsche Brechung, aber das flackernde Karminrot, das von jenem einen Blütenboden emporzüngelte, stach aus dem konformistischen Raster heraus wie ein übermütiger Clown, der dem Traum von Ordnung – als Wunschvorstellung in diesem Beet repräsentiert – ein Schnippchen schlug.

Und daran war etwas höchst Aufregendes; ich konnte

mein Glück kaum fassen. Der unbekümmerte rote Klecks wirkte auf mich fast wie eine Geistererscheinung aus der fernen Vergangenheit der Tulpe, ja, denn hier zeigte sich zum einen erneut das mit so viel Fleiß unterdrückte Virus, zum anderen aber auch eine noch im Werden begriffene, unterirdische Kraft, die mich fesselte. Es war, als sei das gesamte Raster der Blumen und, darüber hinaus, das Raster der Stadt selbst durch jenes eine ekstatische, ungebärdige Pulsen des Lebens (oder des Todes? Es schwang wohl beides darin mit) in Frage gestellt.

In der folgenden Nacht erschien mir im Traum, was ich am Tag mit eigenen Augen gesehen hatte: das starre gelbe Raster und sein einsamer roter Joker. In der Traumvariante steht die gebrochene Tulpe in vorderster Reihe; unmittelbar neben ihr liegt ein eleganter Füllfederhalter der Marke Montblanc. (Das Ganze ist viel zu peinlich, um erfunden zu sein.) In einer gänzlich unangemessenen, ungestümen Geste reiße ich die gebrochene Tulpe und den Füller an mich und rase wie ein Besessener die Fifth Avenue entlang. Als ich an den Drehtüren der Hotels »Plaza« und »Pierre« vorbeiflitze, errege ich die Aufmerksamkeit der beiden Portiers (in Livree, mit Messingknöpfen), die vor dem »Pierre« postiert sind. Unmöglich können sie wissen, wer ich bin und was ich verbrochen habe; trotzdem schnellen sie hoch und begeben sich auf eine Verfolgungsjagd im Slapstick-Stil. Ihr filmreifes Gebrüll – »Haltet den Dieb!« – klingt mir in den Ohren, während ich die Straße entlangstürme, Tulpe und Füller fest umklammert, und in hysterisches Gelächter ausbreche – über die Absurdität der ganzen Geschichte, als Situation, aber auch als Traum.

Weit schönere Farbbrechungen als die, die ich an der Fifth Avenue sah, hatten das Tulpenfieber angeheizt: ein Spekulationswahn, der wie die Brechungen selbst wohl am ehesten als explosiver Ausbruch des Dionysischen in der allzu strikt apollinischen Welt der Tulpe – und der holländischen Patrizier – zu begreifen ist. So zumindest betrachte ich mittlerweile das Tulpenfieber – ein dionysisches Fest von ekstatischem und nachfolgend zerstörerischem Charakter, das aus dem Wald (oder dem Tempel) in den geordneten Bezirk des Handelsplatzes verpflanzt wurde.

Der Tulpenwahn wies alle Merkmale eines mittelalterlichen Karnevals auf, in dem für ein kurzes »orgastisches Interludium« (so der französische Historiker Le Roy Ladurie) die stabile Gesellschaftsordnung auf den Kopf gestellt wurde. Ein Karneval ist ein soziales Ritual, das Verrücktheit und Zügellosigkeit sanktioniert – und einer Gesellschaft erlaubt, für eine gewisse Frist ihren dionysischen Trieben freien Lauf zu lassen. In der gegebenen Zeitspanne steht jedem, der sich von dem Strudel mitreißen lässt, die Wahl seiner Identität frei: Der Dorftrottel wird zum König, der Arme gelangt unverhofft zu Reichtum, der Reiche ebenso unverhofft an den Bettelstab. Alltägliche Rollen und Werte sind plötzlich und auf höchst spannende Weise außer Kraft gesetzt, und unerhörte neue Möglichkeiten tun sich auf.

Ähnlich der Gesellschaft erlebt auch der Kapitalismus unter dem zwingenden Einfluss eines Spekulationsfiebers die Umkehrung aller Werte – Mäßigung, Geduld, Gegenwert für Geld, Lohn für Mühe. Solange der Karneval des Kapitalismus anhält, sind die logischen Regeln außer Funktion oder besser: nach neuen Gesichtspunkten umgeschrieben, die am Morgen danach, nüchtern betrachtet, absurd erscheinen mögen, im überhitzten Vakuum einer spekulativen Seifenblase jedoch einen tadellosen Sinn ergeben.

Die präzise Datierung des Zeitpunkts, an dem sich die Seifenblase in Holland bildete, fällt schwer; eine Wende ergab sich zweifellos im Herbst des Jahres 1635. Von diesem Zeitpunkt an wurde nicht länger mit real existierenden Tulpenzwiebeln, sondern buchstäblich mit Werbeversprechen gehandelt: Papierstreifen mit detaillierter Auflistung zu den Eigenschaften, dem voraussichtlichen Lieferdatum und dem Preis der in Frage stehenden Blume. Bis dahin war der Tulpenmarkt dem Rhythmus der Jahreszeiten gefolgt, wonach die Blumenzwiebeln nur zwischen Juni und Oktober, sprich in der Zeit zwischen Ausgraben und Wiedereinpflanzen, den Besitzer wechseln konnten. Vor 1635 verlor der Markt trotz fieberhafter Aufregung nicht die Bodenhaftung, galt doch weiterhin die Devise: Bargeld gegen real existierende Blumen. Nun setzte der *windhandel* ein – die windigen Geschäfte.

Auf einmal wurde rund ums Jahr mit Tulpen gehandelt; zu den Kennern und Züchtern, die ein echtes Interesse an den Blumen verband, gesellten sich Heerscharen selbst ernannter »Blumenhändler«, denen sie herzlich egal waren. Bis vor kurzem noch waren die neuen Spekulanten Zimmerer und Weber gewesen, Holzfäller und Glasbläser, Schmiede, Schuster, Kaffeeröster, Farmer, Kaufleute, Kleinhändler, Geistliche, Lehrer, Advokaten und Apotheker. Ein Amsterdamer Hausierer verpfändete seine Gerätschaften, um ebenfalls beim Tulpenhandel mitspekulieren zu können.

In wilder Hast, um nur ja ein Stück vom Kuchen abzubekommen, verkauften die Leute ihre Geschäfte, nahmen

Hypotheken auf ihre Häuser auf und steckten ihre sämtlichen Ersparnisse in kleine Papierstreifen, die für zukünftige Blumen standen. Wie abzusehen, trieb der Zufluss von frischem Kapital auf dem Markt die Preise in ungeahnte Höhen. Binnen eines Monats kostete eine rotgelb gestreifte »Gheel ende Root van Leyden« fünfhundertfünfzehn statt sechsundvierzig Gulden. Eine Zwiebel der Sorte »Switsers« (eine rot gefiederte, gelbe Tulpe) schoss im Preis von sechzig auf tausendachthundert Gulden.

In der Hochphase wurde das Tulpengeschäft von Blumenhändlern in so genannten »Kollegien« betrieben – in Hinterzimmern von Tavernen, die an zwei oder drei Tagen pro Woche für das neue Geschäft zur Verfügung standen. Dort entwickelte sich rasch ein System von Ritualen, das offenbar das geregelte Geschäftsgebaren von Börsenmaklern mit einer Art Kampftrinken kombinierte. Gang und gäbe war beispielsweise eine Prozedur namens *met de borden* (»mit den Tafeln«): Zwei Partner, die miteinander ins Geschäft kommen wollte, erhielten jeweils eine Schiefertafel, auf der sie einen Ausgangspreis für die fragliche Tulpe notierten. Daraufhin wurden die Tafeln an zwei (von den Händlern gewissermaßen zu Schiedsmännern bestimmte) Unterhändler weitergereicht, welche sich auf einen Preis zwischen den beiden Erstgeboten einigten; diesen kritzelten sie auf die Tafeln und händigten sie wiederum den Hauptakteuren aus. Die Händler ließen die Zahl stehen, was Zustimmung signalisierte, oder wischten sie aus. Löschten beide die Zahl, war das Geschäft vom Tisch; machte nur ein Partner einen Rückzieher, musste er eine Strafe an das Kollegium bezahlen – ein Ansporn, den Handel möglichst abzuschließen. Kam er zustande, musste der Käufer eine geringe Kommission, das *wijnkoopsgeld* (»Weingeld«), entrichten. Passend zur allgemeinen karnevalistischen Atmosphäre wurden die Straf- und Kommissionsgebühren zum Ankauf von Wein und Bier für alle verwendet – ein weiterer Ansporn, Geschäfte abzuschließen. Ein satirisches Pamphlet beschreibt eine solche Szene; dabei ermahnt ein »alter Hase« seinen neu in das Geschäft eingeführten Freund, den Becher zu leeren: »Zu diesem Handel braucht es ein berauschtes Hirn, und je kühner man darangeht, desto besser.«

Die Logik hinter der Seifenblase, in der der Tulpenwahn gedieh, hat mittlerweile ihre eigene Bezeichnung: die »Theorie der Obernarren«. An normalen Maßstäben gemessen ist es schlicht närrisch, Abertausende für eine Tulpenzwiebel zu bezahlen; solange sich jedoch ein Obernarr findet, der willens ist, noch mehr zu zahlen, erscheint das Ganze so logisch wie nur irgendetwas. Im Jahr 1636 waren die Tavernen gesteckt voll von Vertretern dieser Sorte, und während der Phase, in der Holland als Heimstatt für eine stetig anwachsende Schar von Obernarren diente, die ihre Gier nach schnellem Reichtum für alles andere blind gemacht hatte, wäre nur eines wirklich närrisch gewesen: nicht beim Tulpenhandel mitzumischen.[1]

Dennoch war der *windhandel* keine ganz und gar windige

[1] Unter Umständen sah manch ein calvinistischer Holländer im Verschleudern derartiger Unsummen auch eine Möglichkeit, seinen von ihm als schändlich, ja peinlich empfundenen Reichtum und Wohlstand in gewisser Weise zurechtzurücken, eine Art Wiedergutmachung zu leisten, indem er den schnöden Mammon gegen die makellos reine Schönheit einer Blume eintauschte.

Angelegenheit. Signalisierte das Tulpenfieber doch die Entstehung eines echten Geschäftszweigs – des holländischen Handels mit Blumenzwiebeln –, der das Spekulationsfieber bei weitem überlebte. Joseph Schumpeter zufolge entsteht eine solche spekulative Seifenblase sehr häufig, wenn die Investoren, geblendet durch die krass übersteigerten Verheißungen eines neu gegründeten Geschäftszweigs, hektisch Kapital zuschießen.

Jede Seifenblase platzt früher oder später – den Karneval über Gebühr auszudehnen hieße, das Ende der Gesellschaftsordnung einzuläuten. In Holland erfolgte der große Kollaps im Winter 1637, aus Gründen, die bis heute undurchsichtig geblieben sind. Doch mit der Aussicht auf alsbald aus dem Boden schießende echte Tulpen wurde es unumgänglich, den reinen Papierhandel und die Terminverträge zu untermauern – durch echtes Geld für echte Zwiebeln; der Markt geriet in hektische Bewegung.

Am 2. Februar 1637 fanden sich die Haarlemer Blumenhändler wie üblich zur Versteigerung von Tulpenzwiebeln im Hinterzimmer einer Taverne ein. Zu Beginn forderte ein Händler tausendzweihundertfünfzig Gulden für eine größere Menge Tulpen (einem Bericht zufolge handelte es sich um Switsers). Nachdem er keinen Abnehmer fand, ging er auf tausendeinhundert, schließlich auf tausend Gulden herunter … und schlagartig wurde jedem Einzelnen der dort versammelten Männer (die noch Tage zuvor selbst vergleichbare Summen für vergleichbare Tulpen gezahlt hatten) bewusst, dass nunmehr ein anderer Wind wehte. Die Neuigkeit, dass in Haarlem, dem Handelszentrum für Tulpenzwiebeln, die Käufer ausblieben, verbreitete sich wie ein Lauffeuer. Binnen Tagen ließen sich Tulpenzwiebeln um keinen Preis der Welt mehr losschlagen. Mit den Obernarren war es in ganz Holland aus und vorbei.

Im Nachhinein lasteten viele Holländer die Schuld für ihren Wahn der Blume an – als hätten die Tulpen selbst (wie einst die Sirenen) ansonsten vernünftige Männer ins Verderben gelockt. Pamphlete, die massive Breitseiten auf das Tulpenfieber abschossen, verkauften sich bestens: *Der Untergang der großen Garten-Hure Flora, der Göttin der Schurken; Floras Narrenkappe oder: Ansichten aus dem merkwürdigen Jahr 1637, in dem ein Narr den nächsten gebar, die müßigen Reichen ihren Wohlstand einbüßten und die Weisen den Verstand verloren; Anklage wider die heidnischen und türkischen Tulpen-Zwiebeln.* (Mit »Flora« war natürlich die für ihre liederliche Moral bekannte römische Göttin der Blumen gemeint, die ihre Liebhaber regelmäßig in den Ruin trieb.) In den Monaten nach dem Abflauen des Fiebers konnte man einen (in Nachfolge von Clusius) an der Leidener Universität lehrenden Professor für Botanik namens Fortius dabei beobachten, wie er die Straßen durchstreifte und auf jede Tulpe, die er fand, mit seinem Stock eindrosch. Wie beim mittelalterlichen Karneval wurde auch hier zum Schluss der König des Karnevals, als Strohpuppe, gehängt. Schon die antiken dionysischen Feste hatten mit Zerstörung, Verstümmelung und der Opferung des Gottes selbst geendet.

Man muss sich immer wieder vor Augen halten, dass es beim Tulpenfieber letztlich weder um einen übersteigerten Konsum- oder Vergnügungsdrang, sondern um fieberhafte Finanzspekulationen ging, und dies in einem Land, das nicht für große Passionen bekannt ist, vielmehr die stoischste bürgerliche Kultur der Zeit repräsentierte. Mit anderen Worten: Die dionysischen Ausbrüche der Tulpe sind relativ, der Eindruck, den sie hinterlassen, steht im direkten Verhältnis zu ihrer Abweichung von der Norm.

Genau darum handelte es sich zweifellos bei der gebrochenen Farbe, die ich bei der Grand Army Plaza erspähte – ein verirrter Klecks Farbe auf einer monochromen Fläche, eine Extravaganz, die ich ohne die minutiöse Ordnung des Gesamtarrangements aus Blütenblättern, Blüten und Pflanzen, in der sie explosiv zum Ausbruch kam, wohl kaum zur Kenntnis genommen hätte. Etymologisch betrachtet bezeichnet *extravagant* etwas, das vom Weg abkommt oder eine Grenze überschreitet – Grenzen der Ordnung natürlich, Apolls ureigenstes Reich. Hierin liegt womöglich ein Schlüssel für die anhaltende starke Wirkung der Tulpe – und vielleicht auch für das Wesen von Schönheit. Die Tulpe zieht in der Natur etliche äußerst scharfe Grenzen – um dann ausfällig zu werden und sie völlig unbekümmert zu überschreiten. Nach dem gleichen Prinzip beleben Synkopen in der Musik einen gleichmäßigen Viervierteltakt oder das Enjambement in der Poesie den würdevollen Fluss des jambischen Pentameters. Fügen wir also unseren Ansprüchen an Blumenschönheit noch eine dritte Komponente hinzu: erstens Kontrast, zweitens Muster (bzw. Form) und zu guter Letzt die Variation.

Das Vergnügen, ein allzu leicht erkennbares Muster zu durchbrechen, mag den Reiz einer Tulpe in gebrochenen Farben ebenso wie den der Rembrandt- oder der Papageien-Tulpe erklären (Letztere verwandelt das maßgeschneiderte Blütenkleid der Tulpe in einen fransigen, ausgeflippten Partydress). Dann ist da natürlich die schwarze Tulpe, die geheimnisumwitterte Femme fatale in der maskulinen Tulpenwelt. Die »Königin der Nacht« setzt ihre unergründliche Tönung in Kontrast zur sonnigen Klarheit ihrer Form. Unsere Augen und Ohren werden rasch einer jeden strengen apollinischen Ordnung überdrüssig, auf die kein Schatten eines Hinweises oder einer drohenden Gefahr von Grenzüberschreitung und Unberechenbarkeit fällt.

Umgekehrt üben diejenigen Rosen oder Pfingstrosen die atemberaubendste Wirkung aus, deren wirre Überfülle an Blütenblättern auf irgendeine Weise doch Gestalt oder Rahmen findet; schon ein Hauch von Symmetrie – beispielsweise die Form einer Kugel oder einer Teetasse – bewahren die Blüte davor, gänzlich zu zerfleddern. Nach Ansicht der Griechen lagen wahrer Schönheit (im Gegensatz zu bloßer Hübschheit) die beiden kontroversen Neigungen zugrunde, die sie mit Apoll und Dionysos, den beiden Göttern der Kunst, personifizierten. Große Kunst entsteht, wenn apollinische Form und dionysische Ekstase sich die Waage halten, wenn unsere Träume von Ordnung und Zügellosigkeit verschmelzen. Durchdringen sich die beiden Neigungen nicht, ist das Resultat Kälte – in Form einer steifen Triumph-Tulpe – oder Chaos wie bei einer verschlampten, wilden Rose. Obwohl wir also jede einzelne Blume als apollinisch bzw. dionysisch (wahlweise auch als männlich bzw. weiblich) klassifizieren können, sind die schönsten unter ihnen, wie die Semper Augustus oder die Königin der Nacht, doch diejenigen, die etwas von ihrem Gegenelement in sich tragen.

Der griechische Mythos der Schönheit (der überzeugendste, den ich kenne) führt uns fast, aber nicht ganz bis zu ihren Ursprüngen aus der Vermischung widerstreitender Neigungen in Kopf und Herz des Menschen zurück. Doch die Geburt der Schönheit ist noch früher anzusiedeln, in einer Zeit vor Apoll und Dionysos, vor dem Aufkommen des menschlichen Begehrens, als die Welt noch vornehmlich aus Laubwerk bestand und die erste Blume sich öffnete.

Es war einmal eine Welt ohne Blumen – vor zweihundert Millionen Jahren, unwesentlich präziser ausgedrückt. Natürlich gab es Pflanzen, Farne und Moose, Nadelbäume und Farnpalmen, doch bildeten sie weder echte Blüten noch Früchte. Manche vermehrten sich ungeschlechtlich durch verschiedene Formen von Klonung. Geschlechtliche Vermehrung fand relativ diskret statt, meist indem Pollen von Wind oder Wasser weitertransportiert wurden; durch reinen Zufall fanden manche den Weg zu Artgenossen, woraus ein winziger, primitiver Samen entspross. In jener Welt vor der Entstehung der Blumen ging es gemächlicher, schlichter und verschlafener zu als in der heutigen. Die Evolution schritt langsamer voran, da geschlechtliche Vermehrung, wenn überhaupt, nur zwischen benachbarten und eng verwandten Pflanzen stattfand. Dank eines derart konservativen Modells der Reproduktion war die biologische Ordnung der Welt sehr viel simpler, da nur relativ wenige neue Gattungen oder Varianten entstanden. Im Ganzen war das Leben eher bodenständig und von Inzucht geprägt.

Die Welt vor Entstehung der Blumen war verschlafener als unsere, weil es mangels Früchten und größeren Samen nicht viele warmblütige Lebewesen in ihr gab. Die Reptilien herrschten vor, und sobald es kalt wurde, ging alles nur noch schleichend langsam vor sich; nachts regte sich kaum ein Lebenszeichen. Schmuckloser war jene Welt außerdem, zwar grüner noch als die heutige, aber bar aller Farben und Muster (von den Düften ganz zu schweigen), die Blumen und Früchte ihr dereinst bescheren sollten. Schönheit in unserem Sinne existierte noch nicht – will heißen, das äußere Erscheinungsbild bestand unabhängig von jeglichem Begehren.

Mit den Blumen wurde alles anders. Die Angiospermae (so die botanische Bezeichnung für die Pflanzenabteilung, die Blüten bildet und ihre Samenanlagen in einem Fruchtknoten einschließt) entstanden in der Kreidezeit und verbreiteten sich mit erstaunlicher Geschwindigkeit auf der ganzen Erde. »Ein Geheimnis der Geheimnisse«, so beschrieb Charles Darwin das unvermittelte und durchaus nicht unumgängliche Geschehen. Statt wie bisher auf Wind oder Wasser zum Gentransfer angewiesen zu sein, konnten die Pflanzen nunmehr Tiere zur Hilfe heranziehen und mit ihnen einen genialen koevolutionären Pakt schließen: Nahrung im Austausch für Transport. Die Blume etabliert völlig neue Ebenen der Komplexität in der Welt: mehr wechselseitige Verflechtung, mehr Information, mehr Kommunikation, mehr Experimentieren.

Die Evolution der Pflanzen folgte einer neuen, treibenden Kraft: der Anziehung zwischen verschiedenen Gattungen. Die natürliche Auslese begünstigte nunmehr Blumen, die die Aufmerksamkeit der Bestäuber zu fesseln vermochten, und Früchte, die für Nahrungssuchende von Interesse waren. Ausschlaggebend bei der Evolution der Pflanzen wurden die Bedürfnisse anderer Lebewesen, schlicht weil sich Pflanzen, die diesen Bedürfnissen zu entsprechen vermochten, stärker vermehrten. Schönheit entpuppte sich als Überlebensstrategie.

Die neuen Regeln beschleunigten das Tempo der evolutionären Wandlung. Größer, strahlender, süßer, duftender: allesamt Eigenschaften, die unter dem neuen Regime rasch belohnt wurden. Gleiches galt aber auch für die Spezialisierung. Um den eigenen Pollen bei der Bestäubung nicht an ein Insekt zu verschwenden, das ihn womöglich unter der falschen Adresse ablieferte (etwa bei Blüten artfremder Gattungen), entpuppte es sich für die Blume als Vorteil, möglichst unverwechselbar auszusehen und zu duften, um desto sicherer die ungeteilte Aufmerksamkeit des einen, willfährigen Bestäubers zu beanspruchen. Das tierische Verlangen wurde somit zergliedert und unterteilt, die Pflanzen entwickelten entsprechende Sonderformen, und vornehmlich unter den Vorzeichen von Koevolution und Schönheit erblühte eine erstaunliche Vielfalt.

Die Blumen brachten Früchte und Samen mit sich, die auf ihre Weise das Leben auf Erden umgestalteten. Angiospermae produzierten Zucker und Proteine, um die Tierwelt zur Verbreitung ihrer Samen anzuregen, kurbelten damit das weltweite Angebot von energiereicher Nahrung an und ermöglichten so die Entstehung großer, warmblütiger Säugetiere. Ohne Blumen würden die Reptilien, die in einer laubreichen, fruchtarmen Welt bestens zurechtgekommen waren, vielleicht immer noch das Szepter in der Hand halten. Ohne Blumen gäbe es uns nicht.

Die Blumen also waren es, die uns, ihre größten Bewunderer, erzeugt haben. Mit der Zeit fand das menschliche Begehren Eingang in die Naturgeschichte der Blumen, und sie reagierten wie eh und je: verschönten sich nach den Begriffen dieses Säugetiers weiter und immer weiter, indem sie sich noch unsere abartigsten Vorstellungen und Anschauungen bis in die letzte Faser einverleibten. Dabei kamen Rosen heraus, die an erregte Nymphen denken ließen, Tulpenblätter mit dolchförmigen Blättern und Pfingstrosen, die nach Frau dufteten. Wir wiederum taten das Unsere hinzu, züchteten unsinnige Mengen von Blumen, verbreiteten ihre Samen in der ganzen Welt, schrieben Bücher, um ihren Ruhm zu verbreiten und ihr Glück zu sichern. Für die Blume war es die altbekannte Geschichte: ein weiterer, grandioser koevolutionärer Tauschhandel mit einem willigen, zur Leichtgläubigkeit neigenden Tier – im Ganzen nicht schlecht, wenn auch nicht annähernd so gut wie der frühere, prototypische Handel mit den Bienen.

Und was ist mit uns? Wie sind wir zurechtgekommen? Bestens, dank der Blume. Zu nennen sind vorrangig das sinnliche Vergnügen, die Sorge für unser leibliches Wohl durch Früchte und Samen – und eine Bereicherung unseres Metaphernschatzes. Aber unser Blick in den Blütenkelch ging tiefer und fand noch mehr: den Schmelztiegel der Schönheit, wenn nicht gar der Kunst, und vielleicht am Ende auch eine Ahnung vom Sinn des Lebens. Denn was eigentlich offenbart der Blick in eine Blume? Das Innerste der Natur in ihrer Doppelnatur – aus den widerstreitenden Kräften von Schöpfung und Zersetzung, aus dem zielgerichteten Drang zur komplexen Form und dem Sog der Gezeiten in entgegengesetzter Richtung. Apoll und Dionysos – zwei Namen, mit denen die Griechen jenes Doppelantlitz der Natur bezeichneten; und nirgendwo in der Natur ist ihr Wettstreit so offenkundig, so zugespitzt erkennbar wie in der Schönheit und raschen Vergänglichkeit einer Blume. Wir sehen, wie sich Ordnung gegen allen Widerstand durchsetzt – und unbekümmert beiseite gestoßen wird. Wir sehen vollkommene Kunst und den blinden Fluss der Natur. Wir sehen, irgendwie, sowohl Transzendenz wie Notwendigkeit. Ist das womöglich – hier und jetzt, in einer Blume – der Sinn des Lebens?

Kapitel 3

Begehren: Rausch

Pflanze: Marihuana

(*Cannabis sativa x indica*)

Die verbotene Pflanze und ihre Versuchungen sind älter als der Garten Eden, sie reichen weiter zurück, noch über unsere Ursprünge hinaus. Gleiches gilt für die Verheißung und die Bedrohung, die an den Genuss verbotener Pflanzen geknüpft sind: die Verheißung von Wissen und die Bedrohung durch den Tod. Hört sich das an, als wollte ich mich in Metaphern über verbotene Pflanzen und verbotenes Wissen verbreiten? Das liegt nicht in meiner Absicht. Und ob der Verfasser der Schöpfungsgeschichte das wollte, wage ich mittlerweile auch zu bezweifeln.

Seit eh und je haben sich alle Lebewesen im Garten der Wildnis behaupten müssen, dessen Blumen und Ranken, Blätter, Bäume und Pilze nicht nur nahrhafte Speise, sondern auch tödliches Gift bereithalten. Beides auseinander halten zu können ist die wichtigste Voraussetzung zum Überleben; eine scharfe Trennlinie mitten durch den Garten zu ziehen ist allerdings nur selten die geeignete Lösung, wie schon der Herr der Schöpfung feststellen musste. Manche Pflanzen – und hierin liegt das Problem – haben andere und abseitigere Funktionen als bloß Leben zu erhalten oder zu vernichten. Manche sind von heilsamer Wirkung;

andere wecken, lindern oder stillen körperlichen Schmerz. Am bemerkenswertesten jedoch sind die Gartenpflanzen, deren Molekularstruktur die Macht besitzt, die subjektive Wahrnehmung der Realität, die wir Bewusstsein nennen, zu verändern.

Wie um alles in der Welt konnte es dazu kommen – was mochte die Evolution bewogen haben, Pflanzen von solch magischer Wirkung hervorzubringen? Was macht sie für uns (und viele andere Lebewesen) so unwiderstehlich, obwohl ihr Gebrauch uns unter Umständen so teuer zu stehen kommt? Welches Wissen hält eine Pflanze wie Cannabis bereit – und warum ist es verbotenes Wissen?

Beginnen wir, wie alle Lebewesen es notwendig tun müssen, mit der scharfen Trennlinie. Wie unterscheidet man die gefährlichen von den lediglich nahrhaften Pflanzen? Einen ersten Hinweis liefert ihr Geschmack. Pflanzen wehren sich gegen den Verzehr häufig durch einen Zusatz bitter schmeckender Alkaloide; Pflanzen wie der Apfel hingegen, die gegessen werden wollen, reichern ihr Fruchtfleisch rund um den Kern des Öfteren mit einer Extraportion Zucker an. Als Faustregel gilt demnach: Süß ist gut, bitter ist schlecht. Und doch bleibt festzuhalten, dass einige der bitteren, »schlechten« Pflanzen über ebenjene besondere magische Wirkung zur Veränderung von Struktur – und Inhalt – unseres Bewusstseins verfügen, nach der es uns verlangt. Das englische Wort für Rausch, *intoxication,* birgt in seiner Mitte das offensichtliche Bindeglied: toxisch, giftig. Die scharfe Trennlinie zwischen Nahrungsmittel und Gift mag sich aufrechterhalten lassen, nicht aber jene zwischen Gift und Verlangen.

Die – vom Geschmackssinn auch nicht annähernd zu witternden – mannigfachen und subtilen Gefahren des Gartens sind von Pflanzen meist als strategische Verteidigung gegen Tiere entwickelt worden. Den Großteil ihres Erfindungsreichtums – sprich, ihre wesentliche Arbeit im evolutionären Trial-and-Error-Verfahren über eine Jahrmilliarde hinweg – haben die Pflanzen auf die Erlernung (oder besser: Erfindung) aller Spielarten der Biochemie verwendet – ein Bereich, in dem Pflanzen unvorstellbare Spitzenleistungen erbringen. (Bis heute verdankt die Menschheit dem Pflanzenreich ganz unmittelbar wichtige Teile ihres Wissens über die Herstellung von Medizin.) Während wir, als Angehörige des Tierreichs, damit beschäftigt waren, den Geheimnissen von Fortbewegung und Bewusstsein auf die Spur zu kommen, fanden die Pflanzen alles über die Synthese hochkomplizierter Moleküle heraus und eigneten sich somit, ohne einen Finger dafür gerührt oder einen Gedanken daran verschwendet zu haben, ein enormes Sortiment außergewöhnlicher, mitunter diabolischer Kräfte an. Besonders bemerkenswert (zumindest aus unserer Sicht) sind die Moleküle, die ausdrücklich die Gehirntätigkeit von Tieren beeinflussen sollen – sei es, um (etwa durch den Duft einer Blume) ihre Aufmerksamkeit zu erregen oder, wie es öfter der Fall ist, sie auf Distanz zu halten, wenn nicht gar zu vernichten.

Manche solcher Moleküle sind ausgewiesene Gifte und zu nichts anderem als zur Tötung bestimmt. Eine der wichtigen Lektionen, die die »Koevolution« uns lehrt und die unlängst den Schöpfern von Pestiziden und Antibiotika zuteil wurde, lautet jedoch: Der vollständige Triumph einer Art über eine andere erweist sich zumeist als Pyrrhussieg.

Ein starkes, tödliches Gift kann nämlich einen nachhaltigen, selektiven Druck zur Resistenzbildung auf sein Zielpublikum ausüben und sich selbst dadurch rasch unwirksam machen; empfehlenswertere Strategien sind, den Feind zu verekeln, kampfunfähig zu machen oder zu irritieren. Hieraus erklärt sich womöglich die fantasievolle Palette von Pflanzengiften – der immense Katalog eines chemischen Kuriositäten- und Horrorkabinetts, dessen Ursprünge auf die Entstehung der Blütenpflanzen (Angiospermen) in der Kreidezeit zurückgehen. Der evolutionäre Wendepunkt – Darwins »Geheimnis der Geheimnisse« –, mit dem das Blumenreich in all seiner betörenden Schönheit den Anfang nahm, bescherte uns auch das finstere Reich der chemischen Kriegsführung.

Manche Pflanzengifte wie etwa Nikotin verursachen bei den Schädlingen, die sie aufnehmen, Muskellähmungen oder -krämpfe. Andere, beispielsweise Koffein, bringen das Nervensystem des Insekts aus dem Takt und wirken appetithemmend. Wer sich an Stechapfel, Bilsenkraut oder diversen anderen Halluzinogenen vergreift, wird durch die darin enthaltenen Giftstoffe in den Wahnsinn getrieben; sie füllen das Hirn des Aggressors mit derart verstörenden oder grauenerregenden Visionen, dass ihm der Appetit vergeht. Als Flavonoide bezeichnete pflanzliche Bestandteile wirken bei bestimmten Tieren geschmacksverändernd – sie lassen je nach Vorgabe der Pflanze das süßeste Fruchtfleisch sauer oder die sauerste Frucht süß erscheinen. Lichtempfindliche Substanzen in bestimmten Arten (z. B. der wilden Pastinake) bewirken, dass die Tiere nach dem Verzehr an Sonnenbrand sterben; setzt man mit solchen Substanzen angereicherte Chromosomen UV-Licht aus, reagieren sie mit spontanen Mutationen. Ein bestimmter Baum verhindert mit einem Molekül seines Marks, dass Raupen, die sich an seinen Blättern gütlich tun, zu Schmetterlingen heranreifen.

Durch schlichtes Ausprobieren – manchmal über halbe Ewigkeiten, manchmal nur für die Spanne eines Lebens – finden Tiere heraus, welche Pflanzen bedenkenlos zu verzehren und welche verboten sind. Auch evolutionäre Gegenstrategien treten auf den Plan: entgiftende Verdauungsprozesse, gefährdungsmindernde Fressgewohnheiten (beispielsweise bei der Ziege, die unbedenklich winzige Portionen von zahllosen unterschiedlichen Pflanzen abknabbert) oder erhöhte Beobachtungs- und Merkfähigkeit. Die letztgenannte Strategie, in der es die Menschen zu besonderer Meisterschaft bringen, ermöglicht es einem Lebewesen, aus den Fehlern und Erfolgen des anderen zu lernen.

Besonders lehrreich sind hierbei natürlich die »Fehler« – sofern man sie nicht selbst begeht oder, falls doch, nicht unmittelbar daran stirbt. Denn selbst unter den in großen Mengen tödlich wirkenden Toxinen finden sich etliche, die geringer dosiert interessante Wirkungen für Tier und Mensch entfalten. Aus einer Studie des Pharmakologen Ronald K. Siegel zum Rauschverhalten von Tieren geht hervor, dass sie bewusst mit Pflanzengiften experimentieren; von den dabei entdeckten berauschenden Substanzen machen die Tiere wiederholt Gebrauch – nicht ohne furchtbare Folgewirkungen. Kühe und Rinder können ihre Vorliebe für Schmetterlingsblütler mit dem Leben bezahlen; Dickhornschafe zermahlen sich die Zähne zu nutzlosen Stummeln in dem Versuch, halluzinogene Flechten von Felsgesims abzunagen. Manch ein wagemutiges Tier, so Siegel, mag uns im Garten der bewusstseinsverändernden Pflanzen als Wegweiser gedient haben. So könnte etwa den (in kleinen Mengen) alles fressenden Ziegen die Ehre gebühren, den Kaffee entdeckt zu haben: abessinische Hirten beobachteten im zehnten Jahrhundert das ungemein muntere Verhalten ihrer Tiere nach dem Genuss der knallroten Kaffeekirschen. Tauben, die von den Samen der Cannabis-Pflanze (Lieblingsspeise vieler Vögel) high wurden, könnten vor Urzeiten die Chinesen (wahlweise auch die Indogermanen oder die Skythen) auf die besonderen Eigenschaften der Pflanze aufmerksam gemacht haben. Einer peruanischen Legende zufolge ist dem Puma die Entdeckung des Chinins zu verdanken: Die Indios bemerkten, dass kranke Raubkatzen nach dem Verzehr von Chinabaumrinde häufig wieder gesundeten. Amazonas-Indianer vom Stamm der Tukanos beobachteten Jaguare, die normalerweise keine Pflanzenfresser sind, dabei, wie sie gelegentlich Rinde vom Yaje-Strauch abnagten und daraufhin in Halluzinationen verfielen; die Indianer folgten dem Vorbild der Tiere und sagen seither, die Rinde verleihe ihnen »Augen des Jaguars.«

Wenn ich dergleichen lese, frage ich mich jedes Mal: Woher will man eigentlich wissen, dass ein Jaguar halluziniert? Und dann fällt mir Frank ein, mein mittlerweile verstorbener, schrulliger alter Kater, der mich davon überzeugte, dass es Tieren durchaus gegeben ist, gewohnheitsmäßig Halluzinationen durch den Genuss von berauschenden Pflanzen herbeizuführen. An jedem Sommerabend gegen fünf Uhr tapste Frank zur »Happy Hour« in den Gemüsegarten und nahm sich eine Portion Katzenminze (*Nepeta cataria*) zur

Brust. Zunächst schnüffelte er nur, dann verbiss er sich in den Blättern und wälzte sich schließlich in wilden Zuckungen, die mich an sexuelle Ekstasen denken ließen, am Boden. Seine Pupillen verengten sich auf Stecknadelgröße, er ließ den Blick befremdlich starr ins Leere gehen – um sich schließlich auf unsichtbare Feinde oder – wer weiß? – vielleicht auch auf hübsche Katzendamen zu stürzen. Nach einer ersten Bauchlandung im Dreck rappelte Frank sich hoch, vollführte einen komischen kleinen Ausfallschritt und stürzte sich erneut in den Kampf, um schließlich irgendwann, restlos erschöpft, im Schatten einer Tomatenstaude seinen Rausch auszuschlafen.

Später fand ich heraus, dass Katzenminze »Nepetalacton« enthält, einen chemischen Bestandteil, der einer im Urin rolliger Katzen enthaltenen Substanz namens Pheromon ähnelt und im Katzenhirn einen chemischen Schlüsselreiz von (offenbar ausschließlich) aphrodisischer Wirkung auslöst. Zuzusehen, wie eine Pflanze meinen Kater völlig aus dem Takt brachte, war amüsant und beunruhigend zugleich; während der kurzen Phase, in der Frank durch den Garten taumelte, schien er buchstäblich neben sich zu stehen. Und doch fand er sich am nächsten Tag wieder ein – witzigerweise allerdings nie vor fünf. Vielleicht hatte er die Praktik zum Ritual erhoben, um sie unter Kontrolle zu behalten; vielleicht brauchte er aber auch einen geschlagenen Dreivierteltag, um sich zu erinnern, wo genau die magische Pflanze zu finden war.

Ich hatte die Katzenminze ausschließlich zu Franks Wohlbefinden angepflanzt – wiewohl ich mich rückblickend manchmal frage, ob sie in meinem Garten nicht auch eine Stellvertreterrolle einnahm, als Platzhalter für Cannabis, die verbotene Pflanze, die ich mitunter selbst gern angebaut hätte. Rauschmittel, Medizin und Faser zugleich (wobei der letztgenannte Verwendungszweck, zugegeben, für mich von keinerlei Interesse war), ist Cannabis eine der potentesten Pflanzen, die hierzulande gedeihen; und zum Zeitpunkt, da ich über sie schreibe, ist sie auch die gefährlichste Gartenpflanze, die man überhaupt anbauen kann. Franks »Happy-Hour«-Ritual erinnerte mich tagtäglich daran, dass mein Garten nicht nur Nahrung und Schönheit spendete, sondern auch über die Macht verfügte, chemische Vorgänge im Hirn eklatant zu beeinflussen – und damit anderen, komplizierteren Bedürfnissen zu entsprechen.

Manchmal denke ich, wir haben unsere Gärten allzu sehr bereinigt und die ganze Bandbreite ihrer Kräfte und Möglichkeiten einem properen Pflanzkult geopfert, der abgründigere Wahrheiten über die Natur im Allgemeinen (und uns im Besonderen) verdeckt. Das war nicht immer so; vielleicht werden wir eines Tages den heute üblichen Blumen- und Gemüsegarten als Manifestation einer viktorianisch anmutenden Unterdrückung und Verdrängung betrachten.

Immerhin ging es in der Geschichte des Gartens zumeist weniger um Schönheit als um die den Pflanzen innewohnende Kraft – die in vielfältiger Hinsicht, zum Guten und Bösen, auf uns einwirkt. Zu Urzeiten wurden überall auf der Welt heilige Pflanzen (und Pilze) gezüchtet und gesammelt, die Visionen heraufbeschwören und Menschen in andere Welten versetzen konnten; einige dieser Menschen, manchmal Schamanen genannt, kehrten von ihren »Reisen« mit einem spirituellen Wissen zurück, das den Grundstock für ganze Religionen bildete. Der mittelalterliche Apothekergarten gab ästhetisch wenig her, sein Schwerpunkt lag auf Heilkräutern, Rauschmitteln und (gelegentlich tödlichen) Giften. Hexen und Magier kultivierten Pflanzen von »zauberträchtiger« (nach heutiger Diktion: »psychoaktiver«) Wirkung. Als Zutaten für ihre Tränke benötigten sie Stechapfel, Schlafmohn, Belladonna, Haschisch, Fliegenpilze (*Amanita muscaria*) und Krötenhaut (die DMT, einen stark halluzinogenen Wirkstoff, enthalten kann). Auf der Basis von Hanfsamenöl wurden die Ingredienzien zu einer Flugsalbe zusammengemischt und von den Hexen, so will es die Legende, mit Hilfe eines speziellen Dildos vaginal appliziert; das war der »Besenstiel«, der die Frauen angeblich zum Fliegen befähigte.

Die mittelalterlichen Gärten der Hexen und Alchemisten sind mit Stumpf und Stiel ausgerottet und vergessen (oder zumindest bis zur Unkenntlichkeit verschönt) worden, doch selbst die vergleichsweise harmlosen Ziergärten, die auf sie folgten, trugen der dunkleren, geheimnisvolleren Seite der Natur durchaus Rechnung. In englischen und italienischen Gärten der Spätromantik beispielsweise blieb stets Raum für Mahnungen an die Sterblichkeit, etwa in Form eines abgestorbenen Baumes oder einer melancholischen Grotte, und gelegentlich auch für einen Anflug von Schauder. Auch diese Gärten wollten das Bewusstsein verändern, allerdings weniger in der Manier von Drogen als von Horrorfilmen. Erst in neuerer Zeit, nachdem die Industriegesellschaft zu dem (etwas voreiligen) Schluss gelangt ist, dass sie die Kräfte der Natur beherrschen könne, wandelten sich unsere Gärten zu heiter-sonnigen, umweltverträglichen Orten, aus denen die alten Gefahren – und Versuchungen – getilgt wurden.

Oder wenn nicht getilgt, so fast mit Vorsatz vergessen. Findet man doch auch in Großmutters Garten mit einiger Wahrscheinlichkeit Stechapfel, Purpurwinde (deren Samen einige indianische Völker als Halluzinogen bei religiösen Handlungen verwenden) und Schlafmohn – ebendie Zutaten zur Flugsalbe der Hexen oder zum Stärkungsmittel des Apothekers. Das Wissen jedoch, das einst mit den wirkkräftigen Pflanzen einherging, ist nahezu verschwunden. Sobald es wieder in das Bewusstsein vordringt – man beispielsweise den Vorsatz fasst, das Köpfchen einer Schlafmohnpflanze aufzuschlitzen, um an das narkotisierende Mark heranzukommen –, folgt das Tabu auf dem Fuße. Eigenartigerweise ist der Anbau von *Papaver somniferum* in Amerika legal – es sei denn, man ist sich bewusst, dass man ein Rauschmittel anbaut: Dann wird, wie durch Zauberhand, der gleiche physische Vorgang zu einem Verbrechen, nämlich dem »der Herstellung einer dem Rauschmittelgesetz unterliegenden Substanz«. Offensichtlich sehen sowohl Altes Testament wie Strafgesetzbuch einen Zusammenhang zwischen verbotenen Pflanzen und höherem Wissen.

Ich habe früher einmal Schlafmohn in meinem Garten angebaut – jawohl, in unlauterer Absicht. Ich habe auch Marihuana angebaut, zu einer Zeit, als noch kein Hahn danach krähte. Ich baue nach wie vor Trauben und Hopfen an, die ich zu legalen Rauschmitteln weiterverarbeiten, als solche allerdings nicht verkaufen darf, und in meinem Kräutergarten finden sich Johanniskraut (ein Antidepressivum) sowie Kamille und Baldrian (zwei milde Beruhigungsmittel).

Was fesselte mich an diesen Pflanzen? Zumindest anfänglich ging es mir weniger um den möglichen Drogenkonsum (für den sich mein Interesse ohnehin stets in Grenzen hielt) als vielmehr um einen Reiz, der wohl den meisten Gärtnern vertraut sein wird. Zu Beginn der achtziger Jahre pflanzte ich ein paar Cannabis-Samen, rauchte damals aber selbst kein Gras mehr, weil es mir jedes Mal paranoide Wahnvorstellungen und ein Gefühl der Verblödung bescherte. Andererseits hatte ich gerade ernsthaft zu gärtnern begonnen und gierte darauf, alles auszuprobieren: Die Magie einer Bourbon-Rose oder einer Fleischtomate schien der einer bewusstseinsverändernden Pflanze durchaus gleichzukommen. (So denke ich übrigens bis heute.) Als mich der Freund meiner Schwester fragte, ob ich nicht ein paar Samenkörner anpflanzen wolle, die er aus »echt irrem Maui« herausgepult hatte, beschloss ich, es zu versuchen – wie ich es mit allem anderen auch tat, einfach um zu sehen, ob ich es zuwege brachte.

Anderen Gärtnern wird das nicht weiter seltsam erscheinen, denn in einem sind wir alle gleich: Wir lassen uns bereitwillig auf die unwahrscheinlichsten Experimente ein (auch wenn nur eine gute Geschichte dabei herausspringt), um herauszufinden, ob wir Artischocken im nördlichen Polarkreis anbauen oder aus den Wurzeln unser purpurnen Rudbeckie selbst gemachten Echinacea-Tee brauen können. Tief im Innern hege ich den Verdacht, dass viele Gärtner sich als Westentaschenalchemisten betrachten, die aus der Umsetzung von Kompost (sowie Wasser und Sonnenlicht) Substanzen von seltener Qualität, Schönheit und Kraft gewinnen. Vielleicht halten wir auf einer gewissen Ebene noch immer Verbindung mit der Kraft der alten Gärten. Ein weiterer Reiz der Gartenarbeit liegt darin, dass sie das

Gefühl von Unabhängigkeit verleiht – dem Gemüsehändler, dem Floristen, dem Apotheker oder eben auch dem Drogendealer. Man muss nicht ganz zurück »bis zu den Wurzeln« gehen, um die Befriedigung der Selbstversorgung, der Unabhängigkeit vom volkswirtschaftlichen System, zu erleben. Ja, zugegeben, ich wollte herausfinden, ob ich »echt irres Maui« in meinem Garten in Connecticut züchten konnte. Mir schwebte dabei eine besonders eindrucksvolle alchemistische Erfahrung vor. Letztlich aber erging es mir mit dem Anbau von Marihuana ähnlich wie mit dem Konsum – paranoide Wahnvorstellungen und ein Gefühl von Verblödung, hier wie dort.

Es muss das Frühjahr 1982 gewesen sein, in dem ich eine Hand voll Maui-Samenkörner auf einem feuchten Papierhandtuch ansetzte; binnen Tagen bildeten zwei von ihnen Keime. Sobald es wärmer wurde, versetzte ich die Sämlinge ins Freie – nicht in den eigentlichen Garten, sondern an eine Stelle weit hinter dem Haus, nahe einer maroden Scheune, an deren Rückwand ein Haufen uralter Kuhmist lagerte; er stammte noch von dem Vorbesitzer, der hier Milchwirtschaft betrieben hatte.

Ich dachte nicht mehr weiter an die Pflanzen – bis ich einige Monate später wieder dorthin kam und mich zwei Prachtbäumen von gut und gerne zweieinhalb Meter Höhe gegenübersah: saftstrotzenden Sträuchern mit dichtem smaragdgrünem Laub, die aus dem spätsommerlichen Unkraut ragten und eifrig der spärlicher werdenden Septembersonne entgegenwuchsen. Dass Marihuana eine ausnehmend schöne Pflanze sei, wird niemand behaupten, doch für einen Gärtner ist die üppige grüne Pracht eine Freude; in der

Ekstase eines photosynthetischen Rausches reckt sie ihren Blätterwald flehentlich der Sonne entgegen. In ihr steckt die Lebensgier eines Unkrautgewächses.

Obwohl die Frostperiode vor der Tür stand (einmal hatte sie bereits Mitte September eingesetzt und meine Tomatenernte vernichtet, machten die großen Pflanzen keinerlei Anstalten zu blühen. Das enttäuschte mich zwar, aber ich nahm es nicht weiter tragisch, weil damals noch Cannabis-Blätter geraucht wurden. (Mittlerweile gelten natürlich ausschließlich die unbefruchteten weiblichen Blüten – Sinsemilla genannt – als wertvoll; Blätter und Stängel werfen die Pflanzer umstandslos auf den Komposthaufen.) Dennoch beschloss ich, noch ein paar Wochen abzuwarten, ob mir nicht doch ein paar Knospen beschert würden.

Die Pflanzen wuchsen in furchterregendem Tempo weiter und legten pro Woche dreißig Zentimeter an Länge wie Umfang zu, so dass sie gegen Ende September praktisch von jedem Punkt des Anwesens ins Auge stachen: zwei launige, grüne Riesen, die hinter der Scheune Versteck spielten – und mich nahezu permanent in Angst und Schrecken hielten. Ich hatte in der Zeitung gelesen, dass die Landespolizei aus der Luft nach Marihuana-Anpflanzungen Ausschau hielt, und sobald ich das Dröhnen eines Kleinflugzeugs vernahm, raste ich nach draußen, um mich zu vergewissern, ob es Kurs auf meine Pflanzen nahm. Jede größere Limousine, die im Vorbeifahren das Tempo drosselte, brachte mich aus der Fassung. Tag für Tag wog ich in jenem Herbst die Risiken von Entdeckung – und tödlichem Frost – gegen die potentielle Belohnung in Form einiger Blüten ab.

Eine Beinahe-Katastrophe setzte meiner Karriere als

Marihuanazüchter ein Ende. Ich hatte aufgrund eines Zettelaushangs ein Klafter Holz bestellt. Eines Samstagmorgens fand sich der Lieferant, ein kompakter, bulliger Typ mit eisgrauem Bürstenschnitt, mit der ersten Hälfte der Ladung bei mir ein und erkundigte sich, wo ich das Holz aufschichten wollte. Die halb verfallene Scheune war zwar nach zwei Seiten hin offen, verfügte aber immerhin über ein festes Dach; wir waren uns einig, dass sie bei weitem den besten Standort für einen Holzstapel bot. Bevor wir uns an die Arbeit machten, hielten wir, an die warme Motorhaube seines Lasters gelehnt, noch ein Schwätzchen und genossen den frischen Oktobermorgen. Im Laufe des Gesprächs erkundigte ich mich bei meinem Lieferanten, ob er im Hauptberuf Klafterholz verkaufe. Nein, erwiderte er amüsiert, mit Brennholz – und im Winter mit der Räumung von Zufahrten per Schneepflug – verdiene er sich lediglich ein Zubrot.

»Von neun bis fünf bin ich Leiter der Polizeidienststelle von New Milford.«

Mit einem Schlag verwandelten sich meine Beine in Wackelpudding. Ich stellte fest, dass meine Lippen nur noch auf spezielle, zielgerichtete Anweisung durch das Hirn einen Satz zu bilden vermochten. Die Scheune war nicht viel mehr als ein Lattengerüst, und kein Polizeibeamter konnte beim Betreten die beiden grünen Riesen übersehen, die durch das Loch in der Rückwand hereinlugten. Aber was blieb mir übrig? Das Holz an irgendeinem anderen Platz abzuladen war hirnrissig.

Dummerweise wollte meinem betäubten Hirn kein weniger hirnrissiger Ausweg einfallen. Also platzte ich unvermittelt heraus, ich hätte es mir überlegt, und es reiche völlig, die ganze Ladung einfach hier auf die Zufahrt zu kippen, ja, ganz recht, und besten Dank.

»Ach Unsinn«, sagte der Polizeichef und wollte schon wieder in sein Führerhaus steigen. »Das ist doch nicht der Rede wert. Ich fahre einfach mit der ganzen Ladung rückwärts bis zur Scheune.«

»Ähm … nein!« Ich kann mir ungefähr vorstellen, wie ich mich angehört haben muss. »Einfach hierhin, hier ist es genau richtig. Nahe beim Haus … wird sofort verheizt.«

»Ja, ein Teil vielleicht, aber doch nicht das ganze Klafter.« Der Motor des Lasters röhrte los.

»Doch! Das ganze Klafter! Hierhin!« Wahrscheinlich brüllte ich mittlerweile aus Leibeskräften. »Genau hier soll es hin!« Und bevor er in den Rückwärtsgang schalten konnte, sprang ich auf den hinteren Kotflügel und begann wie wild über meine Schulter hinweg Holzscheite auf den Weg und den Rasen hinter dem Laster zu werfen, überall verteilt, um nur ja die Zufahrt zur Scheune zu blockieren. Der Mann stieg aus, musterte mich verdutzt aus zusammengekniffenen Augen und zuckte schließlich, Gottlob, mit den Schultern: »Na, wenn Sie meinen« – nie hat mir der Satz so süß in den Ohren geklungen.

Sobald das Holz abgeladen war, fuhr der Polizeichef davon, um das zweite halbe Klafter zu holen, während ich, trotz der gewährten Gnadenfrist immer noch in voller Panik, auf der Suche nach einer Axt den Werkzeugschuppen auf den Kopf stellte. Die Blüten konnte ich mir nun so oder so abschminken. Ich fällte die beiden Pflanzen, deren Stämme so dick waren wie meine Unterarme, hackte die Äste ab und stopfte das duftende Laubwerk in ein Paar robuste Müllsäcke, die ich ins Dach hinaufhievte und auf allen vieren kriechend in dem niedrigen Speicher verstaute – die ganze Aktion in ungefähr vier Minuten. Getrocknet bestand meine Ernte aus einigen Pfund Blättern, die wie ungewaschene Socken rochen. Es tat sich schon etwas, wenn man sie rauchte – aber die Symptome erinnerten eher an eine Stirnhöhlenentzündung als an einen Rausch.

Wie der Leser sich denken kann, habe ich die Geschichte des verhinderten Marihuana-Züchters bei passender Gelegenheit, etwa nach einem Abendessen mit Freunden, mehr als einmal zum Besten gegeben und stets verlässlich ein paar Lacher damit geerntet. Heiter stimmt der glückliche Ausgang der Geschichte; aber sie eignet sich auch deshalb zur leichten Komödie, weil es bei aller realen Spannung nicht um Leben und Tod ging. Hätte der Polizeichef meine Pflanzen entdeckt, wäre es ungemütlich für mich geworden, aber man hätte mich sicher nicht ins Gefängnis gesteckt. Im Jahr 1982 hatte ein Pflanzer von kleinen Mengen Marihuana kaum mehr zu befürchten als einen Klaps auf die Finger seitens des Gesetzes – und vielleicht noch gewisse Peinlichkeiten im persönlichen Bereich. (Was sage ich meinen Eltern? Oder meinem Chef?) Schließlich war nur wenige Jahre vor meinem misslungenen Abenteuer ein amerikanischer Präsident – Jimmy Carter – dafür eingetreten, Marihuana zu legalisieren (seine Söhne und sogar sein Drogen-Sonderbeauftragter rauchten selbst), und Bob Hope riss zur besten Sendezeit heitere Witzchen über »Tüten«. Damals war Marihuana als harmlose Spaßdroge allem Anschein nach gesellschaftlich so gut wie akzeptiert.

In den seither verstrichenen Jahren hat Amerika tief greifende Veränderungen im Umgang mit Cannabis erlebt.

Bis zum Ende des Jahrzehnts waren der Pflanze plötzlich außergewöhnliche neue Kräfte zugewachsen – oder beigelegt worden –, die (unter anderem) meine Geschichte als kurioses, in seiner leicht vertrottelten Naivität liebenswertes Zeitzeugnis dastehen ließen, das sich so keinesfalls wiederholen würde. Einige Fakten sollen die Wandlung verdeutlichen: Der Anbau von einem Kilogramm Marihuana (in etwa meine Erntemenge) wird in Connecticut seit 1988 zwingend mit einer Mindeststrafe von fünf Jahren Gefängnis geahndet. (Andere Staaten sind noch rigoroser: Der Anbau auch der kleinsten Menge Marihuana bringt einem Gärtner in Oklahoma lebenslänglich ein.)

Wäre ich so töricht, mein Experiment zu wiederholen, drohten mir nicht nur die Widrigkeiten der Haft. Gesetzt den Fall, der Polizeichef von New Milford fände heute in meinem Garten Marihuana-Pflanzen, wäre er berechtigt, mein Haus und mein Grundstück zu beschlagnahmen, ganz gleich, ob ich letztlich wegen eines Drogendelikts verurteilt werden würde oder nicht. Denn, so die märchenhaft anmutende Argumentation des Bundesgesetzes zur Vermögenseinziehung: Mein *Garten* kann eines Verstoßes gegen die Drogengesetze für schuldig befunden werden, selbst wenn ich straffrei ausgehe. Die unter den genannten Voraussetzungen zustande gekommenen Verfahren lassen weniger an die Ausübung amerikanischer Rechtsprechung als an mittelalterlichen Animismus denken: *Die Vereinigten Staaten gegen einen Cadillac Eldorado Sedan, Baujahr 1974*. Entschlösse sich der Polizeichef, einen vergleichbaren Prozess anzustrengen (*Das Volk des Bundesstaates Connecticut gegen den Garten von Michael Pollan*), müsste er lediglich beweisen, dass mein Grundstück zur Verübung eines Verbrechens benutzt wurde, um es in den Besitz der Polizeidienststelle von New Milford übergehen zu lassen, die damit nach Gutdünken verfahren dürfte. So stehen die Dinge heute in Amerika: Wer der Versuchung einer verbotenen Pflanze erliegt, läuft nicht nur Gefahr, aus seinem Garten vertrieben zu werden, sondern auch seines Gartens verlustig zu gehen.

Dieser rasante Klimawechsel, die Dämonisierung einer Pflanze, die vor weniger als zwanzig Jahren auf der Schwelle zur allgemeinen Akzeptanz stand, wird künftige Historiker vor Rätsel stellen. Sie werden sich fragen, warum der »Drogenkrieg« vom Beginn der achtziger Jahre des zwanzigsten Jahrhunderts bis ins neue Jahrtausend hinein zum Großteil um Marihuana tobte.[1] Sie werden sich fragen, warum die Amerikaner in seinem Verlauf mehr Mitbürger

---

[1] Keine andere Droge zog so viele Verhaftungen nach sich wie Marihuana: 1998 waren es insgesamt siebenhunderttausend, davon achtundachtzig Prozent wegen des Besitzes von Marihuana. Auch die Vermögenseinziehungen (mittlerweile eine feste Einnahmequelle der Vollzugsbehörden) speisen sich zum Großteil aus Marihuana-Fällen. Marihuana ist Zielobjekt Nr. 1 aller Bemühungen um Drogenprävention in Schulen, aller Drogentests an Arbeitsplätzen und aller öffentlichen Anzeigenkampagnen zum Thema Drogen.

[2] Was ein Oberster Richter 1988 in seinem abweichenden Votum als neue »verfassungsrechtliche Ausnahmestellung von Drogen« rügte, beruhte überwiegend auf Marihuana-Fällen. Mit der Entscheidung Illinois gegen Gates (1983) z. B. schuf der Oberste Gerichtshof großzügige Ausnahmeregelungen betreffs des im Vierten Zusatzartikel verbrieften Schutzes vor unberechtigten Durchsuchungen und des im Sechsten Zusatzartikel aufgeführten Rechts des Angeklagten auf Gegenüberstellung mit seinen Anklägern. Das altehrwürdige Prinzip des posse commutatis, demzufolge die Streitkräfte der Vereinigten Staaten auf US-Gebiet nicht zu polizeilichen Einsätzen herangezogen werden dürfen, wurde im Krieg gegen Marihuana außer

ins Gefängnis steckten als jedes andere Land in der Geschichte, und warum jeder dritte von ihnen wegen Rauschgift einsaß – nahezu fünfzigtausend ausschließlich wegen Vergehen in Zusammenhang mit Marihuana. Und sie werden sich fragen, warum die Amerikaner bereitwillig so viele ihrer hart errungenen Freiheiten für den Kampf gegen Marihuana aufgaben. Denn im ausgehenden zwanzigsten Jahrhundert führten eine Reihe von Verfahren vor dem Obersten Gerichtshof sowie staatliche Sondermaßnahmen im Rahmen der Drogenkampagne zu einem Machtzugewinn der Exekutive auf Kosten der zehn grundlegenden Zusatzartikel zur Verfassung.[2] Ein Resultat des Kriegs gegen Cannabis besteht für die Amerikaner in einer spürbaren Einschränkung ihrer Freiheit.

Kraft gesetzt, insbesondere durch Präsident Reagan, der Truppen zur Aufspürung von Marihuana-Plantagen in Nordkalifornien abkommandierte. Auch der Erste Zusatzartikel blieb nicht ungeschoren: Zeitschriften für Marihuana-Züchter wurden Schikanen ausgesetzt und in einem Fall (Sinsemilla Tips) nach einer Razzia zur Aufgabe gezwungen. 1998 drohte die Bundesregierung kalifornischen Ärzten die Lizenz zu entziehen, die (gemäß ihrem im Ersten Zusatzartikel verbrieften Recht) Patienten über die medizinischen Heilwirkungen von Marihuana aufklärten. Im selben Jahr wies der Kongress den District of Columbia an, die Stimmenauszählung einer Volksbefragung zum medizinischen Gebrauch von Marihuana unter den Tisch fallen zu lassen. Es ist nicht auszuschließen, dass der Krieg gegen Cannabis auch das im Sechsten Zusatzartikel verankerte Recht auf einen Geschworenenprozess ausgehöhlt hat (da die drastischen, zwingend vorgeschriebenen Mindeststrafen die meisten Angeklagten in Marihuana-Verfahren zu Strafabsprachen nötigen) und weiterhin auch die Unschuldsvermutung in Frage stellt (nachdem das Gesetz zur Vermögenseinziehung es dem Staat erlaubt, Vermögenswerte ohne vorherigen Schuldnachweis zu beschlagnahmen).

Künftige Historiker werden zu eigenen Erkenntnissen in der Frage kommen, warum ausgerechnet Marihuana zum Zentrum des amerikanischen Drogenkriegs werden konnte – warum die Prohibition die scharfe Abgrenzung exakt um diese und nicht etwa um die Koka- oder Mohnpflanze zog. Stellte Marihuana eine ernsthafte Gefährdung der allgemeinen Gesundheit dar, oder war es als einzige illegale Droge weit genug verbreitet, um einen solch ambitionierten Feldzug überhaupt zu rechtfertigen?[3] Wie dem auch sei – ein derart machtvolles neues Tabu gegen Marihuana wäre wohl kaum auf Dauer haltbar gewesen, wenn die Pflanze an sich nicht bereits ein machtvolles Symbol dargestellt hätte. Die faktische Gleichsetzung mit der Gegenkultur machte Marihuana zweifellos zum attraktiven Ziel eines Drogenkriegs, der neben allem anderen auch ein Auswuchs der politischen und kulturellen Reaktion auf die sechziger Jahre war. Doch aus welchem Grund auch immer – gegen Ende des zwanzigsten Jahrhunderts hatten die Pflanze und das mit ihr verbundene Tabu dem amerikanischen Alltag insgesamt zwei spürbare Veränderungen beschert: zunächst in milder Form während der sechziger Jahre, in denen Marihuana zunehmend an Beliebtheit gewann, und dann, vielleicht noch tief greifender, mit seiner Rolle als *casus belli* im Drogenkrieg.

---

[3] Die rund zwanzig Millionen amerikanischen Marihuana-Konsumenten abgerechnet, bleibt ein »grassierender Drogenmissbrauch« seitens – grob gerechnet – zwei Millionen regelmäßiger Konsumenten von Heroin und Kokain: zweifellos ein ernsthaftes Problem für das öffentliche Gesundheitswesen, aber rechtfertigt es Ausgaben in Höhe von zwanzig Milliarden Dollar pro Jahr (oder Verfassungsänderungen)?

Seit meiner kurzen Karriere als Pflanzer hat Marihuana in seiner Geschichte einen weiteren dramatischen Wandel erlebt, und zwar von innen heraus. In einer noch zu schreibenden Naturgeschichte der Cannabis-Pflanze kommt dem amerikanischen Drogenkrieg zweifellos ein wichtiges Kapitel zu, ebenso wie der Einführung von Cannabis nach Nord- und Südamerika durch afrikanische Sklaven oder der Entdeckung der Skythen, dass Hanf sich zum Rauchgenuss eignete.[4] Denn das Marihuana-Verbot im zwanzigsten Jahrhundert führte unmittelbar zu einer Revolution auf dem Gebiet der Genetik und der Züchtung. Es bleibt als eine der folgereichen Ironien des Drogenkriegs festzuhalten, dass die Entstehung eines mächtigen neuen Tabus gegen Marihuana auf direktem Weg die Entstehung einer mächtigen neuen Pflanze nach sich zog.

Die neuere Naturgeschichte der Marihuana-Pflanze ist um einiges schwieriger zu rekonstruieren als ihre Sozialgeschichte, da sie sich großenteils versteckt und im Untergrund abspielte; die Johnny Appleseeds dieser Pflanze bleiben bis heute weit verstreut und anonym. Und doch verfiel ich darauf, nach ihnen zu suchen – als ich vor ein paar Jahren vom Freund eines Freundes hörte, welchen Grad an Verfeinerung der Marihuana-Anbau in den Jahren seit meinem untauglichen Versuch erreicht hatte und wie unvergleichlich

[4] Die Praxis des Rauchens, wie wir sie kennen, wurde erst von Kolumbus aus Amerika reimportiert, doch die Skythen erfanden um 700 v. Chr. etwas Ähnliches. Nach Berichten von Herodot hingen sie sich eine Art Plane über den Kopf, um die von rot glühenden Steinen aufsteigenden Dämpfe der Cannabis-Blüten möglichst konzentriert einzuatmen – »sich alsdann zu erheben und Gesänge anzustimmen«.

stark die Wirkung amerikanischer Sorten mittlerweile war. Mein Informant hatte früher beim Entwurf und der Einrichtung einer Reihe modernster »grow rooms« (Pflanzkabinette) mitgewirkt. Eines Abends, während er mir von seiner Arbeit berichtete und sich über die relativen Vorteile von Natriumdampflampen und Halogenlicht, die optimale Anzahl zu pflanzender Klone per Kilowatt und die Vertracktheiten der Kreuzung von *indicas* und *sativas* verbreitete, dämmerte es mir, dass sich die besten Gärtner meiner Generation in all den Jahren damit beschäftigt hatten: mit der Vervollkommnung von Cannabis im Untergrund.

Was Paris in den zwanziger Jahren für einen Schriftsteller darstellte, war Amsterdam in etwa für den Marihuana-Pflanzer der neunziger Jahre: ein Ort, an dem ihrem Heimatland entfremdete Exilanten in Frieden ihrem Handwerk nachgehen und Anschluss an eine Gemeinschaft Gleichgesinnter finden konnten. Der Anbau von Marihuana ist in Holland zwar nicht ausdrücklich erlaubt, aber es gibt mehrere hundert »Coffee Shops«, die über eine Lizenz zum Verkauf verfügen und zu deren Belieferung ein begrenzter Anbau offiziell geduldet wird. Als die Vereinigten Staaten gegen Ende der achtziger Jahre ihre Kampagne gegen Marihuana verschärften, setzte die Abwanderung amerikanischer Züchter nach Amsterdam ein. Neben ihren Cannabissamen hatten die Flüchtlinge des Drogenkriegs auch den ganzen Schatz ihrer Erfahrungen im Gepäck; gepaart mit dem holländischen Genie in Sachen Gartenbau (man denke nur an die Zeit des »Tulpenfiebers«) machte die amerikanische Migration Amsterdam ein weiteres Mal zum Anlaufpunkt für jeden, der ein tiefes Interesse für eine bestimmte Pflanze hegte.

Ich fuhr nach Amsterdam, um etwas über die neuere amerikanische Geschichte von Marihuana in Erfahrung zu bringen; außerdem wollte ich begutachten – jawohl, und ausprobieren –, was die dortigen Gärtner in den Jahren seit meinem hastigen Rückzieher zuwege gebracht hatten. Ich kam Ende November in die Stadt, rechtzeitig zum »Cannabis Cup«, einer von dem Magazin *High Times* gesponserten Jahresversammlung und Ernteausstellung, zu der sich die wichtigsten Mitglieder der Zunft einfinden. Amerikanische Züchter kommen zum gleichen Zweck dorthin, dem alle Gärtner auf den großen Treffen nach Saisonende nachgehen: um Samen, Geschichten und neue Techniken auszutauschen und stolz ihre Musterexemplare vorzuweisen. Es waren einige Pioniere des modernen Marihuana-Anbaus anwesend, die meine – von Gärtner zu Gärtner gestellten – Fragen mit größtem Vergnügen aus dem reichen Schatz ihrer Kenntnisse und Erfahrungen heraus beantworteten.

Binnen einiger Tage setzte ich Stück um Stück der Geschichte zusammen, wie amerikanische Gärtner es im Schatten eines mit aller Schärfe geführten Drogenkriegs und ohne professionelle Ausbildung zuwege gebracht hatten, die »Marke Eigenbau« (eine spöttische Bezeichnung aus den Siebzigern für drittklassiges, in den USA angebautes Marihuana) zur heute höchst geschätzten und teuersten Blume der Welt zu machen.[5] Findigkeit und Ressourcenreichtum – seitens der Züchter wie der Pflanze – trugen maßgeblich zu der Erfolgsstory bei. Der amerikanische Dro-

[5] Sinsemilla von Topqualität kostet pro Unze ab 500 Dollar aufwärts – damit ist Cannabis Amerikas führendes Anbauprodukt.

genkrieg bot der Pflanze die Chance zur Ausdehnung über ganz Nordamerika, wo sie bislang nicht sonderlich verbreitet gewesen war. (Außer in Form von Hanf, einer speziellen, nicht psychoaktiven Cannabis-Sorte, die vor dem Anbauverbot als Faserpflanze in vielen Plantagen gezüchtet wurde.) Zweierlei brauchte Cannabis zur Eroberung Amerikas: Es musste nachweisbar so perfekt auf die Befriedigung eines menschlichen Bedürfnisses zugeschnitten sein, dass die Züchter seinetwegen außerordentliche Risiken auf sich nahmen, und es musste zur Anpassung an seine bizarre neue, durch und durch künstliche Umgebung die richtige Genkombination finden. Seine Erfolgsgeschichte sei im Folgenden erzählt.

Bis zur Mitte der siebziger Jahre wurde ein Großteil des in Amerika konsumierten Marihuanas in Mexiko angebaut; damals ordnete der mexikanische Staat auf Geheiß der USA die Besprühung der Pflanzen mit dem Herbizid »Paraquat« an. Etwa gleichzeitig begann die US-Regierung, scharf gegen Marihuana-Schmuggler vorzugehen. Der Nachschub aus dem Ausland erfolgte nur noch spärlich, mexikanisches Marihuana galt nicht länger als sicher – damit eröffnete sich unvermittelt ein großer Markt für in den USA angebautes Marihuana. Die rasche Entwicklung einer heimischen Marihuana-Industrie kann demzufolge als ein Triumph des Protektionismus gewertet werden.

Anfangs waren die heimischen Pflanzen den importierten Produkten unterlegen. Zum Teil lag das Problem darin, dass die ersten Züchter ähnlich vorgingen wie ich: Sie bauten Samen von Marihuana-Pflanzen an, die aus tropischen Gebieten stammten. Dabei handelte es sich ausschließlich um *Cannabis sativa,* eine in der Äquatorregion verbreitete Gattung, die schlechte Voraussetzungen für ein Überleben in nördlichen Breiten mitbringt. *Sativa* ist nicht frostresistent und treibt, wie auch ich feststellen musste, nördlich des dreißigsten Breitengrades normalerweise keine Blüten mehr. Die Züchter taten sich schwer, andernorts als in Kalifornien oder Hawaii aus den vorhandenen Samen ein heimisches Produkt (und speziell Sinsemilla) von guter Qualität herzustellen.

Gesucht war folglich eine Marihuana-Sorte, die auch weiter nördlich grünte – und blühte: Sie fand sich gegen Ende des Jahrzehnts. Von der »Haschisch-Route« durch Afghanistan brachten amerikanische Hippies Samen der *Cannabis indica* mit nach Hause, eine robuste, frostresistente Gattung, die seit Jahrhunderten von Haschisch-Produzenten in den Bergregionen Zentralasiens angebaut wurde. Äußerlich hat sie kaum Ähnlichkeit mit der bekannten Marihuana-Pflanze – ein eindeutiger Vorteil für die ersten Züchter: Sie wird selten größer als 1,20 bis 1,50 Meter (zum Vergleich: Die stattlichsten *sativas* erreichen 4,50 Meter), und ihre ins Purpurne spielenden, grünen Blätter sind kürzer und runder als die langen, schlanken Finger der *sativa.* Die *indica* entfaltet zudem eine außerordentlich starke Wirkung; allerdings hört man vielfach, sie sei im Rauch kratziger und lasse den Körper nach Abklingen des »Highs« geschwächter zurück als die *sativa.* Dennoch erwies sich die Einführung der *indica* nach Amerika als Segen, da sie erstmals Züchtern in allen fünfzig Staaten die Gewinnung von Sinsemilla erlaubte. Manche Pflanzen der Gattung *indica* treiben selbst in extrem nördlich gelegenen Regionen wie Alaska noch zuverlässig Blüten.

Anfangs hielt man die *indicas* beim Anbau unter sich. Bald jedoch entdeckten experimentierfreudige Züchter, dass sich durch Kreuzung der neuen Gattung mit *Cannabis sativa* vitale Hybriden hervorbringen ließen, welche die wünschenswertesten Eigenschaften beider Pflanzen in sich vereinten und die nachteiligsten abschwächten. So gelang es beispielsweise, die Attribute der besten Sorten der Äquatorialpflanze *sativa* – milderer Geschmack und ein »glockenreines High« – mit der stärkeren Wirkkraft und Robustheit der *indica* zu kombinieren. Das Resultat stellte, nach den Worten von Robert Connell Clark, einem Botaniker und Marihuana-Experten, den ich in Amsterdam kennen lernte, für Cannabis »die große Revolution« im genetischen Bereich dar.[6]

Zumeist waren es Amateure, die in den Jahren um 1980 in Kalifornien und an der pazifischen Nordwestküste in einem wahren Rausch von innovativen Anbaumethoden die moderne amerikanische Marihuana-Pflanze kreierten. Bis heute gelten die damals entwickelten Hybriden der *sativa* x *indica* – mit Sorten wie »Northern Lights«, »Skunk Nr. 1«,

---

[6] Die genetische Revolution erinnert an einen früheren Umbruch im Bereich des Gartenbaus: die 1789 nach Europa eingeführte Monatsrose (*Rosa chinensis*), die erstmals die Züchtung von mehrmals jährlich blühenden Rosen ermöglichte – und letztlich zur Entwicklung der Teerose, einer dauerhaft blühenden Hybride, führte. Menschliche Mobilität gekoppelt mit menschlichem Verlangen – nach Rosenblüte im August, nach Sinsemillablüten im Norden – führten sowohl für die Rose wie für Marihuana zur Wiedervereinigung zweier evolutionärer Stränge, die vor Jahrtausenden deutlich getrennte Wege eingeschlagen hatten. In beiden Fällen schuf die Zufuhr eines von der anderen Erdhalbkugel stammenden pflanzlichen Genoms ungeahnte neue Möglichkeiten.

»Big Bud« und »California Orange« – unter Marihuana-Züchtern als maßgeblich; sie stellen weiterhin die genetischen Grundtypen dar, an denen sich die meisten nachfolgenden Züchter versucht haben. Heutzutage genießen die genetischen Varianten der amerikanischen Cannabis-Pflanze Weltruf – und bilden die Grundlage des florierenden Handels mit Cannabis-Samen in Holland; das bekam ich dort von amerikanischen Züchtern immer wieder mit Nachdruck zu hören. Und doch: Hätten die Holländer jene Genvarianten nicht sorgsam überwacht und verbreitet, wären sämtliche genetischen Errungenschaften amerikanischer Züchter mittlerweile vermutlich Makulatur, vom Drogenkrieg in alle Winde verstreut.

Bis zum Beginn der achtziger Jahre wurde Marihuana in Amerika praktisch ausschließlich im Freien angebaut: in der Hügellandschaft des kalifornischen Humboldt County, in den Maisfeldern des »Farm Belt« (Cannabis und Mais gedeihen unter vergleichbaren Bedingungen), in Gärten und Hinterhöfen nahezu allerorten – und dies in weit größeren Mengen als allgemein angenommen. 1982 musste die Reagan-Regierung zu ihrem Bedauern feststellen, dass allein die Menge des beschlagnahmten, heimisch angebauten Marihuanas um ein Drittel über der offiziell geschätzten *Gesamtmenge* des amerikanischen Anbaus lag. Kurz darauf verabschiedete die US-Regierung ein weitreichendes Programm, das – unter Einbezug regionaler Vollstreckungsbehörden und erstmals auch der nationalen Streitkräfte – der heimischen Marihuana-Industrie den Garaus machen sollte.

Die staatliche Kampagne verfehlte zwar ihr Ziel, den Anbau von Marihuana vollständig zu unterbinden, führte aber zu einer Änderung der Spielregeln, der sich Pflanze und Züchter notgedrungen anpassen mussten: »Die Regierung hat uns alle ins Haus verbannt«, sagte mir ein Züchter aus Indiana. Und dort, im gleißenden Licht der Halogenscheinwerfer, brachte es *Cannabis sativa* x *indica* zu einer gewissen Perfektion.

Die Ersten der ins Haus verbannten Gärtner hatten sich im Wesentlichen bemüht, die Bedingungen und Methoden des Freilandanbaus »unter Dach und Fach« zu bringen, sprich, mit Hilfe eines mehr oder weniger der Natur nachempfundenen Systems aus Licht und Nährstoffen voll ausgereifte Pflanzen in Erde zu züchten. Alsbald jedoch kamen die Züchter zu der Erkenntnis, dass speziell diese Pflanze sich unter den naturgegebenen Bedingungen bestenfalls eingeschränkt entwickeln und nicht ihr volles Potential entfalten konnte. Mittels gezielter Manipulation der fünf wesentlichen, ihrer Kontrolle unterliegenden Umweltfaktoren – Wasser, Nährstoffe, Licht, Kohlensäuregehalt und Wärme – sowie der pflanzlichen Erbanlagen fanden die Züchter heraus, dass die Marihuana-Pflanze, ein ausgesprochen dankbares Unkraut, sich zu wahren Wunderleistungen bewegen ließ.

Ein Großteil der Hybridenbildung, die zur Anpassung von Cannabis an häusliche Bedingungen vonnöten war, wurde zu Anfang der achtziger Jahre von Amateuren an der nordwestlichen Pazifikküste durchgeführt. Wie sich herausstellte, schnitten Kulturvarietäten mit einem hohen Anteil von *indica*-Genen dabei besonders gut ab; ihre weitere Züchtung und Selektion erfolgte nach genauen Vorgaben: Kleinwüchsigkeit, reicher Ertrag, schnelle Blütenbildung und gesteigerte Wirkkraft. Niemand wusste zu dem Zeitpunkt, wozu die Pflanze tatsächlich fähig war, doch gegen Ende des Jahrzehnts gab es bereits Hybriden der Sorte *sativa* x *indica* mit faustgroßen Blüten auf Zwergpflanzen, die einem Menschen knapp bis zum Knie reichten. Unterdessen wurde Cannabis so weit genetisch angereichert, bis Sinsemilla mit einem fünfzehnprozentigen Anteil von THC (der wichtigsten psychoaktiven Substanz in Marihuana) kein ungewöhnliches Phänomen mehr war. (Vor der Verschärfung des Drogenkriegs schwankten die THC-Anteile in normalem Marihuana nach Angaben der Rauschgiftbehörde zwischen zwei und drei, in Sinsemilla zwischen fünf und acht Prozent.) Mittlerweile sind THC-Anteile von über zwanzig Prozent keine Seltenheit mehr. Die Pflanze hatte sich genialer an ihre verrückte neue Umgebung angepasst als je zu vermuten stand. Der Drogenkrieg ist für Cannabis, was die globale Erwärmung für einen Großteil der restlichen Pflanzenwelt sein wird: eine einschneidende Veränderung, die manche Gattungen als grandiose Chance zur Erweiterung ihrer Bandbreite wahrnehmen. Cannabis gedieh auf der Grundlage seines Tabus ebenso gut wie manch andere Pflanze, sagen wir, auf der Grundlage eines besonders sauren Bodens.

Der Fortschritt in genetischer Hinsicht ging mit rapiden technischen Verbesserungen einher. »Im Haus«, so sagte ein Züchter, »ist Mutter Natur die Gärtnerin, bloß in gesteigerter Form.« Die Wachstumsraten und Erträge nahmen im Lauf der achtziger Jahre erheblich zu, nachdem die Züchter eine Möglichkeit zur Beschleunigung der Photosynthese entdeckt hatten: Sie versorgten die Pflanzen mit soviel Nährstoffen, Kohlensäure und Licht, wie sie vertrugen – Unmengen, wie sich herausstellte. (Cannabis, vergessen wir es nicht, ist ein Unkraut.) Die Gärtner beobachteten, dass ihre Pflanzen vierundzwanzig Stunden täglich Hunderttausende von Lumen – eine schier unerträgliche Lichtmenge – absorbieren konnten. Im Folgenden kürzten sie die Lichtdosis abrupt auf zwölf Stunden pro Tag (und schalteten von Halogen- auf Natriumdampflampen um, die überzeugender die Herbstsonne zu imitieren vermochten): eine Schockbehandlung, dank der es den Züchtern gelang, knapp acht Wochen alte Pflanzen zur Blüte zu treiben. Die entsprechende Ausrüstung schuf für die Pflanzen ein häusliches Utopia – einen an Perfektion in der Natur unerreichten künstlichen Lebensraum, in dem das Unkraut mit Wonne gedieh.

Sparen kann man sich dergleichen aufopfernde Pflege bei den männlichen Pflanzen, die zur Produktion von Sinsemilla weniger als nichts beitragen. Nur die noch unbefruchtete weibliche Marihuana-Pflanze bildet fortlaufend neue Blütenkelche und Staubblätter und lässt die Blüten somit immer weiter anwachsen. In diesem Zustand der sexuellen Dauerfrustration produziert die Pflanze außerdem ständig große Mengen Harz mit hohem THC-Anteil. Doch kaum finden auch nur einige wenige Pollenkörner ihren Weg zur Blüte, kommt der Prozess abrupt zum Stillstand: Die Produktion von Blütenblättern und Harz wird eingestellt, die Pflanze begibt sich an die Samenbildung – und die Sinsemilla ist ruiniert.

Züchter, die mit Pflanzensamen beginnen, sortieren die männlichen Pflanzen aus, sobald diese ihr Geschlecht offenbaren – sprich wenn sie reif sind; bis dahin jedoch wird viel Zeit und Platz auf die Züchtung männlicher Pflanzen verschwendet. Die Lösung bestand darin, statt Samen Klone anzupflanzen – Ableger von erkennbar weiblichen »Mutterpflanzen«. Für jene Glücklichen erweist sich die Methode als evolutionärer Segen: Sie können ihre Gene vervielfachen, ohne sie zu verwässern, wie es bei der geschlechtlichen Vermehrung der Fall wäre. (Ob das Klonen auch für die gesamte Gattung ein Segen ist, steht eher in Zweifel – man denke an die Geschichte des Apfels.) Die genetische Identität der Klone garantierte, dass sie sich ausschließlich zu weiblichen Pflanzen weiterentwickelten. Außerdem entpuppten sie sich von Anfang an als reif im biologischen Sinn, was bedeutete, dass nun bereits eine fünfzehn bis zwanzig cm große Pflanze (mit entsprechendem Nachdruck) zum Blühen bewegt werden konnte.

Um 1987 waren die diversen Vorstöße und Techniken zu einem hochmodernen, straff geregelten System des heimischen Anbaus zusammengeflossen, das als »Grünes Meer« (»Sea of Green«) bezeichnet wurde: Dutzende durch Klonung gewonnene, genetisch identische Pflanzen, angebaut auf engstem Raum unter hochintensiver Lichteinstrahlung. So ein »grünes Meer« aus hundert Klonen, angepflanzt auf der Grundfläche eines Billardtisches und bestrahlt von zwei Tausend-Watt-Lampen, erbringt binnen zwei Monaten drei Pfund Sinsemilla.

Vor meiner Abreise aus Amsterdam wollte ich noch einen solchen modernen Marihuana-Garten besichtigen; ein ausgewanderter amerikanischer Züchter, mit dem ich mich angefreundet hatte, erklärte sich schließlich an meinem letzten Abend bereit, mir seine Anlage zu zeigen. Ich hatte tagelang auf eine Einladung hingearbeitet und wohl bemerkt, dass er einerseits als »Outlaw« berufsbedingt Diskretion wahren wollte, andererseits aber das unbezähmbare Verlangen des Gärtners spürte, Eindruck zu schinden. Letztlich gewann der Gärtner die Oberhand.

Der Garten lag in einer Arbeitervorstadt nördlich von Amsterdam; während der halbstündigen Zugfahrt erzählte mir der Züchter, er habe den Standort bewusst gewählt, weil in nächster Nähe sowohl eine Bäckerei wie eine Süßwaren- und eine Chemiefabrik angesiedelt waren. Marihuana-Pflanzen (insbesondere die *indicas*) verströmen einen starken, beißenden Duft; er zählte darauf, dass die drei Nachbarn genug Geruchsverwirrung stifteten, um die verräterischen Ausdünstungen seiner Pflanzen darin untergehen zu lassen.

Bei seinem Wohnhaus angekommen, führte der Gärtner mich nach oben. Am Ende eines dunklen, engen und vollgestellten Korridors stieß er eine dicht schließende Tür auf; als Erstes schlug mir blendend grelles, weißes Licht entgegen, gefolgt von einem überwältigenden Gestank, der mich wie ein Schlag ins Gesicht traf. Eine Mischung aus Schweiß, pflanzlichen Gerüchen und Schwefel, die an einen Umkleideraum im Amazonasgebiet denken ließ.

Nachdem meine Augen sich umgestellt hatten, betrat ich eine fensterlose Kammer, unwesentlich größer als ein begehbarer Schrank, voll gestopft mit elektrischen Geräten, durchzogen von Kabeln und Plastikröhren und vollständig von der Außenwelt abgeschottet. Mehr als die Hälfte des Raums nahm das »Grüne Meer« des Gärtners ein: ein knapp zwei Quadratmeter messender Tisch, vollständig verdeckt von einem Dschungel dunkler, gezackter Blätter, die sich sanft in einem künstlichen Lufthauch wiegten. Es mochten etwa hundert Klone sein, jeder Einzelne kaum dreißig Zentimeter hoch, jedoch bereits mit einem dickfingrigen Ansatz haariger Blütenkelche ausgestattet, die vergebens Ausschau nach dem einen oder anderen durch die Luft segelnden Pollenkorn hielten. Ein Netzwerk dünner Plastikröhren versorgte die Pflanzen mit Wasser, ein Tank mit CO_2 reicherte ihre Luft an, ein keramischer Heizkörper wärmte ihnen nachts die Wurzeln, und vier Natriumdampflampen von jeweils sechshundert Watt tauchten sie zwölf Stunden pro Tag in gleißendes Licht. Die anderen zwölf Stunden verbrachten sie in totaler Finsternis. Selbst die winzigste Schwankung in den Lichtverhältnissen, versicherte der Gärtner mir ernst, würde die gesamte Ernte ruinieren.

Schön war dieser Garten beim besten Willen nicht. Selbst im Fall seiner Legalisierung wird Cannabis mit seinen haarigen, nach Schweiß riechenden, schuppigen Blütenbüscheln gewiss nicht aus Gründen der Schönheit angebaut werden. Außerdem hatte es etwas bizarr Anormales an sich – ein totalitäres Treibhaus mit einer rigorosen Monokultur aus genetisch identischen, in eng geschlossenen Reihen wachsenden Pflanzen: Welch grimmige apollinische Kontrolle in einem Garten, der doch so offensichtlich Dionysos huldigte.

Dennoch gab es für einen Gärtner in dem klaustrophobisch anmutenden Kämmerchen viel zu bewundern. Ich kann mich nicht entsinnen, je Pflanzen gesehen zu haben, die einen so euphorischen Eindruck erweckten – obwohl sie unter erzwungenen, völlig unnatürlichen, ja perversen Umständen aufwuchsen: überzüchtet, überfüttert, überreizt, künstlich beschleunigt und beschnitten, alles auf einmal. »Aber mit Vergnügen!«, schien die Antwort der Marihuana-Pflanzen zu lauten, die den Sauerstoff einsogen, sich mit Düngezusätzen den Magen voll schlugen, Wasser durch alle Röhren rinnen ließen und sich Glühbirnen entgegenreckten, vor deren Hitze und Helligkeit ich schließlich den Blick abwenden musste. Im Gegenzug für eine systematische Förderung, wie sie wohl nur wenigen Pflanzen je zuteil geworden ist, belohnen die hundert emsigen, teuflischen Zwerge ihren Gärtner noch vor Ende des Monats mit drei Pfund getrockneten Blütenblättern – im Wert von rund dreizehntausend Dollar.

Das Ganze war einigermaßen verrückt, und bald schon zählte ich die Minuten, bis ich mich, ohne unhöflich zu wirken, verabschieden und draußen tief Atem schöpfen konnte. Im Zug zurück nach Amsterdam versuchte ich mir einen Reim auf die eben erlebte Sonderform von Wahnsinn zu machen. Sie hatte natürlich einen ziemlich berüchtigten Vorläufer – eine Episode vergleichbar intensiver Beschäftigung mit einer bestimmten Pflanze. In der Zeit des »Tulpenfiebers«, dem die ganze Stadt verfallen war – nie wieder wurden für Blumen derartige Unsummen bezahlt –, legten sich die Gärtner ähnlich verbissen ins Zeug, staffierten ihre kostbaren Pflanzen mit Alarmvorrichtungen gegen Diebstahl aus, setzten Spiegel zur Vervielfältigung der Blüten ein und hatten bei alldem kein Auge dafür, dass ihre Welt allmählich auf die Dimension eines Fiebertraums zusammenschrumpfte.

Der gleiche Fiebertraum – damals wie jetzt? Sicherlich lag beiden Phänomenen – der Tulpe im siebzehnten und der Marihuana-Blüte im einundzwanzigsten Jahrhundert – der Traum von Reichtum zugrunde. Im Fall der Tulpe war es am Ende ausschließlich der Reichtum, der den Wahn zum Höhepunkt trieb – was sich von den anderen, unansehnlicheren Blumen gewiss nicht sagen lässt. (Die harzigen Blüten der Cannabis-Pflanze erinnern an klebrige Hundehäufchen.) Mag zu Beginn des »Tulpenfiebers« das menschliche Verlangen nach exotischem Reiz, nach Schönheit gestanden haben, so war es doch nicht von Dauer. Letztlich machte es dem Verlangen nach Ansehen und Reichtum Platz, das vernunftbegabte Menschen dazu trieb, ihr Leben nach dem Leitstern einer Pflanze auszurichten. Am Ende war selbst das Verlangen durch reine Finanzspekulationen so weit ausgehöhlt, dass die Blumen unbemerkt durch bloße Versprechungen ihrer selbst ersetzt wurden: papierene Worte auf einem Terminvertrag.

Der Wahn im Marihuana-Garten ist von anderer Art. Wiewohl ebenfalls reichlich vom Mammon beflügelt, bleibt er tief im menschlichen Verlangen nach Genuss verwurzelt – in der geheimnisvollen Wirkung, die die von den Blüten produzierten chemischen Substanzen auf die menschliche Bewusstseinserfahrung ausüben. Für die Übermacht des Verlangens sprechen die Hingabe und der Preis, die die Blume dafür fordert – und das starke Tabu, das ihm Einhalt gebietet. Allerdings musste ich mir letztlich eingestehen, dass ich nicht die leiseste Vorstellung von jenem Verlangen hatte. Worin also besteht das Wissen genau, das die Pflanzen in sich bergen, und warum wurde es so rigoros verboten?

Außer den Eskimos gab und gibt es auf Erden vermutlich kein Volk, das sich nicht psychoaktiver Pflanzen bediente, um Bewusstseinsveränderungen herbeizuführen. Als Ausnahmefall bestätigen die Eskimos nur die Regel: Haben sie doch in der Vergangenheit nur deshalb keine psychoaktiven Pflanzen konsumiert, weil solche in der Arktis schlicht nicht vorkommen. (Sobald die Weißen sie mit vergorenen Getreideprodukten bekannt machten, zählten die Eskimos mit einem Schlag zur Gemeinde der Bewusstseinsveränderer.) Demnach ist das Verlangen nach veränderten Bewusstseinszuständen wohl als universal zu bezeichnen.

Zudem ist es kein Privileg der Erwachsenen. In seinen beiden aufschlussreichen Veröffentlichungen zum Thema »Bewusstseinsveränderung als elementare menschliche Aktivität« weist Andrew Weil darauf hin, dass schon kleine Kinder gierig nach veränderten Wahrnehmungszuständen suchen. Sie drehen sich im Kreis, bis ihnen vor Schwindel übel wird (und führen so visuelle Halluzinationen herbei), sie hyperventilieren mit voller Absicht, würgen einander nahezu bis zur Ohnmacht, inhalieren sämtliche Dämpfe, deren sie habhaft werden können und gieren tagtäglich nach Energieschüben durch Zuckerprodukte (Zucker ist die bei Kindern beliebteste pflanzliche Droge.)

Die angeführten Beispiele aus der Kindheit verdeutlichen, dass sich veränderte Bewusstseinszustände auch auf anderen Wegen als über den Drogenkonsum herbeiführen lassen. So unterschiedliche Tätigkeiten und Erlebnisse wie Meditation, Fasten, körperliche Übungen, Achterbahnfahrten, Horrorfilme, Extremsportarten, Entzug von Schlaf oder Sinnesreizen, Singen, Musik, der Verzehr würziger Speisen und Extremsituationen jeder Art vermögen bis zu einem gewissen Grad die Struktur unseres mentalen Erfahrungsbereichs zu verändern. Am Ende steht für uns vielleicht die Entdeckung, dass die Wirkungen psychoaktiver Pflanzen im Hirn denen der anderen genannten Tätigkeiten und Erlebnisse auf biochemischer Ebene zum Verwechseln ähnlich sind.

Das menschliche Streben nach einem veränderten Gemütszustand wird von Kultur zu Kultur mit ganz unterschiedlichen Pflanzen befriedigt; alle Kulturen (ausgenommen die der Eskimos) heißen zumindest eine hierzu geeignete Pflanze gut und verhängen über bestimmte andere ein striktes Verbot. Die Versuchung hat offensichtlich stets das Tabu im Schlepptau. Warum die scharfe Trennlinie hier und nicht dort gezogen wird, erklärt sich einleuchtender aus der jeweiligen Kultur heraus als von ihr losgelöst – sind die Gründe für die Befürwortung bzw. das Verbot einer Pflanze doch in den Wertvorstellungen und Traditionen der einzelnen Kulturen verhaftet. Allerdings erweisen sie sich in Raum und Zeit als bemerkenswert fließend; was der einen Kultur Allheilmittel, ist der anderen die Wurzel allen Übels; man denke an die traditionelle Rolle des Alkohols im christlichen Abendland, verglichen mit dem islamischen Orient. Tatsächlich kann sich im Lauf der Zeit innerhalb ein und derselben Kultur ein Allheilmittel auf wundersame Weise zur Wurzel allen Übels wandeln – so geschehen mit den Opiaten in der westlichen Kultur des neunzehnten und zwanzigsten Jahrhunderts.[7]

Historikern gelingt die Erklärung solcher Verschiebungen sehr viel besser als Naturwissenschaftlern, da sie meist

---

[7] Der Genuss von Tabak und Kaffee war im Westen vor der industriellen Revolution tabu. Der deutsche Historiker Wolfgang Schivelbusch äußert die Ansicht, die beiden Reizmittel seien gesellschaftlich akzeptiert worden, weil sie »die Umorientierung des menschlichen Organismus auf vorrangig geistige Tätigkeit« durch die Industrialisierung begünstigten.

weniger mit der spezifischen Beschaffenheit der diversen dabei beteiligten Moleküle zu tun haben als mit den Kräften, die ihnen von den Kulturen zugeschrieben werden – und mit deren wechselnden Bedürfnissen. In der amerikanischen Kultur verfügte Cannabis zu unterschiedlichen Zeitpunkten über die Kraft, Gewalt (in den dreißiger Jahren) und Trägheit (heute) hervorzurufen: das gleiche Molekül, der entgegengesetzte Effekt. Bestimmte pflanzliche Drogen zu fördern und andere zu verbieten ist vielleicht einfach eine Vorgehensweise, über die Kulturen sich selbst definieren oder ihren Zusammenhalt neu stärken. Es überrascht kaum, dass etwas so Magisches wie eine Pflanze, die über die Macht verfügt, menschliche Gefühle und Gedanken zu beeinflussen, sowohl Fetische wie Tabus ins Leben rufen konnte.

Schwerer zu begreifen ist, warum praktisch alle Menschen und mehr als nur das eine oder andere Tier überhaupt ein solches Verlangen entwickelt haben. Worin lag, vom evolutionären Standpunkt her gesehen, für ein Lebewesen der Nutzen, psychoaktive Pflanzen zu konsumieren? Vielleicht gab es gar keinen: Die Annahme, alles Bestehende müsse aus gutem Darwin'schem Grund so sein, wie es ist, mag sich als Trugschluss entpuppen. Dass ein Verlangen oder Vorgehen als weit verbreitet bzw. universal gelten kann, heißt noch lange nicht, dass es evolutionären Vorteilen den Weg bereitet.

Möglicherweise ist der menschliche Hang zu Drogen gar das zufällige Nebenprodukt zweier ganz unterschiedlicher Anpassungsmuster. So lautete jedenfalls Steven Pinkers Theorie in seinem Werk *Wie das Denken im Kopf entsteht*. Er weist darauf hin, dass die Evolution das menschliche Gehirn mit zwei (ursprünglich) unverbundenen Eigenschaften ausgestattet hat: mit einem überragenden Talent zur Lösung von Problemen und einem internen »Belohnungssystem« chemischer Substanzen, die im Gehirn Wohlgefühl auslösen, sobald ein Mensch etwas besonders Nützliches oder Heroisches vollbracht hat. Verknüpft man die erste mit der zweiten Eigenschaft, erhält man ein Lebewesen, das Pflanzen dahingehend zu nutzen versteht, das »Belohnungssystem« des Gehirns künstlich zu überlisten.

Das ist allerdings nicht unbedingt gut für uns. In seinen Forschungen zu Rauschzuständen bei Tieren hat Ronald Siegel nachgewiesen, dass Tiere, die sich an Pflanzen berauschen, verstärkt zu Unfällen neigen, leichter Raubtieren zum Opfer fallen und sich weniger zuverlässig um ihren Nachwuchs kümmern. Es liegt Gefahr im Rausch. Doch damit wird die Sache nur noch rätselhafter: Warum bleibt angesichts der bekannten Gefahren das Verlangen nach Bewusstseinsveränderung unvermindert stark? Oder, anders gesprochen, warum ist es nicht einfach ausgestorben, dem Darwin'schen Wettbewerb zum Opfer gefallen, nach dem Motto: der Nüchternste überlebt?

Die alten Griechen wussten, wie die Antwort auf die meisten Entweder-Oder-Fragen zum Thema Rauschmittel (und auf viele, viele andere Rätsel des Lebens) lautete: »Sowohl-als-auch.« Der Wein des Dionysos ist sowohl Geißel als auch Segen. Umsichtig und im richtigen Rahmen verwendet, wirken viele pflanzliche Drogen tatsächlich vorteilhaft auf die Lebewesen ein, die sie konsumieren – spielerische Experimente mit den chemischen Bausteinen des Gehirns können durchaus nützliche Ergebnisse hervorbringen. Schmerzlinderung, eine segensreiche Wirkung vieler psychoaktiver Pflanzen, ist nur das offenkundigste Beispiel. Pflanzliche Stimulantia wie Kaffee, Koka und Qat erhöhen die Arbeits- und Konzentrationsfähigkeit. Als »Jagdhilfe« bedienen sich Amazonasstämme bestimmter Drogen, die ihnen größere Ausdauer, einen schärferen Blick und mehr Stärke verleihen. Psychoaktive Pflanzen können Hemmungen lösen, den Geschlechtstrieb steigern, Aggressionen dämpfen oder anheizen und zu einem friedlichen gesellschaftlichen Miteinander beitragen. Andere wiederum bauen Stress ab, fördern den Schlaf oder halten ihn fern und trösten den Menschen über Elend oder Langeweile hinweg. Sie alle sind, zumindest potentiell, als mentale Werkzeuge zu betrachten; wer mit ihnen umzugehen weiß, wird mit dem Alltag womöglich besser fertig als andere, Unkundige.

Allerdings sprechen wir hier von den leichten Fällen – von Pflanzen, die dem prosaischen Alltag eine andere Note verleihen, ohne ihn vollständig umzuschreiben. Als »transparent« bezeichnet man die Drogen, die so subtil auf das Bewusstsein einwirken, dass man unbeeinträchtigt den Alltag meistern und seinen Verpflichtungen nachkommen kann. Rauschmittel, wie Kaffee, Tee und Tabak in unserer Kultur oder Koka und Qatblätter in anderen, rühren nicht an die Raum-Zeit-Koordinaten des Konsumenten. Wie steht es aber mit den wirksameren Pflanzen, die sehr wohl das Raum- und Zeitgefühl so weit verändern, dass die Konsumenten den Alltag – und sogar sich selbst – aus den Augen verlieren?

Die Kulturen sind vor dergleichen Pflanzen stärker auf

der Hut, und das mit gutem Grund: Sie bedrohen den reibungslosen Ablauf der Gesellschaftsordnung. Wohl deshalb haben die meisten komplexen, modernen säkularen Gesellschaften es für richtig befunden, ihren Gebrauch zu untersagen. Selbst Kulturen, die sie gelten lassen, verbrämen die Pflanzen mit ausgeklügelten Regeln und Ritualen, um so ihre Kräfte zu binden oder unter Kontrolle zu bringen. Um welche Kräfte handelt es sich also, und was haben sie zu bieten – nicht nur abenteuerlustigen Individuen verschiedener Gesellschaften, sondern in manchen Fällen den Gesellschaften selbst, denen sie entstammen? Gelten jene Pflanzen doch in vielen Kulturen als heilig.

Die Naturgeschichte der Weltreligionen ist bislang noch nicht geschrieben worden; trotzdem haben wir eine ungefähre Vorstellung von der Geschichte, die ein solches Buch zu erzählen hätte. Unter anderem würde es uns zwingen, das Verhältnis von Geist und Materie – genauer, von pflanzlicher Stofflichkeit und menschlicher Spiritualität – neu zu überdenken. Denn dort läsen wir von einer erlesenen Schar psychoaktiver Pflanzen und Pilze (darunter dem Peyote-Kaktus, *Amanita muscaria* und anderen, Psilocybin enthaltenden Pilzen, Mutterkorn, vergorenen Trauben, den Wurzeln der Kletterpflanze Ayahuasca [Datura] und Cannabis), die bei der Entstehung diverser Weltreligionen zugegen waren. Eine der ersten bekannten Weltreligionen war der einst von den Indogermanen Zentralasiens praktizierte Soma-Kult; seine heilige Schrift, die Rigweda, schrieb der Soma-Pflanze göttliche Kräfte zu. Die Menschen verehrten das Rauschmittel an sich – das Ethnobotaniker mittlerweile als *Amanita muscaria*, auch Fliegenpilz genannt, identifiziert zu haben glauben – als einen Wegbereiter zu göttlicher Erkenntnis.

Wieder und wieder fand weitgehend der gleiche Prozess in der gesamten antiken Welt statt, wo immer Menschen individuell und in Gruppen mit der Macht der Pflanzen experimentierten, um das Hier und Jetzt zu transzendieren und sich über den Weg der Ekstase in andere Sphären zu versetzen. Dabei machten sie die Entdeckung, dass bestimmte Pflanzen oder Pilze (von Ethnobotanikern »Entheogene« oder »Horte der Gottheit« genannt) die Tür zu einer anderen Welt aufstießen. Die Bilder und Worte, die die Menschen von solchen Reisen mit zurückbrachten – Kontakte mit den Seelen der Toten und Ungeborenen, Visionen des Lebens nach dem Tod, Antworten auf Lebensfragen –, waren aussagekräftig genug, um keinen Zweifel am Vorhandensein einer spirituellen Welt zu lassen und – in manchen Fällen – zur Begründung ganzer Religionen zu dienen. Natürlich lässt sich religiöse Ekstase nicht nur durch pflanzliche Drogen, sondern auch auf andere Weise herbeiführen; Fasten, Meditieren und hypnotische Trancezustände führen durchaus zu ähnlichen Ergebnissen. Als Techniken erlauben sie die Erkundung spiritueller Landschaften, die allerdings häufig nur durch Entheogene überhaupt zugänglich gemacht worden sind.

Eine Naturgeschichte der Religion würde aufzeigen, dass die menschliche Gotteserfahrung tief im Umgang mit psychoaktiven Pflanzen und Pilzen wurzelt. (Karl Marx zäumte womöglich das Pferd vom Schwanz auf, als er die Religion Opium für das Volk nannte.) Damit sollen keineswegs religiöse Überzeugungen geschmälert werden, im Gegenteil: Dass bestimmte Pflanzen spirituelles Wissen aus den Tiefen aufrufen, entspricht eben der religiösen Überzeugung vieler Menschen, und wer will über das Wahr oder Falsch einer solchen Überzeugung bestimmen? Psychoaktive Pflanzen sind zweifellos Brücken zwischen den Welten von Materie und Geist oder, moderner ausgedrückt, zwischen Chemie und Bewusstsein.

Welch genialer Trick einer Pflanze, eine chemische Substanz von solch geheimnisvoller Wirkung für das menschliche Bewusstsein zu produzieren, dass die Pflanze selbst zum sakralen Objekt wird, von der Menschheit ehrfürchtig umhegt und weiterverbreitet. So widerfuhr es *Amanita muscaria* bei den Indogermanen, Peyote bei den amerikanischen Ureinwohnern, Cannabis bei den Hindus, Skythen und Thrakern, dem Wein bei den Griechen[8] und den ersten Christen.

Das menschliche Verlangen nach Schönheit und Süße verhalf den Pflanzen, die es zu befriedigen vermochten, zu einer neuen Überlebensstrategie; Gleiches gilt für die Pflanzen, die dem menschlichen Streben nach Transzendenz entsprachen. Keinesfalls produzierten »entheogene« Pflanzen und Pilze Moleküle in der expliziten Absicht, Visionen in menschlichen Gehirnen heraufzubeschwören – die Schädlingsabwehr ist hier allemal das wahrscheinlichere Motiv. Doch sobald die Menschen herausfanden, welch magische Wohltaten die betreffenden Moleküle ihnen ganz unbeab-

---

[8] Nach ihren Beschreibungen von dessen starker Wirkung zu schließen, versetzten die Griechen ihren Wein offenbar mit diversen psychoaktiven Kräutern; es besteht Anlass zu der Vermutung, dass sie auch Mutterkorn und *Amanita muscaria* zu religiösen Zwecken einsetzten.

sichtigt erweisen konnten, eröffnete sich für ihre Mutterpflanzen ein exzellenter neuer Weg zu gutem Gedeihen. Und genau das taten die Pflanzen mit der stärksten Zauberwirkung von Stund an.

Unser Verlangen, in irgendeiner Form über den gewöhnlichen Erfahrungsbereich hinauszugelangen, manifestiert sich nicht nur in der Religion, sondern auch in anderen Bestrebungen, die vermutlich ebenfalls stärker von psychoaktiven Pflanzen beeinflusst sind als uns lieb ist. Wer weiß, vielleicht ist neben unserer Naturgeschichte der Religion auch noch eine Naturgeschichte der Literatur und Philosophie – oder der Entdeckungen und Erfindungen – vonnöten. Vielleicht aber brauchen wir auch nur ein einziges Werk: eine Naturgeschichte der Fantasie.

Ein Kapitel darin würde sich gewiss mit der Rolle von Schlafmohn und Cannabis in der romantischen Fantasie befassen. Es ist allgemein bekannt, dass viele englische Dichter der Romantik Opium konsumierten und etliche französische Romantiker mit Haschisch experimentierten, das napoleonische Truppen kurz zuvor aus Ägypten mitgebracht hatten. Weniger genau weiß man darüber Bescheid, welche Rolle die psychoaktiven Pflanzen bei der Revolution der menschlichen Empfindsamkeit gespielt haben mögen, die wir mit dem Wort »Romantik« bezeichnen. Der Literaturkritiker David Lenson zumindest bewertet ihre Rolle als essentiell. Er argumentiert, dass Samuel Taylor Coleridges Begriff von der Fantasie als einem geistigen Vermögen, das »zerpflückt, zersetzt und zerstreut, um neu zu schaffen« – eine Idee, deren Nachhall bis heute in der westlichen Kultur zu spüren ist –, ohne den Bezug zu einer durch Opium bewirkten Bewusstseinsveränderung schlicht unverständlich bleiben muss.

»Die Vorstellung einer sekundären oder transformierenden Fantasie führte im Westen zu einem Modell der künstlerischen Kreativität, das von 1815 bis zum Fall von Saigon Bestand hatte«, schreibt Lenson. »Es basiert auf der Zerschlagung dessen, was Keats als ›Überdruss, Überhitzung und Überreizung‹ bezeichnete (die Welt der starren, leblosen Objekte), und zwar durch ebenjene Methode des ›Zerpflückens, Zersetzens und Zerstreuens‹, die [den Künstler] in das Reich des Zufalls, der Improvisation und des Unbewussten führt.« Nicht nur die romantische Dichtung, sondern auch Modernismus, Surrealismus, Kubismus und Jazz: Sie alle speisten sich aus Coleridges Idee der transformierenden Fantasie – und die wiederum bediente sich einer psychoaktiven Pflanze. »Trotz aller Bemühungen seitens der Kritik, dem Vorgang seine pikante Note zu nehmen«, schreibt Lenson, »müssen wir uns der Tatsache stellen, dass etliche unserer kanonisierten Dichter und Theoretiker in Wahrheit nicht von Fantasie, sondern von Rauschzuständen sprechen.«[9]

Kurioserweise vermeinten die Romantiker zunächst, durch Drogen eher ihre philosophischen denn ihre poetischen Talente beflügeln zu können. Thomas DeQuincey vertrat die Ansicht, Opium verleihe dem Philosophen »ein inneres Auge und die Kraft der instinktiven Einfühlung in die Visionen und Mysterien unserer menschlichen Natur«. Im 19. Jahrhundert berichtete der amerikanische Schrift-

9 Eine andere Literaturkritikerin, Sadie Plant, führt Coleridges Idee von der »Außerkraftsetzung des Unglaubens« ebenfalls auf seinen Opiumkonsum zurück.

steller Fitz Hugh Ludlow von einem bedeutsamen Zusammentreffen mit einem antiken Philosophen – zuwege gebracht von der Zauberdroge Haschisch. All diese Aspekte bringen mich zu der Frage: Hat womöglich der eine oder andere antike Philosoph selbst bedeutsame Begegnungen mit magischen Pflanzen erlebt?

Das war zumindest mein erster Gedanke, als ich hörte, dass viele der großen griechischen Denker (einschließlich Plato, Aristoteles, Sokrates, Aischylos und Euripides) zu den Teilnehmern der »Eleusinischen Mysterien« zählten. Dem Namen nach ein Erntefest zu Ehren von Demeter, der Göttin der Feldfrüchte, waren die Mysterien in Wirklichkeit ein ekstatisches Ritual, das unter Einfluss eines stark halluzinogenen Tranks vollzogen wurde. Das genaue Rezept bleibt Teil des Mysteriums – gelehrten Vermutungen zufolge war die entscheidende Zutat vermutlich Mutterkorn, ein Alkaloid in Pilzen der Gattung *Claviceps purpurea*, die Feldfrüchte befallen und in ihrer chemischen Zusammensetzung und Wirkung große Ähnlichkeit mit LSD aufweisen. Berauscht von jenem Zaubertrank hatten die Leuchten der klassischen Zivilisation Teil an einem schamanischen Gemeinschaftsritual von solch mystischer Tiefe und transformierender Kraft, dass alle Anwesenden schwören mussten, nie ein Wort darüber zu verlieren. Ob ein Philosoph oder Poet von einer solchen Reise überhaupt etwas – und wenn ja, was – mit zurückbrachte, entzieht sich unserer Kenntnis. Aber mutet die Frage verstiegen an, ob eine solche Erfahrung möglicherweise das Ihre zu Platos Metaphysik beigetragen hat – dem Glauben, dass ein jedes Ding in unserer Welt seine wahre oder ideale Entsprechung in einer zweiten Welt jenseits unserer Sinneswahrnehmung hat?

Ein Effekt, den bestimmte Drogen auf unsere Wahrnehmung haben, besteht darin, die Objekte in unserer unmittelbaren Umgebung fortzurücken oder fremd wirken zu lassen – die gewöhnlichsten Dinge zu verschönen, bis sie als Idealbilder ihrer selbst erscheinen. Unter dem Zauberbann von Cannabis, schreibt David Lenson in *On Drugs*, »steht jedes Objekt klarer für seine ganze Klasse. Ein Becher ›sieht aus‹ wie die platonische Idealvorstellung eines Bechers, eine Landschaft wirkt wie gemalt, ein Hamburger steht für die Billionen sämtlicher jemals servierten Hamburger und so weiter.« Eine psychoaktive Pflanze kann die Tür zu einer Welt archetypischer Formen (oder was als solche erscheint) öffnen. Ob eine Pflanze oder ein Pilz dem leibhaftigen Plato ein derartiges Erlebnis verschaffte – darüber lässt sich natürlich nur spekulieren, und selbst das erscheint in gewisser Weise respektlos. Doch bei der Suche nach dem Ursprung einer solch visionären und fremdartigen Metaphysik wie der Platos sind sicherlich schlimmere Ausrutscher denkbar.

Die platonische Idealvorstellung eines Bechers und Coleridges Begriff von Fantasie sind beides »Meme«, um eine Wortprägung des britischen Zoologen Richard Dawkins in seinem 1976 erschienenen Buch *Das egoistische Gen* aufzugreifen. Unter einem »Mem« versteht er eine Einheit erinnerungswürdiger kultureller Information. Es kann unbedeutend klein sein – eine Melodie oder eine Metapher –, aber auch eine ganze Philosophie oder ein religiöses Konstrukt umfassen. Die Hölle ist ebenso ein »Mem« wie der pythagoreische Lehrsatz, *A Hard Day's Night*, das Rad, *Hamlet*, Pragmatismus, Harmonie, Sprüche wie »Da weiß man, was man hat« – und natürlich die Idee des Mems an sich. Dawkins' Theorie zufolge spielen Meme in der kulturellen Evolution die gleiche Rolle wie Gene in der biologischen. (Anders als letztere sind Meme allerdings nirgendwo physisch verankert.) Als Bausteine einer Kultur werden Meme von einem Gedächtnis zum anderen weitergegeben – in einem Darwin'schen Trial-and-Error-Prozess, der zu kulturellen Neuerungen und Fortschritten führt. Die Meme, die sich am besten an ihre »Umwelt« haben anpassen können – deren Speicherung im menschlichen Hirn sich als besonders nützlich erweist –, haben die größten Chancen, zu überleben, weitergegeben zu werden und allgemein als gut, wahr oder schön zu gelten. Kultur definiert sich zu jedem beliebigen Zeitpunkt aus dem »Mem-Pool«, in dem wir alle schwimmen – oder, besser gesagt, der durch uns hindurchschwimmt.

Ein kultureller Wandel findet immer dann statt, wenn ein neues Mem auftritt und Fuß fasst. Das kann die Romantik sein oder doppelte Buchführung, die Chaostheorie oder Pokémon. (Oder der Begriff des Mems selbst, der im Augenblick Fuß zu fassen scheint.) Woher um alles in der Welt kommen nun die neuen Meme? Manche entspringen fix und fertig den Gehirnen von Künstlern oder Wissenschaftlern, Werbetextern oder Teenagern. Oft geht die Entstehung von Memen mit einem Mutationsprozess einher, ganz ähnlich den Mutationen in der natürlichen Umwelt, aus denen sich mitunter nützliche neue genetische Eigenschaften ergeben. Meme können mutieren, wenn sie neu kombiniert werden oder bei der Arbeit mit ihnen Fehler unterlaufen – Missdeutungen oder Fehlinterpretationen etwa, die ein eingeführtes Mem verändern. Coleridges transformierende Fantasie zum Beispiel ist nicht nur für sich genommen ein neues Mem, sondern hat sich auch als exzellente Methode zur Generierung weiterer Meme entpuppt.

Bei der Lektüre von Dawkins' Werk kam mir der Gedanke, dass seine Theorie einen nützlichen Denkansatz bezüglich der Frage nach der kulturellen Wirkung psychoaktiver Pflanzen bot – nach der entscheidenden Rolle, die sie an verschiedenen evolutionären Kreuzungspunkten von Religion und Musik (man denke an Jazz- oder Rockimprovisationen), von Dichtung, Philosophie und bildender Kunst gespielt haben. Wäre es denkbar, dass die Pflanzengifte als eine Art kulturelles Mutagen funktionieren, in der Wirkung mit der Bestrahlung des Genoms vergleichbar? Schließlich und endlich handelt es sich bei ihnen um chemische Stoffe mit der Befähigung, mentale Strukturen zu verändern – neue Metaphern, neue Sichtweisen und gelegentlich komplett neue mentale Strukturen ins Leben zu rufen. Wer sich ihrer bedient, der weiß, dass sie auch für zahllose mentale Fehlleistungen verantwortlich sind; die meisten führen im besten Fall zu nichts, einige jedoch werden zwangsläufig zu Keimzellen neuer Einsichten und Metaphern (und eines Großteils der westlichen Literatur, wenn man der These des Literaturtheoretikers Harold Bloom von der »kreativen Missdeutung« Glauben schenken will). Die Moleküle selbst fügen dem im menschlichen Hirn vorhandenen Bestand von Memen nichts Neues hinzu – wie ja auch Bestrahlung keine neuen Gene kreiert. Doch die Wahrnehmungsverschiebungen und die Brüche in den Denkgewohnheiten, die sie hervorrufen, gehören zweifellos zu den Methoden und Modellen, die uns für die fantasievolle Transformation mentaler und kultureller Fixgrößen – für die Mutation unserer ererbten Meme – zur Verfügung stehen.

Auf die Gefahr hin, meine eigene Idee zu diskreditieren, möchte ich einräumen, dass auch an ihrer Entstehung eine psychoaktive Pflanze ihren – wie großen, vermag ich nicht zu sagen – Anteil hatte. Die These, dass Drogen möglicherweise als kulturelle Mutagene funktionieren, kam mir, während ich *Das egoistische Gen* las und dazu einen Joint rauchte – ein Vorgehen, über dessen Ratsamkeit man sicher streiten kann. Doch ob sie nun etwas taugt oder nicht, zumindest ist es eine neue Idee (gewissermaßen eine Mutation von Dawkins' Idee des Mems), und ich möchte sehr bezweifeln, ob sie mir gekommen wäre, wenn ich an besagtem Abend zur Lektüre von Dawkins nicht ein bisschen Gras geraucht hätte. (Die gleiche Ausrede würde ich gern auch für meine früheren Spekulationen zu Plato gebrauchen, aber ich fürchte, als ich sie anstellte, war ich stocknüchtern.)

Ganz recht, ich sagte zuvor, dass ich nicht sonderlich gern Gras rauchte. Aber Forschung ist Forschung, und außerdem erlebte mein persönliches Verhältnis zu Cannabis während meines Aufenthalts in Amsterdam eine tief greifende Wandlung. Ich hatte dort so viel über die bisher erreichte Veredlung von Marihuana gehört, dass ich mich genötigt fühlte, es noch einmal damit zu probieren, und siehe da: Zumindest dieses Gras bescherte mir weder das Gefühl von Verblödung noch Paranoia.

Was die Eliminierung des Blödwerdens betrifft, ist sie meiner Meinung nach den Fortschritten in der Cannabis-Züchtung zuzuschreiben, dank derer sich Varianten mit präzise bestimmbarer, unterschiedlicher Wirkung auf das Hirn entwickeln lassen. Marktkenner bewerten seither Cannabis nicht nur nach Geschmack und Aroma, sondern auch nach den spezifischen psychologischen Bausteinen, aus denen sich das von ihm hervorgerufene »High« zusammensetzt. Manche Varianten (meist solche mit einem höheren Anteil von *indica*-Genen) sind von narkotischer Wirkung und führen eher zur Abstumpfung. Andere (bei denen häufig die *sativa*-Gene überwiegen) beeinträchtigen weder den klaren, zusammenhängenden Gedankenfluss noch die Körperfunktionen. Manche Züchter, die ich in Amsterdam kennen lernte, machten hier Unterscheidungen wie zwischen billigem Fusel und edlem Champagner. Die Varianten, die mir persönlich zusagten, wirkten stimulierend und förderten – ganz ersichtlich – intellektuelle Spekulationen.

Was die Vermeidung von Paranoia anbetrifft, so halte man sich vor Augen, dass ich mich in einem Land befand, in dem man offen und unbekümmert Marihuana rauchen durfte. Die Auswirkungen des amerikanischen Drogenkriegs auf die Erfahrungen beim Konsum von Marihuana – eines Rauschmittels, das bekanntermaßen stark suggestiv wirkt – dürfen nicht unterschätzt werden. 1966 schrieb Allen Ginsberg in *The Atlantic Monthly* über den intellektuellen »Nutzen« von Marihuana (mittlerweile ein Tabuthema erster Sorte – heutzutage kann man vielleicht noch über den medizinischen Nutzen von Marihuana debattieren, aber über den intellektuellen?); Ginsberg vertrat die Ansicht, dass die mitunter von Marihuana hervorgerufenen negativen Empfindungen wie Angst, Furcht und Paranoia »nicht auf die bewusstseinsverändernde Wirkung des Rauschmittels, sondern auf die Rechtslage zurückzuführen sind«, weshalb er Gras sehr viel lieber im Ausland konsumierte. In »Szene und Umfeld« sehen Forscher entscheidende Faktoren, die jedes Rauscherlebnis mit prägen, und insbesondere Marihuana erfüllt zuverlässig die in es gesetzten Erwartungen, zum Guten wie zum Schlechten. Lenson nennt Marihuana »den großen Jasager, der laufende Prozesse unterstützt und wenig bis nichts Eigenes dazu beiträgt«. Meiner Erfahrung nach lassen sich Stimmungen mit Cannabis nicht zuverlässig ändern, sondern lediglich intensivieren. Als ich damals in Amsterdam in einem gemütlichen »Coffee Shop« mit einem Dutzend anderer Leute zusammen Gras rauchte, bestand kein Grund zu Paranoia – und wohl deshalb empfand ich auch nichts dergleichen.

Andrew Weil bezieht sich auf dieses Phänomen, wenn er Marihuana als »aktives Placebo« beschreibt und behauptet, der mentale Zustand, den wir mit dem Ausdruck »high sein« bezeichnen, werde nicht von Cannabis als Substanz geschaffen, sondern lediglich ausgelöst. Exakt der gleiche mentale Zustand, abzüglich der »physiologischen Beigaben« der Droge selbst, kann auch auf andere Weise herbeigeführt werden, etwa durch Meditation oder Atemübungen. Die moderne materialistische Denkweise, so Weil, geht fälschlich von der unter Drogenkonsumenten und -forschern weit verbreiteten Ansicht aus, das »High-Erlebnis« werde von der Pflanze (oder von THC) produziert; tatsächlich jedoch schaffe das Hirn sich seinen Rausch selbst – zwar mit Starthilfe, aber doch *sui generis.*

Die Wahrheit liegt vermutlich, wie meistens, irgendwo in der Mitte. Sicher ist das psychologische Erleben von Marihuana viel zu breit gefächert, nicht nur von Mensch zu Mensch, sondern auch von Mal zu Mal, um durch rein chemische Vorgänge hinreichend erklärt zu werden. Andererseits steht die Pflanze durch ihre besondere chemische Zusammensetzung sehr wohl in spezifischem Zusammenhang, beispielsweise mit der neuen Auffassung des malerischen Raums durch Cézanne, die Ginsberg in seinem vorher erwähnten Essay beschreibt, oder mit den aus Rauschzuständen gewonnenen religiösen Erkenntnissen der Schamanen, ja selbst mit meinen ziellosen Spekulationen über mutierende Gene. Opium würde in denselben Hirnen vermutlich ganz andere Gedanken auslösen. Wir nehmen an, dass die Moleküle ursächlich auf das Hirn einwirken, aber Genaueres ist hierüber nicht bekannt.

Schon die Magier, Schamanen und Alchemisten, die sich ihrer bedienten, begriffen, dass psychoaktive Pflanzen an der Schwelle von Materie zu Geist angesiedelt sind – dort, wo simple Unterscheidungen zwischen beiden nicht mehr greifen. Die Rede ist hier natürlich vom Bewusstsein: dem Bereich, an dem unser materialistisches Verständnis vom Gehirn an seine Grenzen stößt, zumindest für den Augenblick, vielleicht auch auf Dauer. Das Faszinierende an einer Pflanze wie Marihuana ist die Tatsache, dass sie uns unmittelbar in jenen Grenzbereich führt und uns womöglich einen Blick auf die andere Seite werfen lässt. Dichter wie Allen Ginsberg, die in Cannabis ein nützliches Werkzeug zur Erforschung des Bewusstseins sehen, werden von uns gern nachsichtig belächelt. Dabei sieht es ganz so aus, als hätten sie Recht.

Mitte der sechziger Jahre gelang dem israelischen Neurowissenschaftler Raphael Mechoulam die Bestimmung des chemischen Bestandteils, der für die psychoaktive Wirkung von Marihuana verantwortlich ist: Delta-9-Tetrahydrocannabinol, kurz THC, ein Molekül, dessen Struktur bis heute in der Natur einzig dasteht. Jahrelang hatte sich Mechoulam fasziniert mit der historisch-medizinischen Rolle von Cannabis befasst (bis zu dessen Verbot in den dreißiger Jahren wurde es von vielen Kulturen als wahres Allheilmittel eingesetzt, u. a. gegen Schmerz, nervöse Zuckungen, Übelkeit, grünen Star, Neuralgien, Asthma, Krämpfe, Migräne, Schlaflosigkeit und Depressionen) und befand es schließlich für lohnend, den aktiven Bestandteil der Pflanze zu isolieren. Doch erst die Popularität von Marihuana als Freizeitdroge der sechziger Jahre (und die gleichzeitig dagegen laut werdenden offiziellen Bedenken) setzten die Mittel zur gesicherten Arbeit an dem geplanten Projekt wie auch an zahlreichen anderen Forschungen über Cannabis frei, die zusammengenommen mehr Wissen über die Funktionsweise des menschlichen Hirns zutage förderten, als man sich je hätte träumen lassen.

1988 entdeckte die an der medizinischen Fakultät der Saint Louis University arbeitende Forscherin Allyn Howlett einen spezifischen Rezeptor für THC im Hirn – einen bestimmten Typ von Nervenzellen, an die THC sich anbindet und sie gleich einem molekularen Schlüssel aktiviert. Rezeptorzellen sind Teil eines neuronalen Netzwerks; drei solcher Netzwerke werden von Nervensystemen gebildet, die Dopamin, Serotonin und die Endorphine beinhalten. Wird eine Zelle in einem Netzwerk von ihrem chemischen Schlüssel aktiviert, antwortet sie darauf mit vielfältigen Reaktionen: Sie kann anderen Zellen ein chemisches Signal geben, ein Gen aktivieren bzw. abschalten oder selbst mehr oder weniger aktiv werden. Je nachdem, welches Netzwerk beteiligt ist, kann der Prozess Veränderungen im Verhalten, im kognitiven oder im physiologischen Bereich auslösen. Howletts Entdeckung deutete auf die Existenz eines neuen Netzwerks im Gehirn hin.

Howlett stieß auf unzählige Cannabinoid-Rezeptoren im gesamten Gehirn (sowie im Immunsystem und in den Fortpflanzungsorganen); besonders konzentriert jedoch fanden sie sich jeweils in den Schaltstellen aller mentalen Prozesse, die Marihuana bekanntermaßen verändert: in der Großhirnrinde (dem Zentrum übergeordneter Denkprozesse), im Ammonshorn (Gedächtnis), in den Basalganglien (Bewegung) und den Mandeln (Gefühle). Die einzige neurologische Adresse, unter der Cannabinoid-Rezeptoren nicht auftauchten, war erstaunlicherweise der Hirnstamm, das Steuerungszentrum unwillkürlicher Funktionen wie Blutkreislauf und Atmung. Hieraus ergäbe sich eine mögliche Erklärung für die auffällig geringe giftige Wirkung von Cannabis – und für die Tatsache, dass bislang keine Todesfälle infolge einer Überdosis Marihuana bekannt geworden sind.

Von der Annahme ausgehend, dass das menschliche Gehirn aller Wahrscheinlichkeit nach keine spezielle Struktur eigens zum Zweck der Berauschung durch Marihuana aufweist, kamen Forscher zu der Hypothese, das Gehirn müsse in bis dato unbekannter Absicht eine eigene, dem THC ähnliche chemische Substanz produzieren. (Hierbei gingen die Wissenschaftler vom Modell des endorphinen Systems aus, das sowohl von pflanzlichen Opiaten als auch von hirneigenen Endorphinen in Gang gesetzt wird.) 1992, rund dreißig Jahre nach Entdeckung des THC, wurden Raphael Mechoulam und sein Mitarbeiter William Devane fündig: mit der hirnspezifischen cannabinoiden Substanz, die Mechoulam nach dem Sanskrit-Wort für »innerer Segen« auf den Namen »Anandamid« taufte.

Mechoulam und Howlett zählen zu den sicheren Kandidaten für den Nobelpreis – der Zweig der Neurowissenschaft, den ihre Entdeckungen erschlossen haben, verspricht, unser Verständnis der Hirnfunktionen zu revolutionieren und auf eine gänzlich neue Sorte von Drogen zu verweisen. In Nachfolge ihrer Arbeit bemühen sich andere Neurowissenschaftler nunmehr nach Kräften, herauszufinden, wie genau das cannabinoide Netzwerk arbeitet – und wozu wir es überhaupt benötigen.

Auf diese Frage, die ich Mechoulam, Howlett und anderen Kollegen aus der Cannaboid-Forschung stellte, erhielt ich spekulative, aber höchst verheißungsvolle Antworten. So erfuhr ich, dass das cannabinoide Netzwerk über ungewöhnlich komplexe und vielfältige Funktionen verfügt – was sich daraus erklärt, dass es offenbar die Tätigkeit anderer Neurotransmitter wie des Serotonins, Dopamins und der Endorphine beeinflusst. Auf meine Frage nach dem möglichen Zweck eines solchen Netzwerks begann Allyn Howlett, einige direkte und indirekte Wirkungen von cannabinoiden Substanzen aufzulisten: Schmerzlinderung, Verlust des Kurzzeitgedächtnisses, Ruhigstellung und leichte kognitive Beeinträchtigung.

»Zusammengenommen genau das, was Adam und Eva sich nach der Vertreibung aus dem Garten Eden nur wünschen konnten. Ein besseres Mittel, um Eva die Schmerzen der Geburt zu erleichtern oder Adam ein Leben in physischer Schwerstarbeit durchstehen zu lassen, ist kaum denkbar.« Howlett merkte an, dass sich Cannabinoid-Rezeptoren ausgerechnet im Uterus gefunden hatten, und stellte Spekulationen darüber an, ob Anandamid nicht nur wehenlindernd wirke, sondern Frauen im Nachhinein auch die erlittenen Schmerzen vergessen ließe. (Eigenartigerweise sind Schmerzempfindungen besonders schwer aus dem Gedächtnis abzurufen.) Howlett stellte die spekulative These auf, der Mensch habe ein eigenes cannabinoides System entwickelt, um die gewöhnlichen, von Hamlet zitierten »Pfeil' und Schleudern« des Lebens zu ertragen (und selektiv zu vergessen), »so dass wir morgens aufstehen und wieder von vorn anfangen können«. Das Gehirn produziert mithin seine eigene Droge, um den menschlichen Lebensbedingungen Rechnung zu tragen.

In seiner Theorie geht Raphael Mechoulam davon aus, dass das cannabinoide Netzwerk an diversen biologischen Prozessen beteiligt ist – u. a. an Schmerzbewältigung, Gedächtnisaufbau, Appetit, Bewegungskoordination und, vielleicht das Frappierendste, am Gefühlsbereich. »Über die biochemischen Grundlagen von Gefühlen wissen wir so gut wie nichts«, betont Mechoulam; seiner Meinung nach wird man jedoch früher oder später die Beteiligung cannabinoider Substanzen an dem Prozess nachweisen können, durch den das Hirn »objektive Realität in subjektive Emotionen überführt«.

»Wenn ich meinen Enkel zur Begrüßung auf mich zulaufen sehe, fühle ich mich glücklich. Wie funktioniert die biochemische Übersetzung von der objektiven Realität eines auf mich zulaufenden Enkels zur subjektiven Veränderung meiner Gefühle?« Die Cannabinoiden im Gehirn könnten das fehlende Bindeglied darstellen.

Wie groß ist demnach die Wahrscheinlichkeit, dass ein irgendwo auf der Welt von einer Blume – genauer, einer in Zentralasien heimischen Unkrautpflanze – produziertes Molekül exakt den erforderlichen Zündschlüssel für einen neurologischen Mechanismus bereithält, der unterschiedliche Bereiche des menschlichen Bewusstseins steuert? Eine derartige Entsprechung von Natur und Geist grenzt an ein Wunder, und doch muss es eine logische Erklärung dafür geben. Eine Pflanze unterzieht sich nicht der Mühe, fortlaufend ein solch einzigartiges und komplexes Molekül herzustellen, wenn ihr daraus kein evolutionärer Vorteil erwächst. Warum also produziert Cannabis THC? Genaues weiß man nicht; seitens der Botaniker gibt es mehrere kontroverse Theorien, in denen die berauschende Wirkung kaum Erwähnung findet – zumindest nicht an vorderer Stelle bei der Untersuchung der Pflanze.

Möglicherweise dient THC dazu, die Cannabis-Pflanzen vor UV-Bestrahlung zu schützen; offenbar produziert Cannabis umso mehr THC, je höher es angebaut wird. THC weist außerdem antibiotische Eigenschaften auf, stärkt eventuell also die Abwehrkräfte von Cannabis gegen Krankheiten. Nicht auszuschließen ist auch, dass THC der Cannabis-Pflanze als raffinierte Verteidigungswaffe gegen Schädlinge dient. Cannabinoid-Rezeptoren sind bei so primitiven Tiergattungen wie dem Süßwasserpolypen entdeckt worden, und die Forschung geht davon aus, dass sie auch bei Insekten zu finden sind. Denkbar ist, dass Cannabis THC produziert, um gefräßige Insekten (und höhere Gattungen von Pflanzenfressern) aus der Bahn zu werfen; dank THC könnten Käfer, Ziegenbock oder Kaninchen vergessen, womit sie gerade beschäftigt waren oder wo um alles in der Welt sie jene schmackhafte Pflanze zuletzt gesichtet haben. Doch welchem Zweck THC auch dienen mag, es ist und bleibt unwahrscheinlich, so Raphael Mechoulams Formulierung, dass »eine Pflanze einen bestimmten Bestandteil einzig zu dem Zweck produziert, Jugendliche in San Francisco davon high werden zu lassen«.

Oder doch nicht so unwahrscheinlich? Robert Connell Clarke, der Botaniker und Marihuana-Experte, den ich in Amsterdam kennen lernte, hält die These längst nicht für so weit hergeholt, wie sie sich bei Mechoulam anhört. Er betrachtet die meisten Verteidigungstheorien als inadäquat und kommt zu dem Schluss: »Der offenkundigste evolutionäre Vorteil, den THC der Gattung Cannabis verschaffte – ihre psychoaktive Eigenschaft –, weckte beim Menschen Interesse und sorgte für die weltweite Verbreitung der Pflanze.«

Nicht auszuschließen, dass beide, Mechoulam und Clarke, Recht haben. Was auch immer der ursprüngliche Zweck von THC gewesen sein mag – sobald eine gewisse Primatengattung (mit einem Händchen für Experimente und Gartenbau) zufällig auf seine psychoaktiven Eigenschaften stieß, erlebte die Pflanze einen evolutionären Kurswechsel, der fortan von besagter Primatengattung und ihren Begierden gesteuert wurde. Die Cannabis-Blüten, die den Menschen den höchsten Genuss oder die wirksamste Medizin verschafften, vermehrten sich nunmehr am nachhaltigsten. Was anfangs biochemische Zufälligkeit gewesen sein mochte, bestimmte die Pflanze im weiteren Prozess der Koevolution – oder wurde zumindest zu einer ihrer Bestimmungen im Domestizierungsprozess.

Ma, das alte chinesische Schriftzeichen für »Hanf«, stellt eine weibliche und eine männliche Pflanze vereint unter einem Dach dar – in der Behausung menschlicher Kultur. Cannabis zählt zu den frühesten domestizierten Pflanzen (zunächst vermutlich als Faserlieferant, später als Droge);

seine Evolution ist seit mehr als zehntausend Jahren an die der Menschheit gekoppelt und hat mittlerweile einen Punkt erreicht, an dem die Urform der Pflanze wohl nicht mehr existiert. Heute ist Cannabis das Machwerk menschlichen Verlangens, einer Bourbon-Rose vergleichbar, und uns bleibt nur eine schwache Vorstellung davon, wie die Pflanze ausgesehen haben mag, bevor sie ihr Schicksal mit dem unseren verknüpfte.

Im Prozess der Koevolution folgte Cannabis (anders als Rose oder Apfel) erstaunlicherweise bis zum heutigen Tag zwei gänzlich divergenten Pfaden, die für jeweils völlig unterschiedliche menschliche Bedürfnisse stehen. Bei Ersterem (der seinen Ausgang wohl im alten China nahm und von dort westwärts über Nordeuropa weiter bis nach Nord- und Südamerika führte) zählten Stärke und Länge der Pflanzenfasern zu den vorrangigen Auswahlkriterien. (Bis zum neunzehnten Jahrhundert war Hanf eine der wichtigsten Rohstoffquellen für Papier und Kleidung.) Auf dem zweiten Pfad (der irgendwo in Zentralasien begann, über Indien nach Afrika fortlief und von dort mit den Sklaven weiter nach Amerika bzw. mit Napoleons Armeen nach Europa führte) zählten vor allem die psychoaktiven und heilenden Kräfte des Cannabiskrauts. Zehntausend Jahre danach unterscheiden sich Hanf und Cannabis wie Tag und Nacht: lächerlich geringe Mengen von THC in Hanf, nicht verwertbare Fasern bei Cannabis. (Die US-Regierung betrachtet beides jedoch nach wie vor als eine einzige Pflanze – was das Tabu für die Drogenpflanze unsinnigerweise auch auf die Faser ausweitete.) Eine flexiblere Pflanze als Cannabis ist schwer vorstellbar: eine einzige Gattung, die zwei so unterschiedlichen Bedürfnissen gerecht wurde – das eine mehr oder weniger geistiger, das andere buchstäblich stofflicher Natur.

Die Wissenschaftler, die ich hierzu befragte, verbreiteten sich wortreich über Herkunft und biochemische Zusammensetzung von Cannabis – doch über die Wirkung der Pflanze auf unsere Bewusstseinserfahrung wussten sie nichts zu sagen. Ich hätte von ihnen gern erfahren, was exakt biologisch dahinter steckt, wenn ein Mensch »high« ist. Die Antwort von Allyn Howlett bestand in zwei dürren Worten »kognitive Dysfunktion.« *Kognitive Dysfunktion?* Gut und schön, aber letztlich wohl doch ähnlich aufschlussreich wie die Information, Sex erhöhe den Pulsschlag? Eine Aussage, gegen die sich gewiss nichts einwenden lässt, mich dem Kernpunkt der Sache – oder dem eigentlichen Bedürfnis – allerdings keinen Zentimeter näher bringt. John Morgan, Pharmakologe und Autor zahlreicher Beiträge zum Thema Marihuana, weist darauf hin, dass »es uns bisher nicht einmal gelungen ist, das Bewusstsein wissenschaftlich zu erfassen – wie können wir dann hoffen, Bewusstseinsveränderungen wissenschaftlich zu erklären?« Auf meine Fragen nach den biochemischen Hintergründen des »High-Seins« erwiderte Mechoulam schlicht: »Ich fürchte, solche Fragen müssen wir nach wie vor den Dichtern überlassen.«

Hier also überließen die Neurowissenschaftler mich offensichtlich meinem wissenschaftlich unbeleckten Schicksal, gewappnet lediglich mit einem Tütchen Hasch zu zehn Dollar und in der zweifelhaften Gesellschaft von Dichtern wie Allen Ginsberg und Charles Baudelaire, Fitz Hugh Ludlow und (schau an!) Carl Sagan, Letzterer allerdings in höchst unwissenschaftlicher Verkleidung. Bei meinen Recherchen war ich auf einen anonym veröffentlichten, ebenso ernst gemeinten wie hinreißenden Bericht Sagans aus dem Jahr 1971 über seine Haschisch-Erfahrungen gestoßen, denen er »umwerfende Einsichten« in die innerste Natur des Lebens zu verdanken glaubte.[10]

Und doch wurde mir bei meinen literarischen und phänomenologischen Ermittlungen zum Thema Marihuana alsbald klar, dass die Wissenschaftler mir trotz allem unbeabsichtigt einen wertvollen Fingerzeig geliefert hatten, der mir ein tieferes Verständnis von der Wirkung von Cannabis auf das menschliche Bewusstsein und der für uns daraus zu ziehenden Lehren vermittelte. Allyn Howletts schlichte Formulierung mag, wiewohl unelegant, so letztlich doch zutreffend gewesen sein, denn auch ich bin mittlerweile der Ansicht, dass der Wirkung von Marihuana eine sehr spezifische Form der »kognitiven Dysfunktion« zugrunde liegt. Im Folgenden ein Versuch zur Erläuterung:

Die Wissenschaftler, mit denen ich mich unterhielt, führten übereinstimmend den Verlust des Kurzzeitgedächtnisses als einen der neurologischen Schlüsseleffekte der Cannabinoiden an. Auf ihre Weise taten das Gleiche auch die »Dichter«, die das Rauscherlebnis durch Cannabis zu beschreiben versuchten. Sie alle sprechen von der Schwie-

---

[10] »Solchen Highs haftet ein Mythos an«, schrieb Sagan; »der Raucher hegt die Illusion, große Einsichten zu gewinnen, die sich bei genauerer Betrachtung am nächsten Morgen in nichts auflösen. Ich halte das unbedingt für einen Fehler – und die im Rauschzustand gewonnenen, umwerfenden Einsichten sehr wohl für real; das Hauptproblem besteht darin, eine Form zu finden, die wir anderntags, zum nüchternen Gegenbild unser selbst erwacht, akzeptieren können. ... Wenn ich am Morgen eine Botschaft meines Ichs aus der vergangenen Nacht vorfinde, die mir mitteilt, dass uns eine Welt umgibt,

rigkeit, nur Sekunden Zurückliegendes zu rekonstruieren, und von der herkulischen Anstrengung, einer Unterhaltung (oder einem kurzen Stück Prosa) inhaltlich zu folgen, wenn das Kurzzeitgedächtnis nicht normal funktioniert.

Dennoch behaupteten die Wissenschaftler, das in Cannabis enthaltene THC ahme die Tätigkeit der hirneigenen Cannabinoiden lediglich nach. Was für eine drollige Idee – das Gehirn produziert eine chemische Substanz, die seine eigene Fähigkeit zur Speicherung von Erinnerungen – und zwar nicht nur von schmerzlichen – beeinträchtigt?! Ich befragte in diesem Zusammenhang Raphael Mechoulam per E-Mail nach seinen Gründen für die Annahme, das Gehirn könne eine chemische Substanz von derart unerwünschter Wirkkraft absondern.

Wer sagt Ihnen denn, dass Vergessen so unerwünscht ist, lautete seine Gegenfrage. »Wollen Sie wirklich alle Gesichter im Gedächtnis behalten, die Sie heute Morgen in der New Yorker U-Bahn gesehen haben?«

Mechoulams flapsig anmutender Kommentar brachte mich zu der Erkenntnis, wie sehr das Vergessen als mentaler Vorgang unterschätzt wird – ja, dass es sich dabei überhaupt um einen solchen handelt und nicht, wie ich immer angenommen hatte, letztlich um den Ausfall eines menta-

die wir kaum erahnen, oder dass wir eins mit dem Universum werden können oder gar dass gewisse Politiker vor Angst kaum aus noch ein wissen, nehme ich das eher ungläubig auf; bin ich aber high, weiß ich über meine Ungläubigkeit Bescheid. Deshalb habe ich eine Kassette aufgenommen, in der ich mich dazu anhalte, solche Äußerungen ernst zu nehmen. Ich sage da: »Hör genau zu, du Frühmorgenwrack! Das Zeug da ist echt!« Sagans Beitrag, gezeichnet mit »Mr X.«, wurde von Lester Grinspoon in *Marihuana Reconsidered* veröffentlicht. Nach Sagans Tod im Jahr 1996 enthüllte Grinspoon die wahre Identität von Mr X.

len Vorgangs. Natürlich kann Vergesslichkeit ein Fluch sein, insbesondere im Alter. Andererseits zählt sie aber auch zu den wichtigsten Funktionen eines gesunden Gehirns – fast gleichrangig mit der Erinnerung. Man bedenke, wie schnell allein Umfang und Vielfalt der Sinneseindrücke, die wir in jedem wachen Moment wahrnehmen, unser Bewusstsein sprengen würden, wenn wir nicht den überwiegenden Teil davon alsbald wieder vergäßen.

In jedem beliebigen Augenblick präsentieren meine Sinnesorgane dem Bewusstsein – dem wahrnehmenden »Ich« – ein wildes Datengestöber, das kein menschliches Gehirn vollständig aufnehmen kann. Zur Illustration will ich hier versuchen, ein paar Tropfen des unaufhörlichen Sturzbachs einzufangen und im Querschnitt das festzuhalten, was üblicherweise dem Vergessen anheim fällt. Im Moment fällt mein Blick, ohne umherzuwandern, auf Folgendes: unmittelbar vor mir die Wörter, die ich soeben auf dem Computerbildschirm eingetippt habe, vor blauem Hintergrund und einer kunterbunten Reihe von Icons. Im Umfeld die goldgelbe Holzmaserung meines Schreibtischs, ein Mouse-Pad (mit Wörtern und Bildern bedruckt), ein kleines Sichtfenster, hinter dem eine rote CD wie wild rotiert, zwei Regale, dicht bestückt mit mehreren Dutzend Buchrücken, deren Titel ich ablesen könnte, es aber unterlasse, die plastikgraue Gitterverkleidung des Heizkörpers, ein blauer Schnellhefter (beschriftet »Gras/Zeitungsausschnitte«), der aufreizend schief in einem Stehordner lehnt, zwei Hände mit einer unbestimmten Anzahl fliegender Finger (Pflaster an der einen Hand, Goldglanz an der anderen), ein Schoß, in Jeans gekleidet, zwei Handgelenke mit grünen Pulloverbündchen, ein Fenster mit grünen Sprossen (die einen flechtenbewachsenen Findling, Dutzende von Bäumen, Hunderte von Zweigen, Millionen von Blättern rahmen) und, in fließender Begrenzung von rund neunzig Prozent des Blickfelds, die Metallränder meiner Brille.

Soviel zu meinen Augen. Gleichzeitig meldet mir der Tastsinn von ferne einen leise ziehenden Schmerz in der Schulter, ein leichtes Brennen an der Kuppe meines Mittelfingers (von einer gestrigen Schnittverletzung) und einen kühlen Luftzug, der durch meine Nasenlöcher streift. Geschmack? Schwarzer Tee mit Bergamotte (Earl Grey), schwach salzige Erinnerung an das Frühstück (Räucherlachs) auf der Zunge. Geräuschkulisse: im Vordergrund die Red Hot Chili Peppers, untermalt vom Rauschen der Heizung (rechts) und des Computerventilators (unten links), dazu Mausklicks, Tastengeklapper, Knirschen und Knacksen der knubbeligen Höcker tief im Nacken, sobald ich den Kopf zur Seite neige; von draußen vielstimmiger Vogelgesang, gleichmäßiges Tropfen aufs Dach und ein Propellerflugzeug, das gemächlich den Himmel durchpflügt. Geruch: Möbelpolitur, vermischt mit Waldfeuchtigkeit. Gar nicht erst aufzuzählen die zahllosen, abschweifenden Gedanken, die mir beim Schreiben des vorliegenden Abschnitts wie ein aufgescheuchter Fischschwarm durch das Gehirn flitzen. (Oder vielleicht doch: schubweise auftretende kritische Überlegungen und Bedenken; Unmengen gegenläufiger Formulierungen und grammatischer Konstruktionen; verlockende Aussichten in puncto Mittagessen; kleine schwarze Bewusstseinslöcher, in denen ich nach Metaphern angle; eine Hand voll lautstark nach Erledigung verlangender Pflichten; ein vages Gefühl für die noch verbleibende Zeit bis zum Mittagessen und so weiter und so fort.)

»Wenn wir das Herz des Eichhörnchens schlagen und das Gras wachsen hören könnten – die Urgewalt jener Töne würde uns umbringen«, schrieb George Eliot einmal. Ein gesunder Geist braucht einen Mechanismus, der das ständig durchs Bewusstsein strömende Meer sensorischer Daten zu einem erträglichen Rinnsal von Wahrgenommenem und Erinnertem eindämmt. Das cannabinoide Netzwerk scheint als Teil des genannten Mechanismus wachsam die überwältigende Spreu der Sinneseindrücke von den Weizenkörnern der Wahrnehmung zu trennen, die wir im Gedächtnis behalten müssen, um den täglichen Anforderungen gewachsen zu sein.[11] Vom Vergessen hängt vieles ab.

Das in Marihuana enthaltene THC und die vom Gehirn selbst produzierten Cannabinoiden funktionieren weitgehend ähnlich; allerdings ist THC sehr viel stärker und langlebiger als Anandamid, das wie die meisten Neurotransmitter schon kurz nach seiner Freisetzung zerfällt. (Ein Prozess, den ausgerechnet Schokolade offenbar verlangsamt – was wiederum deren leicht bewusstseinsverändernde Wirkung erklären könnte.) Daraus ließe sich schließen, dass der Konsum von Marihuana den im Gehirn eingebauten Vergessensmechanismus zu stark anregt und zur Überfunktion treibt.

Das ist keine Kleinigkeit. Ich würde sogar zu behaupten wagen, dass – mehr als jede andere Einzeleigenschaft – das unerbittliche, ständige Vergessen, aufgrund dessen sich das

[11] Mechoulam rechnet mit der Entdeckung eines Neurotransmitters, der für das Gedächtnis das Gleiche leistet wie die Cannabinoid-Rezeptoren für das Vergessen – zwei interagierende chemische Substanzen, die vereint darüber befinden, was im Gedächtnis gespeichert bzw. gestrichen wird.

Staubecken der Sinneseindrücke praktisch ebenso schnell wieder leert wie füllt, der Bewusstseinserfahrung unter Einfluss von Marihuana ihre besondere Struktur verleiht. Das Vergessen erklärt die geschärfte Sinneswahrnehmung, die Aura von Tiefgründigkeit, mit der Cannabis noch die banalsten Einsichten umgibt, und – vielleicht das Wichtigste – das Gefühl einer verlangsamten oder gänzlich stillstehenden Zeit. Denn nur das Vergessen ermöglicht uns, nicht weiter am Faden der Zeit zu spinnen, sondern uns dem Leben im Augenblick zuzuwenden – eine Erfahrung, nach der wir zu normalen Zeiten vergeblich haschen. Und um das Wunder jener Erfahrung – stärker vielleicht als um alles andere – geht es dem Menschen wohl letztlich in seinem Verlangen nach Bewusstseinsveränderung, ob mit Hilfe von Drogen oder anderen Methoden.

»Betrachte die Herde, die an dir vorüberweidet«, heißt es zu Anfang einer ebenso brillanten wie exzentrischen Betrachtung, die Friedrich Nietzsche 1876 unter dem Titel »Vom Nutzen und Nachteil der Historie für das Leben« schrieb: »Sie weiß nicht, was Gestern, was Heute ist, springt umher, frisst, ruht, verdaut, springt wieder, und so vom Morgen bis zur Nacht und von Tage zu Tage, kurz angebunden mit ihrer Lust und Unlust, nämlich an den Pflock des Augenblicks und deshalb weder schwermütig noch überdrüssig …

Der Mensch fragt wohl einmal das Tier: Warum redest du mir nicht von deinem Glücke und siehst mich nur an? Das Tier will auch antworten und sagen: Das kommt daher, dass ich immer gleich vergesse, was ich sagen wollte – da vergaß es aber auch schon diese Antwort und schwieg …«

Im ersten Teil seiner Betrachtung singt Nietzsche ein ergreifendes, bisweilen ins Heitere spielendes Loblied auf die Vorzüge des Vergessenkönnens, das er als unumgänglich für Glück, geistige Gesundheit und Handlungsfähigkeit des Menschen ansieht. Ohne damit Gedächtnis und Historie den Wert abzusprechen, vertritt er (ähnlich Emerson und Thoreau) die These, dass wir insgesamt zu viel Energie darauf verwenden, mit den Schatten der Vergangenheit zu ringen – dass wir abstumpfen unter der Last der Konvention, der Vorbilder, der überkommenen Weisheiten und Neurosen. Gleich den amerikanischen Transzendentalisten ist Nietzsche der Überzeugung, dass unser persönliches und kollektives Erbe uns im Wege steht, wenn es darum geht, das Leben zu genießen und Originäres zu schaffen.

»Die Heiterkeit, das gute Gewissen, die frohe Tat, das Vertrauen auf das Kommende – alles das hängt … davon ab …, dass man ebenso gut zur rechten Zeit zu vergessen weiß, als man sich zur rechten Zeit erinnert…« Er ermahnt uns, »die große und immer größere Last des Vergangenen« abzuwerfen und stattdessen wie das Kind (oder die Kuh) zu leben, das »zwischen den Zähnen der Vergangenheit und der Zukunft in überseliger Blindheit spielt«. Nietzsche sieht durchaus die Gefahren eines Lebens in der Gegenwart (ein Mensch mag »in jede Erfahrung den Irrtum legen, mit ihr der Erste zu sein«), doch alle Einbußen an Wissen oder Welterfahrung werden durch die gesteigerte Lebenskraft mehr als wieder wettgemacht.

»Die Kunst und die Kraft des Vergessenkönnens« bestehen für Nietzsche darin, aus dem Bewusstsein alles auszuradieren oder auszublenden, was nicht der gegenwärtigen Absicht dient. Ein Mensch, den eine »heftige Leidenschaft«

oder ein großer Gedanke erfasst hat, wird für alles andere blind und taub sein. Was er aber wahrnimmt, das nimmt er wahr wie nie zuvor: »...so fühlbar nah, gefärbt, durchtönt, erleuchtet, als ob er es mit allen Sinnen zugleich ergriffe.«

Nietzsche beschreibt hier eine Art der Transzendenz – einen mentalen Zustand totaler, tiefster Versunkenheit, den Künstler ebenso gut kennen wie Sportler, Glücksspieler, Musiker, Tänzer, Soldaten in der Schlacht, Mystiker, Meditierende und Gläubige beim Gebet. Ähnliches erleben wir mitunter auch beim Sex oder unter dem Einfluss bestimmter Drogen. Seine volle Wirkung entfaltet der Zustand nur für den, der ganz im Augenblick aufzugehen vermag – was normalerweise durch intensive, in tiefste Tiefen reichende Konzentration auf die eine große Sache (oder, in der östlichen Tradition, auf das eine große Nichts) erreicht wird. Stellt man sich das Bewusstsein als eine Art Linse vor, durch die wir die Welt wahrnehmen, so scheint die drastische Einschränkung des Sichtfeldes die noch verbliebenen Objekte umso lebhafter hervorzuheben, während alles andere (einschließlich unseres Wissens um das Vorhandensein der Linse) schlicht wegfällt.

Manche unserer stärksten Glücksgefühle verdanken wir solchen Momenten, die uns glauben lassen, der Tyrannei der Zeit – vor allem natürlich der Uhrzeit, aber auch dem historischen und psychologischen Begriff von Zeit, ja mitunter sogar der Sterblichkeit – entkommen zu sein. Dieser Gemütszustand hat allerdings auch seine Nachteile: etwa den, dass man sich nicht mehr für seine Mitmenschen interessiert. Und doch ist die radikale Hingabe an die Gegenwart (wie wir aus den Traditionen östlicher und westlicher

Religionen lernen) das Äußerste an Ewigkeitserfahrung, das uns Sterblichen je vergönnt sein wird. Der Neoplatoniker Boethius nannte im sechsten Jahrhundert als Ziel unseres spirituellen Strebens, »die ganze Fülle des Lebens in einem Augenblick, im Hier und Jetzt, in Vergangenheit, Gegenwart und Künftigem zu fassen und zu halten«. Die östliche Tradition verkündet Ähnliches: »Wenn wir zum gegenwärtigen Augenblick erwachen«, schrieb ein Zen-Meister, »erkennen wir die Unendlichkeit in der Endlichkeit jedes Augenblicks.« Doch um diesen Zustand zu erlangen, müssen wir vergessen können.

Ich zähle von Natur aus nicht zu den aufmerksamsten Zeitgenossen. Ohne bewusste Anstrengung registriere ich nicht, welche Farbe das Hemd meines Gegenübers hat, ob er ein oder zwei Stück Zucker zum Kaffee nimmt oder welches Lied gerade im Radio gespielt wird. Bei meiner Arbeit als Journalist muss ich mich ständig dazu anhalten, Details festzuhalten: kariertes Hemd, zwei Stück Zucker, Van Morrison. Den Grund dafür vermag ich beim besten Willen nicht anzugeben; vielleicht bin ich buchstäblich geistesabwesend und neige dazu, an anderes, Vergangenes zu denken, während ich vorgeblich etwas Neues erlebe. Nahezu zwangsläufig flieht meine Aufmerksamkeit aus dem Hier und Jetzt ins Abstrakte, springt von einzelnen Sinneswahrnehmungen zu Schlussfolgerungen.

Und es kommt noch schlimmer. Häufig stellen sich Schlussfolgerungen oder Bewertungen als Erste ein, woraufhin ich die sensorischen Daten entweder ganz außer Acht lasse oder nur die jeweils passenden zur Kenntnis nehme. Es ist eine gewisse Unduldsamkeit gegenüber dem tatsächlich gelebten Leben, die vielleicht als Anzeichen für einen hellen Kopf gelten mag, in Wirklichkeit aber, so mein Verdacht, ein Symptom von Faulheit darstellt. Mein Vater wurde einmal zu seiner Gabe beglückwünscht, als Rechtsanwalt bei Verhandlungen drei bis vier Schachzüge vorhersehen zu können; als Grund für seinen Hang zu schnellen Schlussfolgerungen gab er an, dass er so früher Feierabend machen könne. Im Umgang mit der Realität verhalte ich mich genauso wie er.

Allerdings nehme ich an, dass ich lediglich an einer akuten Form von Konzentrationsstörung leide, wie sie ziemlich weit verbreitet ist. Die Dinge so zu sehen, zu hören, zu riechen, zu fühlen oder zu schmecken, wie sie »wirklich sind«, ist stets schwierig, wenn nicht unmöglich (teils deshalb, weil es uns zu viel würde, wie George Eliot richtig bemerkte); also nehmen wir jeden Moment mit der Vielzahl seiner Sinneseindrücke durch einen Schutzschirm aus Ideen, zurückliegenden Erfahrungen oder Erwartungen wahr. »Die Natur ist stets in die Farben des Geistes gekleidet«, schrieb Emerson, womit er ausdrücken wollte, dass wir die Welt nie einfach sehen, sondern immer durch bestehende Konzepte oder Metaphern gefiltert wahrnehmen. (»Farben« stehen in der klassischen Rhetorik für Tropen oder bildliche Ausdrücke.) In meinem Fall ist der Filter so fein (oder so trüb?), dass zahlreiche Einzelheiten und Strukturen der Realität schlicht nicht durchdringen: eine Denkgewohnheit, mit der ich liebend gern brechen würde, da sie mich hindert, die Freuden der Sinne und des Augenblicks zu genießen – Freuden, die ich zumindest abstrakt betrachtet weit über alle anderen stelle. Aber das eben ist der Knackpunkt: abstrakt betrachtet.

In sämtlichen Berichten über die Wirkungen von Cannabis auf das Bewusstsein finden sich Schilderungen von veränderten Wahrnehmungen, insbesondere von einer Intensivierung aller Sinnesempfindungen. Simple Gerichte schmecken besser, vertraute Musik klingt plötzlich erhaben schön, intime Berührungen werden zur Offenbarung. Bei wissenschaftlichen Untersuchungen des Phänomens konnten keine messbaren Veränderungen des Seh-, Hör- und Tastvermögens der unter Einfluss von Marihuana stehenden Testpersonen nachgewiesen werden; trotzdem berichten die Konsumenten immer wieder von geschärften Sinneswahrnehmungen, die sie glauben machen, mit neuen Augen, Ohren und Geschmacksknospen ausgestattet zu sein.

Man kennt das – das Herausheben von Erfahrungen, das scheinbar jungfräuliche Wahrnehmen der Sinneswelt. Man hat den Song schon tausendmal gehört, doch ganz plötzlich hört man ihn in seiner ganzen, zu Herzen gehenden Schönheit; die Gitarrenmelodie in ihrer sanften, unergründlichen Klarheit wird zur Offenbarung, und zum ersten Mal begreift man, begreift wirklich, was Jerry Garcia tatsächlich mit jeder einzelnen Note aussagen wollte, und seine gelassenen, heiter-melancholischen Improvisationen flüstern einem etwas, das dem Sinn des Lebens ganz nahe kommt, direkt ins Gehirn.

Oder der so überaus köstliche Löffel voll sahnigem Vanilleeis – Eiscreme –, der die tristen Vorhänge der Alltäglichkeit beiseite zieht und – ja, was enthüllt? – die herzergreifend süße, wahre Bedeutung von sahniger Creme, die uns mit zurücknimmt bis zur Mutterbrust. Nicht zu vergessen das nie zuvor angemessen gewürdigte Wunder namens Vanille. Kaum zu glauben – rein zufällig leben wir in einem Universum, das rein zufällig auch die Vanille – jene Schote! – in ihrer Besonderheit aufzuweisen hat! Wie leicht hätte es anders kommen können, und wo wären wir (wo wäre die Schokolade?) ohne die einzigartige, unersetzliche Note, ohne das eingestrichene C auf der Skala archetypischer Geschmacksrichtungen (*Aufruf an Dr. Plato!*)? Erstmals auf deiner Reise über diesen Planeten würdigst du Vanille in seiner vollen Bedeutung. Allerdings nur, bis die nächste himmlische Offenbarung des Weges kommt (Stühle! Menschen, die in anderen Sprachen denken! Selterwasser!) und die letzte von sahnigem Vanilleeis gleich einem losen Blatt auf der Brise freier Assoziationen verwehen lässt.

Über nichts lässt sich so trefflich scherzen wie über die durch Gras gesteigerte Wahrnehmung, die lange Zeit den Grundstock für alle Witze zum Thema Marihuana bildete. Womit nicht gesagt sein soll, dass jene Offenbarungen tatsächlich so hohl und irrig sind, wie sie anderntags bei nüchterner Betrachtung zumeist erscheinen. Ja, ich bin sogar versucht, Carl Sagan in seiner Überzeugung beizupflichten, dass man bei Marihuana »am Morgen danach« weniger mit dem Problem der Selbsttäuschung zu kämpfen hat als mit der Unfähigkeit, sich mitzuteilen – »die gewonnenen Einsichten in eine Form zu kleiden, die wir anderntags, zum nüchternen Gegenbild unser selbst erwacht, akzeptieren können«. Uns fehlen schlicht die Worte, die uns im nüchternen Zustand die kraftvolle Intensität der Wahrnehmungen vermitteln – vielleicht weil es sich dabei um Wahrnehmungen handelt, die den Worten vorausgehen: banal möglicherweise, zugleich aber durchaus profund.

Marihuana löst den scheinbaren Widerspruch: Es lässt uns vorübergehend einen Großteil dessen vergessen, was unsere Wahrnehmung von Objekten wie Eiscreme befrachtet – von Dingen, die unserer erlernten Erfahrung nach als vertraut und banal gelten. Denn was ist der Vorwurf der Banalität anderes als eine Zurwehrsetzung gegen die übermächtige (oder doch immerhin mächtige) Wirkung eines solchen Objekts beim ersten Erleben? Banalität definiert sich aus dem Gedächtnis, ebenso wie Ironie, Abstraktion und Langeweile, drei weitere Verteidigungsstrategien, die der Denkapparat der Erfahrung entgegensetzt, um den Tag zu überstehen, ohne fortwährend und bis zur völligen Erschöpfung in Erstaunen versetzt zu werden.

Cannabis bringt uns dazu, vieles von dem, was wir wissen (oder zu wissen glauben), vorübergehend in einem falschen Ordner abzulegen, womit wir die Welt in gewisser Weise wieder unschuldig wahrnehmen – und Unschuld bei Erwachsenen hat stets einen Hauch von Peinlichkeit. Cannabinoide Moleküle vermögen uns alle in Romantiker und Transzendentalisten zu verwandeln. Durch Außerkraftsetzung unseres Kurzzeitgedächtnisses, das uns konstant von der erregenden Front der Gegenwart auf die kartographierten Seitenwege der Vergangenheit zurückverweist, schaffen die Cannabinoide einen Freiraum für unmittelbarere Erfahrungen. Dank dieses Vergessensprozesses legen wir vorübergehend unsere ererbten Sichtweisen ab und sehen die Dinge wie zum ersten Mal – so dass selbst ein gewöhnliches Vanilleeis zu Vanilleeis wird.

Es gibt noch ein anderes Wort für eine solch übersteigerte Wahrnehmung, für das Gefühl, etwas zum ersten Mal zu sehen, unbelastet von der Allwissenheit, dem ewigen Da-war-ich-schon und Das-kenne-ich-schon des erwachsenen Gehirns – und das Wort lautet: Staunen.

Erinnerung ist der Feind des Staunens, denn Staunen lebt ausschließlich in der Gegenwart. Darum ist es, außer bei Kindern, an Vergessen geknüpft, das heißt an einen Lösch- oder Subtraktionsvorgang. Normalerweise betrachten wir Experimente mit Drogen als additiv – man hört häufig, dass Drogen die normale Wahrnehmung verzerrend steigern und die sensorischen Daten vermehren (beispielsweise durch Halluzinationen), aber vielleicht ist genau das Gegenteil der Fall: dass Drogen einige der Filter außer Kraft setzen, die das Bewusstsein für gewöhnlich zwischen uns und die Welt schiebt. Zu dieser Schlussfolgerung gelangte jedenfalls Aldous Huxley 1954 in seinem Bericht über Experimente mit Meskalin, *Die Pforten der Wahrnehmung*. Seiner Meinung nach setzt die Droge (die aus Peyote, der Blüte einer Wüstenkaktee, gewonnen wird) das »Reduktionsventil« des Bewusstseins außer Kraft – als solches bezeichnet er die Zensur, die das bewusste Denken Tag um Tag ausübt. Das Reduktionsventil bewahrt uns davor, von der »Last der Realität« erdrückt zu werden, aber es hat auch seinen Preis: Sein Mechanismus hindert uns, die Realität je so zu sehen, wie sie real ist. Mystiker und Künstler verdanken ihre Einsichten der besonderen Gabe, das Reduktionsventil des Bewusstseins ausschalten zu können. Zwar möchte ich bezweifeln, ob irgendwer die Realität so wahrnimmt, »wie sie real ist« (woher sollte man das auch wissen?), und doch legt Huxley recht überzeugend dar, dass wir zum Staunen nur gelangen, wenn wir unsere altgewohnten sprachlichen und begrifflichen Wahrnehmungsmodelle außer Kraft setzen. (Mit komisch anmutender Ernsthaftigkeit schreibt er von der Schönheit der Falten in Kleiderstoffen, von Liegestühlen und von einer Blumenvase: »Ich sah, was Adam am Morgen seiner Erschaffung gesehen hatte – das Wunder, das sich von Augenblick zu Augenblick erneuernde Wunder bloßen Daseins.«)

Ich glaube zu verstehen, was Huxley mit dem Reduktionsventil des Bewusstseins meint, obwohl ich persönlich den Mechanismus etwas anders sehe. Ich stelle mir das gewöhnliche Bewusstsein eher als einen Trichter oder, besser noch, als die Wespentaille einer Sanduhr vor. Bildlich gesprochen verweilt das innere Auge an diesem Punkt zwischen verronnener und künftiger Zeit und befindet darüber, welche der unzähligen Körnchen sensorischer Erfahrung durch die enge Öffnung der Gegenwart in das Reich der Erinnerung eingelassen werden. Mir ist bewusst, dass die Metapher ihre Schwächen hat – vor allem, da letztlich doch aller Sand zum Boden des Stundenglases gelangt, während die meisten Körnchen der Erfahrung von uns nie bewusst wahrgenommen werden. Die Metapher verdeutlicht jedoch in etwa die Vorstellung, dass die Hauptaufgabe des Bewusstseins in Tilgung und Abwehr besteht – in der Aufrechterhaltung einer geordneten Wahrnehmung, um uns vor Reizüberflutung zu bewahren.

Was also geschieht mit dem Bewusstsein in berauschtem – oder allgemeiner: inspiriertem – Zustand? Um bei Huxleys Metapher zu bleiben: Das Reduktionsventil wird weit aufgedreht, um mehr Erfahrung einströmen zu lassen. Daran ist nichts auszusetzen, ich würde allerdings (in Fortführung von Huxleys Beispielen) noch ergänzend darauf hinweisen, dass ein so verändertes Bewusstsein übermäßig viele Informationen über eine – im Verhältnis – sehr geringe Menge an Erfahrungen oder Erlebnissen zulässt. »Die Falten meiner grauen Flanellhose [waren] mit ›Istigkeit‹

geladen«, schreibt Huxley, um sich im Folgenden über den Faltenwurf von Gewändern bei Botticelli und die »Allheit und Unendlichkeit gefalteten Tuchs« zu verbreiten. Der normale Wahrnehmungsprozess, bei dem die Körnchen an uns vorbeiwandern, wird stark verlangsamt, bis zu dem Punkt, an dem das bewusste Ich jedes Körnchen für sich betrachten kann, es von allen erdenklichen Seiten (mitunter sogar von mehr Seiten, als es eigentlich hat) unter die Lupe nimmt, bis nichts mehr existiert außer dem Punkt der Stille in der eingeschnürten Mitte der Sanduhr, an dem die Zeit selbst innezuhalten scheint.

Ist ein solches Staunen denn echt? Auf den ersten Blick wohl kaum: Chemisch induzierte Transzendenz kann nichts anderes sein als Lug und Trug. *Künstliche Paradiese* – unter diesem treffenden Titel beschrieb Charles Baudelaire 1860 seine Erfahrungen mit Haschisch. Was aber, wenn sich herausstellt, dass jeder Form von Transzendenz die gleichen neurochemischen Vorgänge zugrunde liegen, ganz gleich, ob man Marihuana raucht, meditiert oder sich durch Singen, Fasten oder Gebete in einen hypnotischen Trancezustand versetzt? Was, wenn jede einzelne dieser Übungen das Gehirn lediglich anregt, große Mengen von Cannabinoiden zu produzieren, die das Kurzzeitgedächtnis ausschalten und uns die Gegenwart in ihrer ganzen Tiefe erfahren lassen? Es gibt vielerlei Techniken, die in die chemischen Abläufe des Gehirns eingreifen; Drogen sind möglicherweise nur das direkteste Mittel. (Damit ist nicht gesagt, dass Drogen ein empfehlenswertes Mittel zur Bewusstseinsveränderung wären – ihre zahlreichen toxischen Nebenwirkungen sprechen eher für das Gegenteil.) Für das Gehirn jedoch mag die Unterscheidung zwischen einem natürlichen und einem künstlich herbeigeführten »High« bedeutungslos sein.

Aldous Huxley bemühte sich nach Kräften, uns die Vorstellung auszureden, chemisch konditionierte spirituelle Erfahrungen seien notwendig unecht – Thesen, zu denen er gelangte, lange bevor auch nur das Geringste über Netzwerke von Cannabinoid- oder Opioid-Rezeptoren bekannt war. »Auf die eine oder andere Weise sind alle unsre inneren Erlebnisse chemisch bedingt, und wenn wir uns einbilden, dass einige von ihnen rein ›spirituell‹, rein ›intellektuell‹, rein ›ästhetisch‹ seien, dann nur, weil wir uns nie bemüht haben, das innere chemische Milieu, wie es im Augenblick ihres Auftretens ist, zu erforschen.« Er weist darauf hin, dass Mystiker zu allen Zeiten systematisch daran gearbeitet haben, in die chemischen Abläufe ihres Denkapparats einzugreifen, sei es durch Fasten, Selbstgeißelung, Schlafentzug, hypnotisierende Bewegung oder Gesang.[12] Das Gehirn kann sich selbst berauschen, wie bestimmte Placebos nahe legen. Wir bilden uns nicht bloß ein, dass das Antidepressivum-Placebo uns von Traurigkeit oder Sorgen befreit – das Gehirn produziert tatsächlich eine Extraportion Serotonin, angeregt vom Schlucken einer Pille, die nichts weiter als Zucker und eine Portion Glauben enthält. Zusammengenommen läuft es darauf hinaus, dass die Tätigkeiten des Bewusstseins mehr – und zugleich weniger – auf materiellen Grundlagen beru-

---

[12] Die Frage, warum es heute längst nicht mehr so viele Mystiker und Visionäre gibt wie im Mittelalter, beantwortet Huxley mit einem Hinweis auf die verbesserte Ernährungslage. Die verheerenden Auswirkungen von Vitaminmangel auf die Gehirnfunktionen sind möglicherweise für einen Großteil der visionären Erlebnisse in der Vergangenheit verantwortlich.

hen, als wir normalerweise annehmen: chemische Reaktionen können Gedanken auslösen – umgekehrt aber lösen Gedanken auch chemische Reaktionen aus.

Trotzdem erscheint die Verwendung von Drogen zu spirituellen Zwecken billig und falsch. Vielleicht fühlen wir uns in unserer Arbeitsethik angekratzt – man kennt das, ohne Fleiß kein Preis. Vielleicht macht uns auch die Herkunft der chemischen Substanzen zu schaffen – die Tatsache, dass sie von außen kommen. Als Angehörige des christlich-jüdischen westlichen Kulturkreises neigen wir dazu, uns über unsere Distanz zur Natur zu definieren – und zum Beweis unseres innigen Verhältnisses mit den Engeln eifersüchtig die Grenzen zwischen Materie und Geist zu überwachen. Die Vorstellung, dass Geistiges sich in gewisser Hinsicht tatsächlich als Materie (und noch dazu als pflanzliche Materie!) entpuppt, stellt unsere Einzigartigkeit und Gottähnlichkeit in Frage. Spirituelles Wissen kommt von oben oder von innen, ganz gewiss aber erwächst es nicht aus Pflanzen. Wer anderes glaubt, den bezeichnen die Christen als *Heiden.*

Zwei Geschichten untermauern die Tabus, mit denen die Bewohner der westlichen Welt Cannabis in verschiedenen Abschnitten seiner Geschichte belegt haben. Beide spiegeln sie unsere Ängste vor dieser außergewöhnlichen Pflanze – davor, was ihre dionysische Macht über uns vermöchte, wenn wir uns ihr nicht widersetzten oder sie unter Kontrolle brächten.

Die erste Geschichte, von Marco Polo (nebst anderen) von seinen Reisen aus dem Orient mitgebracht, erzählt von den Assassinen – allerdings ist sie verfälscht, wenn nicht ganz und gar Legende. Im elften Jahrhundert versetzte die grausame Sekte der Assassinen unter der absoluten Herrschaft von Hassan ibn al Sabbah (auch »der Alte vom Berg« genannt) mit brutalen, zügellosen Raub- und Mordtaten ganz Persien in Angst und Schrecken. Hassans Marodeure folgten fraglos jedem seiner Befehle und fürchteten weder Tod noch Teufel. Wie konnte Hassan sich einer so unbedingten Loyalität versichern? Indem er seinen Männern einen Vorgeschmack auf das ewige Paradies gewährte, das ihnen offen stand, sofern sie in seinem Auftrag den Tod fanden.

Zunächst wurden die neuen Rekruten mit Haschisch in einen komatösen Rauschzustand versetzt. Stunden später fanden sie sich beim Erwachen in einem prachtvollen Palastgarten wieder, umgeben von köstlichen Speisen und wunderschönen Jungfrauen, die ihnen jeden Wunsch von den Augen ablasen. Verteilt über den Paradiesgarten lagen (scheinbar) abgetrennte Köpfe in Blutlachen am Boden – in Wahrheit gehörten sie Schauspielern, die man bis zum Hals eingegraben hatte. Die sprechenden Köpfe schilderten den Männern das Leben nach dem Tod – und welche Taten sie vollbringen müssten, um auf eine Rückkehr in das hier gesehene Paradies hoffen zu dürfen.

Marco Polo kolportierte eine verfälschte Version der Geschichte, in der das Haschisch für die Brutalität der Assassinen unmittelbar verantwortlich gemacht wurde. (Der Name »Assassinen« selbst leitet sich vom arabischen Wort für »Haschischraucher« ab.) Haschisch, so ließ die Geschichte vermuten, nahm den Assassinen die Angst vor dem Tod und versetzte sie in die Lage, die tollkühnsten und grausamsten Verbrechen zu begehen. Die Legende wurde immer wieder zitiert, sowohl in der Orientalistik wie auch während der Anti-Marihuana-Kampagne der US-Regierung in den dreißiger Jahren. Harry J. Anslinger, erster Leiter der Bundesbehörde für Rauschgiftdelikte und Hauptverantwortlicher für das Verbot von Marihuana, verwies bei jeder Gelegenheit auf die Assassinen. Als geschickter Taktierer machte er alle halbwegs auf das schaurige Muster jener Meta-Erzählung passenden Verbrechensmeldungen publik – womit eine bis dahin weitgehend unbekannte Entspannungsdroge plötzlich als Mittel zur Gewalt, ja als gesellschaftliche Gefahr hingestellt wurde. Auch nach dem Abklingen des von Anslinger angezettelten »Joint-Wahns« wurde die Moral von der Geschichte der Assassinen weiterhin gegen Cannabis verwendet: Marihuana nehme dem Menschen das Gefühl für die Konsequenzen seiner Handlungen, enthemme ihn und stelle somit eine Bedrohung der westlichen Zivilisation dar.

Die zweite Geschichte ist schlichter: Im Jahr 1484 erließ Innozenz VIII. eine päpstliche Bulle gegen das Hexenwesen, in der er ausdrücklich den Gebrauch von Cannabis als eines »Antisakraments« bei satanischen Riten verdammte. Die von Hexen und Zauberern im Mittelalter zelebrierten schwarzen Messen waren höhnische Zerrbilder der katholischen Eucharistie, wobei Cannabis die Rolle des Weins übernahm – als heidnisches Sakrament einer Gegenkultur, die das etablierte Kirchenwesen zu unterminieren suchte.

Die Tatsache, dass Cannabis in seiner Eigenschaft als psychoaktive Droge in Europa zuerst von Hexen und Zauberern genutzt wurde, besiegelte wohl sein Schicksal im Westen; dort identifizierte man die Pflanze fortan mit gefürchteten Außenseitern und Protestkulturen: Heiden,

Afrikanern, Hippies. Die beiden Geschichten schaukelten sich gegenseitig hoch und übersteigerten damit die der Pflanze zugeschriebenen Kräfte: Wer Cannabis konsumierte, war anders, und der Konsum von Cannabis drohte jenes Anderssein über das Land hereinbrechen zu lassen.

Die Hexen ließ die Kirche auf dem Scheiterhaufen verbrennen; ihren magischen Pflanzen jedoch – zu kostbar, um gänzlich aus der menschlichen Gemeinschaft verbannt zu werden – war ein interessantes Schicksal beschieden: In den Jahrzehnten nach Papst Innozenz' Erlass gegen das Hexenwesen wurden Cannabis, Opium, Belladonna und andere einschlägige Substanzen aus dem Reich der Magie in das der Medizin überführt; dies war großenteils das Verdienst eines im sechzehnten Jahrhundert wirkenden Schweizer Alchemisten und Arztes mit Namen Paracelsus (auch als »Vater der Medizin« tituliert). Sein legitimierter Arzneimittelkatalog basierte vornehmlich auf den Ingredienzien der zuvor zitierten »Flugsalben«. (Nebst anderen verdienstvollen Erfindungen ist ihm die Einführung der Opiumtinktur Laudanum zu verdanken, die bis ins zwanzigste Jahrhundert hinein wohl der wichtigste Bestandteil des Arzneimittelkatalogs war.) Paracelsus machte keinen Hehl daraus, dass er seine gesamten medizinischen Kenntnisse den Zauberinnen verdankte. Im Zeichen Apollos wirkend, zähmte er ihr verbotenes dionysisches Wissen, verwandelte die heidnischen Zaubertränke in heilende Tinkturen, füllte die magischen Pflanzen in Flaschen ab und nannte sie Medizin.

Paracelsus' grandioses Unterfangen, das offenbar bis heute seine Fortführung findet[13], repräsentiert eine von vielen Methoden, mit denen die jüdisch-christliche Tradition geschickt heidnisches Glaubensgut absorbierte bzw. sich anverwandelte – um es so letztlich seiner Wurzeln zu berauben. Der neue monotheistische Glaube baute die traditionellen heidnischen Feiertage und Spektakel des Volkes in seine Rituale ein, musste sich aber auch darüber klar werden, wie mit der uralten Volksverehrung magischer Pflanzen umzugehen sei. Dass es sich hierbei um den wichtigsten Punkt überhaupt handelte, legt schon die Genesis mit ihrer Geschichte von der verbotenen Frucht nahe.

Jene Pflanzen stellten den Monotheismus vor eine gewaltige Herausforderung – drohten sie doch, den Blick der Menschen vom Himmel (dem Sitz des neuen Gottes) herab auf die ringsum vorhandene natürliche Welt zu lenken. Magische Pflanzen waren und sind wirksame Kräfte, die uns zur Erde, zur Materie ziehen – fort vom Jenseits und Danach der christlichen Erlösung, zurück zum Hier und Jetzt. Die Beeinflussung des Zeitbegriffs ist wohl die bedrohlichste Wirkung der Pflanze – bedrohlich aus der Sicht einer Zivilisation, die auf den Grundlagen des Christentums und, in jüngerer Zeit, des Kapitalismus basierte.

---

[13] Nachdem unlängst die heilsamen Wirkungen von Marihuana wiederentdeckt worden sind, suchte man in der Medizin nach Wegen, die Pflanze zu »pharmazeutisieren« – sprich, ihre leicht zugänglichen Segnungen etwa in Form von Pflastern oder Inhalationslösungen zu verpacken, die Ärzte verschreiben, Firmen zum Patent anmelden und Regierungen unter Vorschriften stellen können. Wo immer möglich, haben Paracelsus' moderne Nachfahren im Laborkittel die wirksamen Bestandteile pflanzlicher Drogen synthetisch erzeugt – und damit die Medizin der Notwendigkeit enthoben, sich mit der eigentlichen Pflanze und allen eventuellen Verweisen auf ihre heidnische Vergangenheit auseinander zu setzen.

Man kann Christentum und Kapitalismus ihren Abscheu vor einer Pflanze wie Cannabis kaum verübeln. Beide sind Glaubensformen, die uns auf die Zukunft ausrichten; beide erteilen dem Genuss der Gegenwart und der Sinne eine Absage zugunsten einer in Erwartung stehenden Erfüllung – sei es in Form des ewigen Seelenheils oder durch Geldverdienen und -ausgeben. Indem Cannabis uns, stärker noch als die meisten anderen pflanzlichen Drogen, in die Gegenwart eintauchen lässt und eine Erfüllung im Hier und Jetzt verheißt, torpediert es die Metaphysik des Begehrens, auf der Christentum und Kapitalismus (nebst vielem anderen in unserer Zivilisation) basieren.[14]

Worin bestand das Wissen, das Gott im Garten Eden von Adam und Eva fern halten wollte? Die Theologen werden über dieser Streitfrage nie zu einer schlüssigen Lösung kommen, doch die bedeutsamste Antwort liegt meiner Meinung nach auf der Hand: Der Inhalt des Wissens, der Adam und Eva durch Kosten der Frucht hätte zuteil werden können, war nicht annähernd so wichtig wie seine Form – damit meine ich, dass spirituelles Wissen jeglicher Art von einem Baum, also von der Natur, zu erlangen war. Die neue Glau-

---

[14] David Lenson vollzieht eine sinnvolle Unterscheidung zwischen Verlangen erzeugenden Drogen (wie etwa Kokain) und Genuss erzeugenden Drogen wie Cannabis. »Kokain verheißt bislang ungekannte Freuden, von denen uns nur ein Augenblick trennt ... Aber jener Augenblick tritt niemals ein.« So betrachtet, wird das Schnupfen von Kokain zur »grausamen Imitation der allgemeinen Konsumerfahrung«. Cannabis oder psychedelische Drogen hingegen machen »Naturschönheiten, häusliche Pflichten, Freunde und Verwandte, Gespräche oder beliebige andere, nicht käuflich zu erwerbende Dinge« zum genussvollen Erlebnis.

benslehre wollte die Bindung des Menschen an die magische Natur kappen – der Welt von Flora und Fauna ihren Zauber nehmen, indem sie unser Augenmerk auf den einen, einzigen Gott im Himmel richtete. Und doch konnte Jehova nicht guten Gewissens so tun, als gebe es keinen Baum der Erkenntnis – Generationen Heiden, die Pflanzen anbeteten, wussten es besser. Also durfte der heidnische Baum im Garten Eden weiter bestehen, fortan allerdings mit einem mächtigen Tabu belegt: Jawohl, räumt der neue Gott ein, es gibt spirituelles Wissen in der Natur, und seine Versuchungen sind stark, aber ich bin stärker als sie. Wer ihnen erliegt, den ereilt meine Strafe.

So nahm die erste Schlacht im Drogenkrieg ihren Lauf.

Ich habe nahezu alle Versuchungen aus meinem Garten entfernt – nicht ohne Bedauern oder Protest. In diesem Frühjahr, bei der intensiven Recherche zu dem vorliegenden Kapitel, war ich beispielsweise ernsthaft versucht, eine der Cannabis-Kreuzungen, die in Amsterdam auf dem freien Markt erhältlich waren, einzusäen. Natürlich besann ich mich flugs eines Besseren – und pflanzte stattdessen Unmengen von Schlafmohn. Ich habe aber nichts weiter damit vor, wie ich mich beeile anzumerken, als mich an ihrem Anblick zu erfreuen, zunächst an ihren schnell vergänglichen, hauchfeinen Blüten, später dann an ihren schwellenden blaugrünen Samenkapseln, die bis zum Bersten mit milchigen Alkaloiden gefüllt sind. (Natürlich genügt es auch, wie von Dorothy im Land des Zauberers von Oz bewiesen, einfach durch ein Schlafmohnfeld zu spazieren, um Träume heraufzubeschwören.) Unangetastet und damit zumindest vordergründig unschuldig, dient mir der Schlafmohn als Ersatz für Cannabis, das anzubauen mir verwehrt ist. Beim Anblick der traumschönen Mohnblüten denke ich an die magischen Kräfte, denen der Garten zugunsten von Recht und Ordnung abgeschworen hat.

Also gebe ich mich mit ihm in seiner bereinigten Form zufrieden: eine dicht bepflanzte Parzelle genehmer Freuden – Gutes zum Essen, Schönes zum Betrachten, eingefasst von sorgsam beachteten Regeln und Gesetzen. Wenn sich das dionysische Element auch in meinem Garten findet (wovon ich ausgehe), dann am ehesten in den Blumenrabatten. Nichts liegt mir ferner, als einer duftenden Rose die Kraft abzusprechen, Stimmungen zu heben, Erinnerungen heraufzubeschwören, ja sogar (und dies durchaus nicht nur im metaphorischen Sinn) zu berauschen.

Der Garten birgt viele Sakramente. Ist er doch so alltäglich vertraut wie ein Wohnraum und zugleich von so herausgehobener Stellung wie eine Kirche. Er ist eine Arena, in der wir unsere nach wie vor bestehende Zugehörigkeit zur Natur nicht nur bezeugt sehen, sondern in ritueller Form selbst nachvollziehen können. Ja, sie besteht noch, wenn auch mittlerweile in abgeschwächter Form – scheint die Zivilisation doch darauf bedacht, diese unsere Zugehörigkeit zur Erde zu kappen oder zumindest in Vergessenheit geraten zu lassen. Doch im Garten sind die alten Bindungen noch gültig, und nicht nur in symbolischer Form. Wir beziehen unsere Nahrung aus dem Gemüsebeet, und diejenigen unter uns, die ein Gespür dafür haben, werden von Sonne und Regen daran erinnert, wie abhängig wir von ihnen – und von der alltäglichen, in jedem einzelnen Blatt wirkenden Alchemie sind, die wir Photosynthese nennen. Auf ähnliche Weise führt uns ein Umschlag aus

Schwarzwurzblättern zur Linderung eines Wespenstichs in die halb magische Welt der Heilpflanzen zurück, aus der die moderne Medizin uns vertreiben möchte. Trotz ihres leicht heidnischen Anklangs werden solch harmlose Sakramente wohl von fast jedermann gern angenommen – weil wir, so denke ich, zumindest in Bezug auf unseren Körper die bestehenden Bindungen an die Welt der Pflanzen und Tiere, an die Zyklen der Natur zu akzeptieren bereit sind.

Wie aber steht es mit unseren Köpfen? Da fällt die Antwort schon schwerer. Mit Hilfe eines Blatts oder einer Blume unsere Bewusstseinserfahrung zu verändern deutet auf ein ganz anders geartetes Sakrament hin, das unseren höheren Begriffen vom eigenen Selbst oder gar der zivilisierten Gesellschaft zuwiderläuft. Aber ich neige zu der Ansicht, dass ein solches Sakrament dann und wann trotz allem von Wert sein kann, und sei es nur als Prüfstein unserer Hybris. Pflanzen mit der Fähigkeit, unser Denken und unsere Wahrnehmungen zu verändern, Metaphern und Staunen hervorzurufen, rütteln an dem ehernen christlich-jüdischen Glauben, wonach wir uns als bewusste, denkende Wesen von der Natur entfernt und eine Form der Transzendenz erlangt haben.

Was wird aus dem schmeichelhaften Porträt unser selbst, wenn wir entdecken, dass ebenjene Transzendenz sich Molekülen verdankt, die in unserem Hirn – und zugleich in Gartenpflanzen – umherschwirren? Dass manche der glorreichsten Früchte menschlicher Kultur letztlich tief in dieser schwarzen Erde wurzeln, in Gesellschaft von Pflanzen und Pilzen? Ist die Materie dann immer noch die stumme, tote Masse, als die wir sie zu betrachten gelernt haben? Ist demnach der Geist ebenfalls Teil der Natur?

Es handelt sich hier wohl um die älteste Vorstellung in der Geschichte der Menschheit. Friedrich Nietzsche bezeichnete den dionysischen Rausch einmal als das »Übermächtigwerden der Natur über den Geist« – Natur, die nach ihrem Belieben mit uns verfährt. Die Griechen verstanden wohl, dass man sich auf dergleichen nicht leichtfertig oder allzu häufig einlassen durfte. Den Rausch zelebrierten sie als sorgsam abgezirkeltes Ritual, nie als Lebensstil; wussten sie doch, dass Dionysos aus uns, je nach Laune, Engel oder Tiere machen konnte. Dennoch scheint es durchaus von Nutzen zu sein, die Natur hin und wieder Macht über uns gewinnen zu lassen – und sei es nur, um unseren vergeistigten Blick von den Höhen für eine Zeit lang zurück auf die Erde zu lenken. In welchem neuen Zauberlicht erschiene uns die Welt, wenn wir uns umschauten und feststellten, dass die Pflanzen und Bäume der Erkenntnis heute wie damals im Garten wachsen.

Kapitel 4

BEGEHREN: KONTROLLE

PFLANZE: KARTOFFEL

(*Solanum Tuberosum*)

Nur wenige Naturschauspiele üben eine ähnlich belebende Wirkung auf mich aus wie der Anblick von Reihen junger Gemüsesämlinge, die einer grünen Stadt gleich aus der Frühlingserde ragen. Ich liebe den Wechselrhythmus im Zweiertakt zwischen frischer grüner Pflanze und schwarzem, umgegrabenem Erdreich, die domestizierte Erde in ihrer geometrischen Ordnung, die den Gemüsegarten im Mai ausmacht, bevor der Sommer ausbricht und mit ihm Wildwuchs, Plagen und hoffnungsloser Wirrwarr. Gut, die erhabenen Schönheiten der Wildnis haben auch ihren Platz und sind weiß Gott von Legionen amerikanischer Dichter gepriesen worden; ich aber möchte hier ein gutes Wort für die Befriedigung einlegen, die eine zur Ordnung gerufene Erde verschafft. Ich wäre versucht, von der erhabenen Schönheit der Landwirtschaft zu sprechen, klänge das nicht allzu sehr nach einem Widerspruch in sich.

Und das ist es vermutlich auch. Erhabenheit erfahren wir dort, wo die Natur uns in die Schranken weist, uns Ehrfurcht vor ihrer Macht lehrt, vor der wir uns klein fühlen. Ich hingegen spreche hier von der gegenteiligen und, zugegeben, fragwürdigeren Befriedigung, unsererseits die Natur in die Schranken zu weisen: von dem Vergnügen, unsere Investitionen an Arbeit und Intelligenz im Land widergespiegelt zu sehen. Die erste Regung wird von Naturwundern wie den Niagarafällen oder dem Mount Everest ausgelöst; die zweite entzündet sich am Anblick der systematisch angeordneten Reihen, mit denen die Bauern das Hügelland überziehen, oder an den streng gestutzten Alleebäumen, die etwa dem Park von Versailles Ordnung verleihen: Sie erfüllen uns mit einem Gefühl von unserer Macht.

Heutzutage ist das Erhabene vor allem eine Art Freiraum, im wörtlichen wie moralischen Sinn. (Wer wollte schließlich zum Thema Wildnis noch Negatives verlauten lassen?) Die andere Regung hingegen – unser Begehren, die ungezähmte Natur beherrschen zu wollen – steckt voller Ungereimtheiten. Unsere Macht über die Natur, die Rechtmäßigkeit, ja selbst die Existenz einer solchen Macht stellen wir in Frage, und zwar zu Recht. Eindringlicher vielleicht als manch anderem ist dem Bauern wie dem Gärtner bewusst, dass jene Macht auch auf Einbildung beruht, bedenkt man ihre Abhängigkeit von Zufälligkeiten, vom Wetter und vielem anderen, das sich seiner Kontrolle entzieht. Nur die Verdrängung seiner Zweifel macht es ihm möglich, in jedem Frühjahr neu zu pflanzen und den Launen der Jahreszeiten die Stirn zu bieten. Binnen kurzem werden sich Schädlinge, Stürme, Dürreperioden und Pflanzenkrankheiten einstellen, wie um ihm vor Augen zu halten, wie unvollkommen es, dem Anschein jener jungfräulichen Ackerfurchen zum Trotz, um die Macht des Menschen bestellt ist.

Im Dezember 1999 verwüstete ein für die Jahreszeit ungewöhnlicher, an Stärke im Europa des zwanzigsten Jahrhunderts unerreichter Orkan viele der jahrhundertealten, von

André Lenôtre in Versailles angelegten Anpflanzungen und machte die perfekte geometrische Ordnung des Schlossparks binnen Sekunden zunichte: wohl eines der aussagekräftigsten Sinnbilder für die vermeintliche Überlegenheit der menschlichen Rasse. Beim Betrachten der Bilder von verwüsteten Alleen, zerrupften Fluchtlinien und ruinierten Perspektiven kam mir der Gedanke, ein weniger streng in Zucht und Ordnung gehaltener Garten hätte womöglich eher vermocht, der Wucht des Sturmes zu trotzen und sich aus eigener Kraft zu regenerieren. Was also lernen wir aus einer solchen Katastrophe? Wir können jenen Sturm von 1999 entweder als direkten Beweis unserer Anmaßung (und der absoluten Übermacht der Natur) betrachten oder ihn, gleich manchen Wissenschaftlern, als Auswirkung der globalen Erwärmung interpretieren, die zur Instabilität der Atmosphäre beiträgt. Letzteres angenommen, ist der Sturm ebenso menschengemacht wie die geordneten Baumreihen, die er zu Brennholz zerkleinerte – eine Manifestation menschlicher Macht, die der anderen den Boden unter den Füßen wegzieht.

Dergleichen Paradoxien sind dem Gärtner bestens vertraut: Lernt er doch im Lauf der Zeit, dass jeder Schritt zur Ordnung in seinem Garten zugleich eine neue Unordnung auf den Plan ruft. Die Wildnis mag Stück um Stück weiter zurückgedrängt werden; mit der Wildheit jedoch verhält es sich anders. Frisch umgegrabene Erde fördert eine neue Sorte Unkraut zutage, ein wirksames neues Pestizid macht Schädlinge gegen andere immun, und jeder Schritt zur Vereinfachung, ob Monokulturen oder genetisch identische Pflanzen, führt zu neuen, unvorhergesehenen Komplikationen.

Dennoch sind jene Vereinfachungen zweifellos wirksam: Oft genug »funktionieren« sie und erbringen das, was wir uns von der Natur erwarten. Die Landwirtschaft ist naturgemäß auf brutale Vereinfachung ausgerichtet, indem sie die ungeheure Komplexität der Natur auf das Menschenmögliche reduziert; dieser Prozess beginnt bereits mit der simplen Entscheidung für eine winzige Hand voll Gattungen aus dem riesigen Gesamtangebot. Die getroffene Auswahl in übersichtlichen Reihen anzupflanzen befriedigt nicht nur unseren Ordnungstrieb, sondern ist auch durchaus sinnvoll: Unkrautjäten und Ernten werden dadurch beträchtlich erleichtert. Und wiewohl die Natur von sich aus weder Reihen noch französische Gärten oder Alleen anlegt, nimmt sie es doch nicht unbedingt übel, wenn wir es tun.

Tatsächlich verdankt der Garten unseren Versuchen, Herrschaft auszuüben, eine Unzahl von Neuerungen, die der Natur bislang fremd waren: essbare Kartoffeln (die wilden Sorten sind zu bitter und zu giftig zum Verzehr), Marihuana oder Nektarinen, um nur einige zu nennen. In allen Fällen lieferte die Natur die notwendigen Gene bzw. Mutationen, doch ohne Garten und Gärtner, die den Neuerungen Raum gaben, hätten sie niemals das Licht der Welt erblickt.

Für Natur und Mensch war der Garten von jeher ein Ort zum Experimentieren, zum Ausprobieren neuer Kreuzungen und Mutationen. Gattungen, die in der Wildnis stets getrennt bleiben, kreuzen sich auf gerodetem Boden bereitwillig. Deshalb tun sich neue Kreuzungen so schwer, im engmaschigen Netz einer eingewachsenen Wiese oder eines Wald-Ökosystems einen Platz zu erobern; jede in Frage kommende Nische ist mit einiger Sicherheit bereits besetzt.

Ein Garten hingegen, ein Wegrand oder auch eine Müllkippe sind im Vergleich dazu »offene« Lebensräume, die einer neuen Kreuzung sehr viel bessere Chancen einräumen; vermag sie unser Interesse zu wecken oder ein menschliches Begehren zu stillen, wird sie ihren Weg machen. Nach einer Theorie zur Entstehung der Landwirtschaft entwickelten sich die ersten domestizierten Pflanzen auf Abfallhaufen, nämlich aus weggeworfenen Samen wilder Pflanzen, die bereits damals von den Menschen unbewusst wegen ihrer Süße, Größe oder Wirkkraft ausgewählt, gesammelt und gegessen wurden; im Kompost schlugen sie Wurzeln, gediehen und mischten sich schließlich. Den gelungensten Kreuzungen gewährten die Menschen mit der Zeit Aufnahme im Garten; dies war der Auftakt zu einer Reihe wechselseitiger Experimente in Sachen Koevolution, die beiden Partnern dauerhafte Veränderungen bescherte.

Der Garten ist Experimentierstätte geblieben – ein passender Ort, um neue Pflanzen und Techniken zu testen, ohne gleich die ganze Farm aufs Spiel zu setzen. Viele der heute von Biobauern angewendeten Methoden wurden ursprünglich im Garten entdeckt. Einen kompletten landwirtschaftlichen Betrieb auf eine einzelne neumodische Erfindung umzustellen ist ebenso kostspielig wie riskant; deshalb sind Bauern seit jeher ein konservativer Schlag und bekanntermaßen nur schwer für Veränderungen zu gewinnen. Für einen Hobbygärtner wie mich, der vergleichsweise wenig Risiko trägt, ist es ein Leichtes, eine neue Kartoffelsorte oder eine neue Methode zur Schädlingsbekämpfung auszuprobieren, was ich auch in jeder Saison wieder tue.

Zugegeben, meine Gartenexperimente sind unwissenschaftlich, weder hieb- und stichfest noch zwingend schlüssig. Liegt es an dem neuen Neembaumöl, mit dem ich die Kartoffeln besprüht habe, dass die Käfer sich in diesem Jahr so zurückhalten, oder an den nahebei angepflanzten zwei Kirschtomatenstauden, deren Blätter den Käfern offenbar besser munden als die der Kartoffeln? (Meine Prügelknaben seid ihr, sage ich zu den Tomaten.) Ideal wäre, nur mit einer Unbekannten zu arbeiten, aber das ist leichter gesagt als getan in einem Garten, der doch wie die ganze Natur ausschließlich aus Unbekannten zu bestehen scheint. »Jedes Element wirkt auf jedes andere Element ein«, so ließe sich umschreiben, was in einem Garten oder letztlich in jedem Ökosystem vor sich geht.

Trotz der komplexen Ausgangslage sind wahre Fortschritte nur durch unerschrockenes Ausprobieren zu erzielen; also experimentiere ich weiter in meinem Garten. Vor kurzem pflanzte ich etwas Neues (etwas völlig Neues, um genau zu sein) und ließ mich damit auf mein bis dato anspruchsvollstes Experiment ein: Eine Kartoffelsorte der Firma Monsanto namens »NewLeaf«, die aufgrund entsprechender genetischer Behandlung ein pflanzeneigenes Pestizid produziert, und zwar in jeder einzelnen Zelle jedes Blattes und jedes Stängels, jeder Blüte und jeder Wurzel sowie – hier wird es heikel – in jeder Kartoffelknolle.

Die Geißel der Kartoffel ist seit Urzeiten der Kartoffelkäfer, ein ansehnliches, gefräßiges Insekt, das einer Pflanze praktisch über Nacht sämtliche Blätter abfrisst und somit die Knollen absterben lässt. Von den »NewLeafs« hieß es nun, sie enthielten in allen Pflanzenteilen genügend bakterielles Gift, um den Verdauungstrakt jedes Kartoffelkäfers, der sich an ihren Blättern versuchte, zu zersetzen.

Ich war mir gar nicht so sicher, ob ich die NewLeafs, die ich im Herbst ausgraben würde, überhaupt haben wollte. Insofern unterschied sich mein Kartoffelexperiment ganz erheblich von allem, was ich bisher in meinem Garten gezogen hatte, ob Äpfel, Tulpen oder selbst Marihuana. Sie alle hatte ich gepflanzt, weil ich haben wollte, was sie versprachen. Hier nun trieb mich weniger ein inneres Bedürfnis als die Neugier: Funktionieren die Dinger? Sind genmanipulierte Kartoffeln als Pflanzgut bzw. als Nahrungsmittel zu empfehlen? Wenn nicht meines, wessen Bedürfnis befriedigen sie dann? Und schließlich: Was verraten sie uns möglicherweise über die Zukunft der Beziehung zwischen Pflanze und Mensch? Um meine Fragen auch nur ansatzweise zu beantworten, war mehr an Rüstzeug vonnöten, als dem Gärtner (und Konsumenten) zur Verfügung stand; ich musste auch journalistisch tätig werden, sonst hatte ich keine Aussicht, Zugang zu der Welt zu finden, der die neuen Kartoffeln entstammten. Man könnte also sagen, dass meinem Experiment mit dem Anbau von NewLeaf-Kartoffeln etwas durch und durch Künstliches anhaftete. Aber Künstlichkeit ist ja gerade das Thema.

»Neue Blätter«: ein treffender Name für meine NewLeafs. Sie gehören zu einer neuen Kategorie von Nutzpflanzen, die der langen, komplexen und mittlerweile weitgehend unsichtbaren Nahrungskette, die einen jeden von uns mit dem Land verbindet, umwälzende Veränderungen bescheren. Zu dem Zeitpunkt, an dem ich mein Experiment durchführte, waren bereits mehr als zweihunderttausend Quadratkilometer amerikanischen Farmlands mit genmanipulierten Nutzpflanzen bebaut, hauptsächlich mit Mais,

Sojabohnen, Baumwolle und Kartoffeln, die nun entweder eigene Pestizide produzierten oder Resistenzen gegen Unkrautvernichtungsmittel entwickelten. In Zukunft wird es, so hören wir, nicht nur genmanipulierte Kartoffeln geben, die beim Frittieren weniger Fett absorbieren, sondern auch Mais, der Dürreperioden übersteht, Rasen, der nie gemäht werden muss, mit Vitamin A angereicherten »goldenen Reis«, Bananen und Kartoffeln, aus denen sich Impfstoffe gewinnen lassen, Tomaten, die durch Einschleusung eines Gens von Flundern Frostresistenz entwickeln, sowie Baumwolle in allen Regenbogenfarben.

Man kann wohl ohne Übertreibung festhalten, dass diese neue Technik die größte Veränderung in unserem Verhältnis zur Pflanzenwelt darstellt, seit Menschen mit der Kreuzung von Pflanzen begannen. Mit der Gentechnik kommt der Mensch der Beherrschung der Natur einen gewaltigen Schritt näher. Ihrer Umordnung, versinnbildlicht durch die Ackerfurchen des Farmers, eröffnet sich nun ein völlig neues Terrain: das Genom der Pflanze. Damit betreten wir wahrhaftig Neuland.

Oder doch nicht?

Wie neu die betreffenden Pflanzen wirklich sind, das ist in der Tat eine Schlüsselfrage zum Thema; von den Unternehmen, die sie entwickelt haben, kommen widersprüchliche Antworten. Die Industrie bezeichnet jene Pflanzen als essentielle Bestandteile einer biologischen Revolution, als Teil eines »Paradigmenwechsels« im Interesse der Welternährung und einer nachhaltigeren Landwirtschaft; zugleich aber sollen sie eigenartigerweise, zumindest für uns Konsumenten am Ende der Nahrungskette, haarscharf die gleichen, altvertrauten Kartoffelknollen, Maiskolben und

Sojabohnen sein. Die Pflanzen sind neuartig genug, um patentiert zu werden, aber nicht so neuartig, als dass wir ihren Etiketten entnehmen könnten, was wir da eigentlich zu uns nehmen. Sie erscheinen als Chimären: »revolutionär« für Patentamt und Farm, »nichts Neues« für den Supermarkt und die Umwelt.

Durch den Eigenanbau von NewLeafs hoffte ich herauszufinden, welcher Version der Realität ich Glauben schenken sollte: Waren das tatsächlich die gleichen, guten alten Knollen oder doch so neuartige Gebilde (für die Natur wie für die Ernährung), dass Vorsicht und bohrendes Nachfragen geboten schienen? Wer sich näher mit der Genmanipulation von Pflanzen befasst, stößt auf viele Fragen, die auch nach dem Anbau auf zweihunderttausend Quadratkilometern offen geblieben, ja niemals gestellt worden sind: Genügend Fragen, um mich vermuten zu lassen, dass ich mit meinem Experiment nicht der Einzige war.

2. Mai. Für mich, den Pflanzgärtner am Ende der Nahrungskette, dem die Firma Monsanto einen Testanbau ihrer NewLeafs genehmigt hatte, wirkte alles durchaus neu und anders. Zunächst zog ich in meinem Gemüsegarten zwei flache Furchen und häufte Komposterde daneben; dann öffnete ich das von Monsanto gelieferte violette Plastiknetz mit Saatkartoffeln, an dessen Verschluss ein Kärtchen mit »Hinweisen zum Anbau« hing. Kartoffeln (man erinnert sich an entsprechende Experimente aus dem Kindergarten) wachsen nicht aus Samen, sondern aus den Augen anderer Kartoffeln; und die staubigen, stumpfgrauen Keimlinge, die ich sorgsam in die Furche einlegte, sahen im Großen und Ganzen so aus wie alle anderen. Die beiliegenden Hinweise zum Anbau jedoch lasen sich für mein Gefühl, als ginge es nicht darum, Gemüse zu pflanzen, sondern eine neue Software-Version zu installieren.

»Durch Entnahme und Gebrauch dieses Produkts«, so hieß es auf der Karte, sei ich nunmehr zum Anbau der Kartoffeln »lizenziert«, allerdings nur für eine einzige Generation; die Feldfrüchte, die ich im Folgenden bewässern, heranziehen und ernten würde, gehörten mir – und doch wieder nicht. Was so viel hieß wie: Ich durfte die Kartoffeln nach dem Ausgraben im kommenden September sowohl essen als auch verkaufen; ihre Gene jedoch blieben geistiges Eigentum der Firma Monsanto, als solches durch diverse US-Patente unter den Nummern 5.196.525, 5.164.316, 5.322.938 und 5.352.605 geschützt. Hob ich, wie ich es normalerweise tue, auch nur eine der Knollen für die nächste Pflanzsaison auf, verstieß ich gegen ein bundesstaatliches Gesetz. (Mir drängte sich die Frage auf, welche rechtliche Stellung damit wohl den »Freiwilligen« zukam – den Pflanzen, die in jedem Frühjahr ohne Zutun des Gärtners aus den bei der Vorjahresernte übersehenen Knollen sprossen?) Weiterhin informierte mich das Kleingedruckte auf dem Etikett zu meiner Bestürzung von der Tatsache, dass meine Kartoffelpflanzen als solche bei der Umweltschutzbehörde registriert waren (U.S. EPA Reg. No. 524-474), und zwar als Pestizid.

Wenn es eines Beweises für den derzeitigen dramatischen Wandel innerhalb der Nahrungskette bedurfte, die beim Saatgut beginnt und auf unseren Esstellern endet, dann war er wohl mit dem Kleingedruckten auf dem Etikett meiner NewLeafs gegeben. Jene Nahrungskette ist an Produktivität bislang unerreicht: Jeder amerikanische Farmer versorgt mit seiner Jahresproduktion durchschnittlich einhundert Menschen. Doch jene Errungenschaft, die Unterwerfung der Natur, fordert ihren Preis. Derartige Mengen von Lebensmitteln lassen sich im modernen landwirtschaftlichen Großbetrieb nicht ohne massiven Einsatz von chemischen Düngemitteln, Pestiziden, Gerätschaften und Benzin produzieren – ein kostspieliges Paket von Ausgangsmaterial, das den Farmer in Schulden stürzt, seine Gesundheit gefährdet, die Widerstandskraft und Fruchtbarkeit des Bodens beeinträchtigt, das Grundwasser vergiftet und unsere Nahrungsmittel mit Risiken behaftet. Für seinen Machtzuwachs bezahlt der Farmer demzufolge mit einem Rattenschwanz neuer Schwachstellen.

All das hatte ich natürlich schon zu hören bekommen, bislang allerdings stets von Umweltschützern oder Biobauern. Nun stimmen neue Gruppen in die bekannte Kritik ein: landwirtschaftliche Großbetriebe, Regierungsbehörden und auch die Agrarunternehmen, die den Farmern das ganze teure Ausgangsmaterial überhaupt erst schmackhaft gemacht hatten. In einem ihrer letzten Jahresberichte zitierte die Firma Monsanto ausgerechnet den als Farmer in Kentucky lebenden Schriftsteller Wendell Berry mit den Worten, »die gegenwärtige Agrartechnik ist nicht nachhaltig«.

Eine neuartige Pflanze soll die amerikanische Nahrungskette retten. Die Genmanipulation verspricht, teure und giftige Chemikalien durch gleichfalls teure, aber angeblich verträgliche genetische Information zu ersetzen. Das Resultat sind Nutzpflanzen wie meine NewLeafs, die sich ohne äußere Anwendung von Pestiziden selbst vor Schädlingen und Krankheiten zu schützen vermögen. Die genetische Information, die es den Zellen der NewLeaf-Kartoffelpflanzen ermöglicht, ein für Kartoffelkäfer tödliches Gift zu produzieren, wird aus dem Genom eines im Erdboden weit verbreiteten Bakteriums (*Bacillus thuringiensis*, kurz BT) gewonnen. Jenes Gen ist nunmehr geistiges Eigentum der Firma Monsanto. Mit der Genmanipulation hat auch für die Landwirtschaft das Informationszeitalter begonnen, in dem Monsanto offenbar die Rolle von Microsoft zu übernehmen gedenkt: als Lieferant markenrechtlich geschützter »Betriebssysteme« (so die von der Firma gewählte Metapher) zur Steuerung jener neuen Pflanzengeneration.

Die Metaphern, die wir zur Beschreibung der natürlichen Welt verwenden, prägen die Art und Weise, wie wir uns ihr nähern, sowie das Ausmaß, in dem wir sie uns zu unterwerfen versuchen. Es liegt ein himmelweiter (und für die Erde höchst bedeutsamer) Unterschied darin, ob man in der Farm die Fabrik sieht oder im Wald die Farm. Bald werden wir wissen, was dabei herauskommt, wenn man sich der Gene unserer Nutzpflanzen wie einer neuen Software bedient.

In den Anden, 1532. Die wilden Vorfahren der patentierten Kartoffeln, die ich nunmehr anpflanzte, wuchsen ursprünglich auf der Anden-Hochebene, dem »Markt der Möglichkeiten« für die Kartoffel. Vorfahren der Inkas gelang hier vor rund achttausend Jahren erstmals die Züchtung von *Solanum tuberosum* als Kulturpflanze. Tatsächlich finden sich in meinem Garten späte Nachfahren jener antiken Kartoffeln. Einige der sechs bis sieben Sorten, die ich anbaue, lassen sich bis in jene Zeit zurückverfolgen, beispielsweise die Peruanische Blaue Kartoffel mit ihren golfballgroßen, überaus stärkehaltigen Knollen; im Querschnitt offenbaren sie ein Batikmuster in atemberaubenden Blautönen.

Die Inkas (und ihre Vor- und Nachfahren) züchteten meine blaue Kartoffelsorte als eines von vielen Knollengewächsen. Darunter fanden sich auch rote, rosa, gelbe und orangefarbene Kartoffeln in allen Varianten von dick bis dünn, glattschalig und rau, kurzlebig und ausdauernd, dürreresistent und Feuchtigkeit liebend, süß und (ideales Viehfutter) bitter, stark mehlig und nahezu butterzart: insgesamt rund dreitausend verschiedene Gewächse. Jener außergewöhnliche Variantenreichtum verdankt sich zu gleichen Teilen dem Streben der Inkas nach Vielfalt, ihrer Experimentierfreude und ihrem Anbausystem, das an Raffinesse und Komplexität zur Zeit der spanischen Eroberung einzig in der Welt dastand. Im Mai, während meine Schösslinge auf sich warten ließen, las ich über die Kartoffeln der Inkas (und später der Iren), in der Hoffnung, ein klareres Bild vom Verhältnis des Menschen zur Kartoffel zu gewinnen und mehr über die Auswirkungen dieser Beziehung auf die Pflanze und uns selbst herauszufinden.

Die Inkas ernteten eindrucksvolle Mengen von Kartoffeln unter extrem widrigen Bedingungen mittels einer Methode, die in Teilen der Andenregion bis heute praktiziert wird. Ein mehr oder weniger vertikaler Lebensraum stellt Pflanzen und Züchter vor besondere Herausforderungen: Das Mikroklima ändert sich je nach Höhenlage und Einwirkungskraft von Sonne und Wind. Eine Kartoffel, die in einer gewissen Höhe auf der einen Seite eines Bergkamms prächtig gedeiht, verkümmert womöglich, wenn sie nur ein paar Schritte entfernt angepflanzt wird. Unter solchen Umständen war keiner Monokultur Erfolg beschieden, weshalb die Inkas eine Anbaumethode entwickelten, die das genaue Gegenteil der Monokultur darstellte. Statt auf eine einzige Kulturvarietät setzte der Andenbauer damals wie heute auf eine Vielzahl von Sorten, mindestens eine für jede ökologische Nische. Die Inkas versuchten nicht, wie die meisten Farmer es tun, die natürliche Umgebung auf eine einzige, optimale Gattung, z. B. Russet Burbank, hinzutrimmen, sondern züchteten für jedes Milieu eine andere.

Die so entstehenden Farmen wirken auf westliche Betrachter wie chaotisches Stückwerk, die Anbauflächen zusammenhanglos: hier ein wenig von dem, dort ein wenig von jenem; sie bieten beileibe nicht den vertrauten, befriedigenden Anblick einer apollinisch wohl geordneten Landschaft. Und doch stand die Kartoffelfarm der Andenbauern für eine kunstvolle Ordnung der natürlichen Gegebenheiten, die anders als bei den Naturkatastrophen 1999 in Versailles oder 1845 in Irland praktisch allem zu trotzen vermochte, was die Natur an Widrigkeiten für sie bereithielt.

An den Rändern und Hecken der Anden-Farmen wuchern bis heute wilde Kartoffeln wie Unkraut; infolgedessen haben sich die Züchtungen der Farmer regelmäßig mit ihren wilden Verwandten gekreuzt, dadurch den Genpool aufgefrischt und neue Hybriden hervorgebracht. Stellt eine der neuen Kartoffelsorten ihren Wert unter Beweis, durch Widerstandskraft gegen Dürre oder Sturm oder durch besondere Schmackhaftigkeit, wird sie aus der zweiten Reihe auf das eigentliche Kartoffelfeld befördert und wandert von dort, nach entsprechender Frist, auch in die Äcker der Nachbarn. Die künstliche Zuchtwahl ist demnach ein fortlaufender, ortsgebundener Prozess, und jede neue Kartoffelsorte resultiert aus dem ständigen Wechselspiel zwischen dem Boden und denen, die ihn bearbeiten; als Mittler dient das Universum aller potentiellen Kartoffelsorten: das Genom der Gattung.

Die von den Inkas und ihren Nachfahren herangezüchtete genetische Vielfalt stellt eine immense kulturelle Errungenschaft und ein Geschenk von unschätzbarem Wert an die Menschheit dar. Ein vorbehaltloses, von keiner Hypothek belastetes Geschenk, möchte man anfügen, im Gegensatz zu meinen patentierten, unter Warenzeichen eingetragenen NewLeaf-Kartoffeln. »Geistiges Eigentum« ist ein moderner, westlicher Begriff, der den peruanischen Farmern bis heute fremd geblieben ist.[1] Natürlich war Francisco Pizarro weder auf Pflanzen noch auf geistiges Eigentum aus, als er die Inkas besiegte; ihm ging es ausschließlich um Gold. Was keiner der Konquistadoren sich hätte träumen lassen: Die ulkigen, knubbeligen Gewächse, die sie dort hoch oben in den Anden vorfanden, sollten sich als der bedeutsamste Schatz erweisen, den sie aus der Neuen Welt heimbrachten.

15. Mai. Nach tagelangem strömendem Regen zeigte sich in dieser Woche endlich wieder die Sonne, zugleich mit meinen NewLeafs: ein Dutzend dunkelgrüner Schösslinge brach durch die Erde und begann zu wachsen, schneller und

---

[1] Der Begriff des geistigen Eigentums schließt laut Definition in neueren Handelsabkommen ausdrücklich sämtliche Innovationen aus, die nicht das private, vermarktbare Eigentum eines Individuums oder Unternehmens sind. D.h., eine neu entwickelte Kartoffelsorte kann von einem Unternehmen, nicht jedoch von den Ureinwohnern Amerikas als geistiges Eigentum beansprucht werden.

kräftiger als all meine anderen Kartoffelsorten. Von ihrer besonderen Vitalität einmal abgesehen, wirkten die NewLeafs jedoch völlig normal – weder piepsten noch leuchteten sie, wie einige Besucher meines Gartens scherzhaft vermutet hatten. (Wobei zumindest die Idee mit dem Leuchten gar nicht so weit hergeholt ist: Wie ich las, haben Züchter durch Einschleusung eines Gens von Glühwürmchen eine lumineszierende Tabakpflanze entwickelt. Was sie dazu trieb, habe ich allerdings noch nicht herausgefunden; vielleicht wollten sie lediglich die Machbarkeit unter Beweis stellen. Eine reine Machtdemonstration.) Und trotzdem: Während ich zusah, wie meine NewLeafs in jenen ersten Tagen munter weitere dunkelgrün glänzende Blätter ansetzten, und ich ungeduldig auf das Eintreffen des ersten ahnungslosen Käfers wartete, konnte ich mich des Gedankens nicht erwehren, dass sich diese Pflanzen grundlegend von den anderen Gewächsen in meinem Garten unterschieden.

In gewisser Hinsicht sind alle domestizierten Pflanzen Kunstprodukte, lebende Informationsbanken aus Kultur und Natur, die maßgeblich von Menschen mitgestaltet worden sind. Jede beliebige Kartoffelart spiegelt die menschlichen Bedürfnisse, die zu ihrer Züchtung führten. Eine Sorte, die selektiert wurde, um lange, propere Pommes frites oder makellos gerundete Kartoffelchips zu liefern, lässt auf das Vorhandensein nationaler Lebensmittelketten und einer Kultur schließen, die Kartoffeln nur in mehrfach verarbeitetem Zustand goutiert. Andererseits verweisen etliche der zarteren europäischen Winzlinge, die neben meinen NewLeafs wachsen, auf einen bestehenden Markt von Kleinanbietern und eine kulturelle Vorliebe für frische Kartoffeln, denn keine dieser Sorten übersteht längere Transporte oder Lagerzeiten. Welchen kulturellen Wert ich allerdings den peruanischen Blaukartoffeln zuschreiben soll, weiß ich nicht recht: Vielleicht steckt hinter ihnen lediglich der Wunsch nach Abwechslung, verspürt von einem Volk, bei dem morgens, mittags und abends Kartoffeln auf dem Speiseplan standen.

»Sage mir, was du isst, und ich sage dir, was du bist«, lautet die berühmte These von Anthelme Brillat-Savarin. Die besonderen Eigenschaften einer Kartoffel (und jeder anderen domestizierten Pflanzen- oder Tiergattung) spiegeln im Großen und Ganzen die Wertvorstellungen derjenigen wider, die sie züchten und verzehren. Und doch waren all diese Eigenschaften bereits in der Kartoffel vorhanden, irgendwo in dem Universum genetischer Möglichkeiten, das die Gattung *Solanum tuberosum* zu bieten hat: ein Universum gewaltiger, aber keineswegs unbegrenzter Möglichkeiten. Da sich artfremde Gattungen in der Natur nicht kreuzen lassen, scheiterte die Kunst des Züchters stets an der natürlichen Grenze dessen, was eine Kartoffel willens und imstande ist zu leisten, also an ihrer grundlegenden Beschaffenheit. Gegen kulturelle Umtriebe in Sachen Kartoffel hat die Natur seit jeher ihr Veto eingelegt.

Bis dato. Als erste Kartoffelsorte setzt NewLeaf sich über besagtes Veto hinweg. Monsanto gefällt sich darin, die Genmanipulation lediglich als ein weiteres Kapitel in der uralten Geschichte menschlicher Eingriffe in die Natur hinzustellen, einer Geschichte, die bis auf die Entdeckung des Gärungsprozesses zurückgeht. In der weit gefassten Definition des Unternehmens fallen Bierbrauen und Käseherstellung ebenso unter den Begriff »Biotechnik« wie selektive Zuchtformen: Sie alle gelten als »Techniken« zur Manipulation von Lebensformen.

Und doch hat die neue Biotechnik die alten Regeln über Bord geworfen, die über das Verhältnis von Natur und Kultur bei Pflanzen bestimmten. Die Domestizierung ist niemals ein simpler, einseitiger Vorgang gewesen, bei dem die Gattung Mensch sich andere Gattungen unterwirft; Letztere beteiligen sich nur so weit, wie es ihren Interessen dient, und viele Pflanzen (man denke an die Eiche) sitzen das Ganze einfach in aller Ruhe aus. Darwin nannte jenes Spiel »künstliche Zuchtwahl«, und seine Regeln ähneln seit jeher denen der natürlichen Zuchtwahl. Die wilde Pflanze bietet neue Eigenschaften, aus denen der Mensch (oder eben die Natur) diejenigen selektiert, die fortbestehen und gedeihen sollen. Auf einer Regel jedoch bestand Darwin in seinem Werk *Der Ursprung der Arten* mit Nachdruck: »Der Mensch ruft grundsätzlich keine Variabilität hervor.«

Nun tut er es doch. Erstmals können Züchter Eigenschaften aus beliebigen Bereichen der Natur in das Genom einer Pflanze übertragen: sei es die Leuchtkraft von Glühwürmchen, die Frostresistenz von Flundern, die Krankheitsabwehr von Viren oder, im Falle meiner Kartoffeln, das im Boden gedeihende Bakterium *Bacillus thuringiensis.* In einer Million Jahren natürlicher und künstlicher Auslese wäre keine dieser Gattungen je auf die genannten Eigenschaften verfallen. An die Stelle der »Modifikation durch Vererbung« tritt nun … etwas gänzlich anderes.

Zwar trifft es zu, dass Gene gelegentlich zwischen Gattungen hin und her wandern; die Erbmasse scheint vielfach fließender zu sein als bisher von den Wissenschaftlern angenommen. Aus uns bislang nicht völlig ersichtlichen Gründen gibt es in der Natur aber trotzdem vollständig getrennte Gattungen, die eine gewisse genetische Integrität aufweisen; wenn es zwischen ihnen überhaupt zu geschlechtlichem Kontakt kommt, führt er nicht zu fruchtbarer Nachkommenschaft. Die Natur hat vermutlich ihre Gründe dafür, solche Grenzen zu ziehen, auch wenn sie sich gelegentlich als durchlässig erweisen. Manche Biologen vertreten die Ansicht, die Gattungen hielten möglicherweise Abstand voneinander, um Krankheitserregern möglichst wenig Angriffsfläche zu bieten und ihre Zerstörungskraft so weit im Zaum zu halten, dass nicht ein einziger Bazillus auf einen Schlag das gesamte Leben auf Erden auslöschen kann.

Eine Pflanze bewusst mit Genen anzureichern, die nicht nur arten-, sondern stammübergreifend versetzt werden, heißt, die Grenzen ihrer grundsätzlichen Beschaffenheit, sozusagen die essentielle Wildheit jener Pflanze, aufzubrechen: nicht durch ein Virus, wie es mitunter in der Natur geschieht, sondern durch den Einsatz neuer, höchst wirksamer menschlicher Mittel.

Erstmals wird das Genom selbst domestiziert und der Schirmherrschaft menschlicher Kultur unterstellt. Darin lag der kleine Unterschied meiner Kartoffel zu den anderen hier erwähnten Pflanzen, die ebenso Subjekt wie Objekt der Domestizierung gewesen waren. Die anderen Pflanzen entwickelten sich in einer Art wechselseitigem, beiderseits befruchtendem Dialog mit dem Menschen, die NewLeaf-Kartoffel hingegen beschränkte sich auf die Rolle des passiven Zuhörers. Ob sie von den ihr zuteil gewordenen neuen Genen profitieren wird oder nicht, lässt sich im Augenblick noch nicht sagen. Fest steht jedoch, dass diese Kartoffelsorte in ihrer Stammesgeschichte nicht die gleiche heroische Rolle spielt wie einst etwa der Apfel. Die Idee mit der Bodenbakterie namens BT ist nicht ausschließlich auf ihrem Mist gewachsen. Nein, die Helden in der Entwicklungsgeschichte der NewLeafs sind die Wissenschaftler im Dienst von Monsanto. Die Herren im weißen Kittel haben mit dem Mann im Kaffeebohnensack zweifellos eines gemeinsam: wie damals er, arbeiten sie bis heute an der weltweiten Verbreitung pflanzlicher Gene. Und doch: Obwohl Johnny Appleseed ebenso wie die Bierbrauer und Käser, die hoch technisierten Marihuana-Pflanzer und alle anderen »Biotechniker« ihre Produkte manipulierten, selektierten, gewaltsam hochzüchteten, klonten und anderweitig veränderten, verloren die Arten selbst nie ihren evolutionären Einfluss auf die Materie an sich, wurden nie ausschließlich zu Objekten unserer Begierden. Nun aber erscheint die einst schrankenlose Wildheit jener Pflanzen ... eingeschränkt. Ob zum Guten oder Schlechten für die Pflanzen (oder für uns selbst) – fraglos handelt es sich dabei um etwas unerhört *Neues.*

Das Verblüffendste an den NewLeafs, die in meinem Garten sprießen, ist wohl ihre Extraportion an menschlicher Intelligenz in Form des ihnen beigegebenen Gens *Bacillus thuringiensis.* Früher blieb jene Intelligenz außerhalb der Pflanze angesiedelt, in den Hirnen von Biobauern und Gärtnern (mich eingeschlossen), die BT, bevorzugt in Sprayform, verwendeten, um die ökologische Beziehung zwischen bestimmten Insekten und einem bestimmten Bakterium zum Nachteil besagter Insekten zu beeinflussen. Das Verrückte an den neuen BT-Anbauprodukten (ein ähnliches Gen wurde in Maispflanzen implantiert): Die in ihnen verschlüsselte kulturelle Information war seit jeher ebendenen bekannt, die der Hochtechnologie am stärksten misstrauen, nämlich den Biobauern. Die meisten anderen biotechnisch veränderten Nutzpflanzen, u.a. diejenigen, die von Monsanto auf Resistenz gegen das firmeneigene, patentierte Herbizid behandelt wurden, schließen eine gänzlich andere, der Industrie dienstbare Intelligenz in sich ein.

Manch einer sieht in der Gentechnik eine Chance, menschliche Kultur und Intelligenz stärker in die Pflanzenwelt einfließen zu lassen. So gesehen sind die NewLeafs ganz einfach gescheiter als alle meine übrigen Kartoffeln. Deren Existenz nämlich hängt, sobald der Kartoffelkäfer zuschlägt, von meinem Wissen und meiner Erfahrung ab. Die NewLeafs, die bereits wissen, was ich über Käfer und BT weiß, sind autark. Also trifft der erste Eindruck, nach dem meine genmanipulierten Pflanzen an Wesen von einem anderen Planeten erinnerten, nicht unbedingt zu; sie ähneln uns mehr als andere Pflanzen, weil mehr von uns in sie eingeflossen ist.

Irland, 1588. Einer artfremden Gattung vergleichbar, die in ein stabiles Ökosystem gerät, tat die Kartoffel sich zunächst schwer, in Europa Fuß zu fassen, nachdem sie gegen Ende des sechzehnten Jahrhunderts vermutlich als Beiladung im Frachtraum eines spanischen Schiffs in die Alte Welt gelangt war. Als problematisch erwiesen sich nicht etwa die europäischen Boden- oder Klimabedingungen, die der Kartoffel (zumindest im Norden) sehr zusagten, sondern die geistige Einstellung der Europäer. Selbst angesichts der Erkenntnis, dass sich mit der neuen Pflanze mehr Nahrung auf weniger Anbaufläche produzieren ließ als mit jeder anderen Feldfrucht, zeigte ein Großteil des kultivierten Europas der Kartoffel weiterhin die Zähne. Warum? Der Verzehr von Knollenfrüchten war in Europa bis dahin nicht üblich; die Kartoffel gehörte (wie die ähnlich schlecht angesehene Tomate) zur Familie der Nachtschattengewächse; Kartoffeln wurden für Lepra und Unmoral verantwortlich gemacht; sie fanden in der Bibel an keiner Stelle Erwähnung; sie kamen aus Amerika, wo sie einer unzivilisierten, unterworfenen Rasse als Grundnahrungsmittel dienten. Der Rechtfertigungen für die Weigerung, Kartoffeln zu essen, gab es viele und vielfältige, letztlich aber liefen die meisten darauf hinaus, dass die neue Pflanze (und darin unterschied sie sich grundlegend von meinen NewLeafs) ihrem Wesen nach weniger von der menschlichen Kultur als von der unbelehrbaren Natur geprägt wäre.

Wie aber stand es mit Irland? Irland war die Ausnahme, die die Regel bestätigte oder, besser gesagt, überhaupt erst prägte, denn sein besonderes Verhältnis zur Kartoffel trug maßgeblich zu seinem zweifelhaften Erscheinungsbild im Bewusstsein der Engländer bei. Irland hieß die Kartoffel von der ersten Begegnung an mit offenen Armen willkommen, ein schicksalhaftes Ereignis, für das wahlweise Sir Walter Raleigh oder aber der Schiffbruch einer spanischen Galeone im Jahr 1588 vor der irischen Küste verantwortlich gemacht wird. Wie sich herausstellte, war Irland von seinen kulturellen, politischen und biologischen Gegebenheiten her wie maßgeschneidert für die neue Pflanzengattung. Getreide gedieh auf der Insel nur kümmerlich; im siebzehnten Jahrhundert beschlagnahmten Cromwells »Rundköpfe« im Namen englischer Grundbesitzer die wenigen ergiebigen Ackerflächen und zwangen die irischen Bauern somit, sich ihren kärglichen Lebensunterhalt aus einem regengetränkten, dürftigen Boden zusammenzukratzen, der praktisch nichts hergab. Die Kartoffel gedieh jedoch wundersamerweise und lieferte erstaunliche Mengen an Nahrungsmitteln aus ebendem Grund und Boden, den die englischen Besatzer als hoffnungslos angesehen hatten. Damit war der Pflanze gegen Ende des siebzehnten Jahrhunderts ein erster Durchbruch in der Alten Welt gelungen; binnen der folgenden zweihundert Jahre eroberte sie Nordeuropa im Sturm und gestaltete dabei ihren neuen Lebensraum gründlich um.

Die Iren stellten fest, dass auf ein paar tausend Quadratmeter kargen Bodens genügend Kartoffeln wuchsen, um eine Großfamilie mitsamt ihrem Viehbestand zu ernähren. Weiterhin fanden die Iren heraus, dass sich Kartoffeln mit minimalem Aufwand an Arbeit und Werkzeug, nämlich im so genannten »lazy-bed-system«, züchten ließen. Dazu wurden die Kartoffeln einfach in einem Rechteck auf die Erde gelegt, der Bauer zog mit einem Spaten zu beiden Seiten seines Kartoffelbeets einen Abflussgraben und bedeckte die Sprossknollen mit dem Aushub von Erde, Grasnarbe oder Torf. Kein Pflügen des Bodens, keine ordentlichen Reihen und ganz gewiss keine erhabene Schönheit der Landwirtschaft: ein verwerflicher Mangel in den Augen der Engländer. Der Kartoffelanbau hatte keine Ähnlichkeit mit »richtiger« Landwirtschaft, bot nicht die apollinische Befriedigung eines ordentlichen Kornfeldes, keine soldatisch ausgerichteten Reihen goldener Weizenhalme, die in der Sonne heranreiften. Weizen strebte empor zur Sonne, zur Zivilisation; die Kartoffel wuchs in die Tiefe. Kartoffeln gehörten zur Unterwelt, ihre nichts sagenden braunen Knollen bildeten sich verborgen in der Erde, während oberirdisch nur unordentliches, nutzloses Kraut aus ihnen spross.

Die Iren waren zu hungrig, um sich über ästhetische Aspekte der Landwirtschaft den Kopf zu zerbrechen. Der Kartoffelacker war zwar nicht gerade ein Bild von Maß und Ordnung, aber er bot den Iren ein willkommenes Maß an Herrschaft über ihr Leben. Nunmehr konnten sie sich selbst ernähren, waren nicht mehr vom Wirtschaftsnetz der englischen Kolonialherren abhängig und mussten sich weniger Sorgen über den Brotpreis oder die aktuellen Löhne machen. Hatten sie doch entdeckt, dass Kartoffeln, ergänzt durch Kuhmilch, den Körper mit allen notwendigen Nährstoffen versorgten. Neben Energie in Form von Kohlehydraten lieferten ihnen die Kartoffeln beträchtliche Mengen an Eiweiß sowie Vitamin B und C (der Siegeszug der Kartoffelknolle befreite Europa schließlich und endlich vom Skorbut); fehlte nur noch Vitamin A, enthalten in ein paar Schlucken Milch. (Woraus sich ergibt, dass Kartoffelbrei nicht nur ein himmlisches Gericht ist, sondern dem Körper auch alle wesentlichen Nährstoffe liefert.) Kartoffeln ließen sich leicht anbauen und noch leichter zubereiten: ausgraben, im Kochtopf oder im Feuer erhitzen und essen.

Mit der Zeit ließ sich ganz Nordeuropa von den unbestreitbaren Vorzügen der Kartoffel im Vergleich zu Getreide überzeugen, allerdings mit Ausnahme von Irland stets gegen äußerst zähen Widerstand. In Deutschland musste Friedrich der Große die Bauern förmlich zwingen, Kartoffeln anzubauen; das Gleiche widerfuhr Katharina der Großen in Russland. Ludwig XVI. versuchte es auf subtilere Weise; wenn er der schlichten Knolle nur einen Hauch von königlichem Renommee verleihen könnte, so seine Überlegung, würden die Bauern sich auf ein Experiment mit ihr einlassen und ihre Vorzüge entdecken. Also trug Marie Antoinette fortan Kartoffelblüten im Haar, und Ludwig heckte einen genialen Werbefeldzug aus. Er ließ auf dem Palastgelände einen Kartoffelacker anlegen und stellte seine Elitegarde tagsüber zur Bewachung der Feldfrüchte ab. Jeweils um Mitternacht schickte er die Wachposten nach Hause, und es dauerte nicht lange, bis sich die ansässigen Bauern, plötzlich vom Wert der Ware überzeugt, des Nachts mit den königlichen Knollengewächsen davonmachten.

Nach und nach gewannen alle drei Länder an Macht und Stärke, dank der Kartoffeln, die der Mangelernährung und den regelmäßig auftretenden Hungersnöten im nördlichen Europa ein Ende machten und weit mehr Menschen ernährten, als Getreide es je vermocht hätte. Da zu ihrem Anbau weniger helfende Hände nötig waren, sorgte die Kartoffel nebenbei für einen steten Zustrom von Landarbeitern in die anwachsenden Industriestädte Nordeuropas. Der politische Schwerpunkt Europas war von alters her fest im warmen, sonnigen Süden verankert gewesen, wo der Weizen verlässlich gedieh; ohne die Kartoffel hätte das europäische Kräftegleichgewicht sich womöglich nie nach Norden verschoben.

Das letzte Bollwerk hartnäckiger Vorurteile gegen die Kartoffel, das nicht etwa nur von engstirnigen oder abergläubischen Bauern getragen wurde, behauptete sich in England. Bis weit ins neunzehnte Jahrhundert herrschte in den maßgeblichen Kreisen Londons die Ansicht vor, die Kartoffel sei nicht mehr und nicht weniger als eine Bedrohung der Zivilisation. Der Beweis? Ein Fingerzeig in Richtung Irland genügte.

England, 1794. Nach der katastrophalen Weizenernte auf den Britischen Inseln wurde Weißbrot in diesem Jahr für Englands Arme unbezahlbar. Es kam zu Hungeraufständen und damit zu einer großen Debatte über die Kartoffel, die mehr oder weniger heftig über ein halbes Jahrhundert hinweg tobte. (Die »Kartoffeldebatte« ist in Redcliffe Salamans 1949 erschienenem Standardwerk *The History and Social Influence of the Potato* festgehalten; eine brillante Analyse der vorgetragenen Argumente findet sich in »The Potato in the Materialist Imagination«, einem Essay der Literaturkritikerin Catherine Gallagher.) Wie nicht anders zu erwarten, kamen in der Debatte um die Kartoffel, an der sich führende Journalisten, Agronomen und Volkswirtschaftler des Landes mit großem Engagement beteiligten, die bekannten Ängste der Engländer zum Thema Klassenkampf und zum »irischen Problem« zur Sprache. Außerdem warf sie ein scharfes Schlaglicht auf das intime Verhältnis des Menschen zu seinen Nahrungspflanzen und auf die Frage nach unserer Verwurzelung in der Natur, ob zum Guten oder zum Schlechten. Haben wir die Pflanzen in der Hand? Oder haben vielmehr sie uns in der Hand?

Angeregt wurde die Debatte von den Befürwortern der Kartoffel; die Einführung eines zweiten Hauptnahrungsmittels werde sich als Segen für England erweisen, lautete ihr Argument, denn damit sei die Versorgung der Armen bei Brotknappheit gewährleistet und die Gefahr gebannt, dass die häufig an den Brotpreis gekoppelten Löhne zu stark anstiegen. Der angesehene Agronom Arthur Young betrachtete nach seinem Irland-Besuch die Kartoffel voll Überzeugung als »Wurzel des Reichtums«, die Englands Arme vor dem Hunger bewahren und den Bauern helfen könne, ihre Lebensumstände besser im Griff zu behalten, da zu jener Zeit die fortschreitende Einfriedung von Gemeindeland ihre traditionelle Lebensweise zunehmend untergrub.

Der radikal gesonnene Journalist William Cobbett bereiste Irland gleichfalls, kehrte jedoch mit einem ganz anderen Bild von den »Kartoffelessern« zurück. Wo Young im Kartoffelacker des irischen Bauern wachsendes Selbstvertrauen ausgemacht hatte, sah Cobbett nur Hoffnungslosigkeit und Abhängigkeit am Rande des Existenzminimums. Dem Argument, dass die Kartoffel Irland ernähre, hielt Cobbett entgegen, gleichzeitig trage sie zur Verarmung bei, indem sie das Bevölkerungswachstum binnen eines knappen Jahrhunderts von drei auf acht Millionen habe ansteigen und die Löhne habe sinken lassen. Das üppige Nahrungsangebot erlaubte den jungen Iren, früher zu heiraten und eine größere Familie zu ernähren; mit der wachsenden Zahl von Arbeitskräften sanken die Löhne. Die Kartoffel war Segen und Fluch zugleich.

In seinen Artikeln verglich Cobbett »die verdammte Wurzel« mit der Erdanziehungskraft, die die Iren fort von der hohen Zivilisation zurück in den Dreck zog und dabei allmählich die Unterschiede zwischen Mensch und Vieh, ja zwischen Mensch und Wurzelgewächs verwässerte und trübte. Die typische Lehmhütte der »Kartoffelesser« beschrieb er folgendermaßen: »Kein einziges Fenster … der Boden besteht aus nichts als nackter Erde; statt eines Schornsteins nur ein Loch in einer Ecke … von ein paar Steinen eingefasst.« Cobbetts düsterer Schilderung zufolge waren die Iren selbst in die Unterwelt abgetaucht und hatten sich zu ihren Knollen in den Dreck gesellt. Nach dem Kochen »werden die Kartoffeln herausgenommen und in ein großes Behältnis gelegt«, schrieb Cobbett. »Die Familienmitglieder kauern um den Korb und nehmen die Kartoffeln mit der Hand heraus; nur das Schwein bleibt stehen und lässt sich füttern, frisst mitunter auch mit aus dem Topf. Es bewegt sich in und außerhalb der Hütte, mitsamt ihrem Loch, wie ein Mitglied der Familie.« Aus eigener Kraft hatte die Kartoffel der Zivilisation das Rückgrat gebrochen und der Natur die Herrschaft über den Menschen zurückgegeben.

»Bread root« (Brotwurzel) lautet eine Bezeichnung der Engländer für die Kartoffel, und der symbolische Kontrast zwischen den beiden Nahrungsmitteln spielte, stets zum Nachteil des Knollengewächses, in der Debatte eine große Rolle. Catherine Gallagher verweist darauf, dass die Kartoffel von englischer Seite zumeist als primitive, rückschrittliche Basisnahrung ohne jeden kulturellen Nachhall hingestellt wurde. Mit ebenjenem Defizit aber blieb die Kartoffel kulturell nachhaltig in Erinnerung: Sie markierte das Ende der Überinterpretation von Nahrungsmitteln, sie sollte nichts weiter sein als ein Energiespender für Lebewesen. Brot hingegen war mit Triebmittel angereichert, sozusagen aufgeplustert mit Luft wie mit Bedeutung.

Wie die Kartoffel wurzelt Weizen in der Natur, wird jedoch von der Kultur zu dem geformt, was ihn ausmacht. Die Kartoffel wirft man ohne Umstände in den Topf oder ins Feuer, während Weizen geerntet, gedroschen, gemahlen, vermischt, geknetet, geformt und gebacken werden muss, bis in einer letzten, wundersamen Wandlung der formlose

Teigklumpen aufgeht und zu Brot wird. Jener komplizierte, arbeitsteilige Prozess mit seiner Aura von Transzendenz symbolisierte den Sieg der Zivilisation über die rohe Natur. Ein simples Nahrungsmittel wandelte sich so zur Grundsubstanz der Kommunion im menschlichen und auch geistigen Sinn, denn von alters her wurde das Brot mit dem Leib Christi gleichgesetzt. Die Kartoffelklumpen waren Urmaterie, doch das Brot stand nach christlichem Verständnis für das genaue Gegenteil, war Antimaterie, reiner Geist.

Auch die Volkswirtschaftler schalteten sich in die Debatte um die Kartoffel ein; obwohl sie ihren Argumenten einen wissenschaftlicheren Anstrich verliehen, verrät auch ihre Wortwahl tiefe Ängste vor dem Angriff der Natur auf die Kontrollfunktion der Zivilisation. Die malthusische Logik ging von der Voraussetzung aus, dass der Mensch vom Verlangen nach Nahrung und Sex getrieben wird; nur der drohende Hungertod verhindert ein explosives Bevölkerungswachstum. Nach Ansicht von Malthus war die Kartoffel insofern gefährlich, als sie die ökonomischen Beschränkungen aufhob, die das Bevölkerungswachstum normalerweise in Grenzen hielten. Das »irische Problem« brachte er folgendermaßen auf den Punkt: »Die Neigung der unteren Schichten Irlands zu Trägheit und Regellosigkeit ist unausrottbar, solange das System des Kartoffelanbaus es ihnen ermöglicht, sich weit über die normal benötigte Zahl an Arbeitskräften hinaus zu vermehren.«

Die Kartoffel befreit ihren Konsumenten nicht nur von dem zivilisatorisch überhöhten Herstellungsprozess des Brotbackens, sondern auch von der Unterwerfung unter ökonomische Regeln. Volkswirtschaftler wie Adam Smith und David Ricardo betrachteten den Markt als feinfühlig reagierenden Mechanismus, der die Bevölkerungszahl auf den Bedarf an Arbeitskräften abstimmte; als Regulator diente hierbei der Brotpreis. Wurde der Weizen teurer, mussten die Menschen ihre zuvor erwähnten animalischen Triebe zügeln, und zeugten weniger Kinder. Das »potato system« machte aus dem *Homo economicus,* der sein Verhalten dem errechneten Bedarf anpasste, einen weit weniger rational handelnden Typus, den *Homo appetitus,* wie Gallagher ihn nennt. Stellte der »ökonomische Mensch« sein Handeln unter das Zeichen apollinisch kühler Vernunft, geriet der »Appetitmensch« in den Bann des irdischen, fruchtbaren, amoralischen Dionysos. Da die Iren ihre Kartoffeln selbst anbauten und verzehrten und da die Kartoffeln (anders als Weizenmehl) sich nur schwer lagern oder exportieren ließen, wurden sie nie zur Handelsware und blieben, wie die Iren selbst, keinem Diktat als dem der Natur unterworfen.

In den Augen der Volkswirtschaftler glich der kapitalistische Warenumsatz dem Backvorgang insofern, als er einen zivilisatorischen Eingriff in die anarchische Natur darstellte – wohlgemerkt, in die anarchische Natur von Pflanze und Mensch. Ohne die strengen Regeln des Warenmarkts wird der Mensch auf seine Instinkte zurückgeworfen: Die uneingeschränkte Befriedigung des Nahrungs- und Geschlechtstriebs führt unweigerlich zu Überbevölkerung und Verelendung. Nach Überzeugung von David Ricardo war die Kartoffel zugleich Ursache und Symbol dieses Rückschritts, durch den die Herrschaft wieder der Natur überantwortet wurde. Solange wir als Menschen Nahrung benötigen, können wir die Launen der Natur niemals gänzlich außer Acht lassen; als beste Möglichkeit erachtete Ricardo, auf ein Grundnahrungsmittel wie etwa Weizen zu setzen, das als Lagergut Stürmen und Dürreperioden standhalten und leicht zu Geld gemacht werden konnte, um damit andere benötigte Nahrungsmittel zu erwerben. Die Kartoffel bot dergleichen Sicherheit nicht. Sie, die ihre Natur nicht verleugnen und deshalb nicht zur Handelsware werden konnte, drohte nach Gallaghers Worten »die erfolgreichen Bestrebungen einer höher entwickelten Wirtschaft zunichte zu machen, die Menschheit aus der Abhängigkeit von den Launen der Natur zu befreien«.

Zumindest in dem Punkt sollte die Geschichte den Volkswirtschaftlern nur zu sehr Recht geben. Was den Iren als Segen der Kartoffel erschienen war, entpuppte sich als grausame Illusion. Die Abhängigkeit von der Kartoffel hatte die Iren überaus verwundbar gemacht, weniger gegenüber den Schwankungen der Wirtschaft als vielmehr gegenüber denen der Natur. Bewusst wurde ihnen das schlagartig im Spätsommer 1845, als *Phytophthora infestans,* vermutlich per Schiff aus Amerika eingeschleppt, in Europa einfiel. Binnen Wochen trug der Wind die Sporen dieses bösartigen Pilzes in alle Winkel des Kontinents, mit verheerenden Folgen für die Kartoffel und ihre Esser.

St. Louis, 23. Juni. Unter dem Einfluss einer frühsommerlichen Hitzeperiode schossen meine NewLeafs munter ins Kraut; derweil fuhr ich nach St. Louis und besuchte die Zentrale der Firma Monsanto, wo der uralte, noble Traum von der Herrschaft über die Natur üppige und exotische Blüten treibt. Das Verhältnis des Menschen zur Kartoffel ließ sich 1532 anhand einer südamerikanischen Terrassenfarm und 1845 an einem »lazy bed« bei Dublin veranschaulichen; heute ist der angesagte Schauplatz ein zu Forschungszwecken eingerichtetes Gewächshaus auf einem Firmengelände außerhalb von St. Louis.

Meine NewLeafs sind geklonte Klone von Pflanzen, die vor zehn Jahren erstmals gentechnisch behandelt wurden, und zwar am Ufer des Missouri in einem langen, niedrigen Ziegelbau, der sich von anderen Firmenkomplexen lediglich durch den ins Auge springenden Dachaufbau unterscheidet. Die von fern an gläserne Zinnen erinnernden Gebilde entpuppen sich als ein spektakulärer Kamm von Pyramidendächern über insgesamt fünfundzwanzig Gewächshäusern. Die erste Generation gentechnisch veränderter Pflanzen, zu denen die NewLeaf-Kartoffel gehört, wird seit 1984 in diesen Gewächshäusern gezüchtet; in der Frühzeit der Biotechnik herrschte noch weitgehende Unsicherheit über die Frage nach einer bedenkenlosen Anpflanzung in der freien Natur. Heute zählt Monsantos Forschungs- und Entwicklungseinrichtung zu einer knappen Hand voll vergleichbarer Institute (weltweit bestehen derzeit lediglich zwei oder drei Konkurrenzunternehmen), in denen die Nutzpflanzen der Welt umgemodelt werden.

Dave Starck, ein altgedienter »Kartoffelexperte« der Firma Monsanto, führte mich durch die blitzsauberen Räume, in denen Kartoffeln gentechnisch verändert werden. Er erläuterte mir die beiden Methoden, fremde Gene in eine Pflanze einzuschleusen: entweder durch Infektion mit *Agrobacterium tumefaciens,* einem Tumorerreger, der in den Zellkern einer Pflanze eindringt und ihre DNS teilweise durch eigene Gene ersetzt, oder durch Beschuss mit einer Genkanone. Aus bislang ungeklärten Gründen funktioniert die

Infektion mit *Agrobacterium tumefaciens* offenbar bei breitblättrigen Arten wie der Kartoffel besonders gut, wohingegen die Genkanone sich eher bei Gräsern wie Mais und Weizen bewährt.

Die Genkanone ist ein eigenartig hoch technisiertes und zugleich primitives Gerät; bemerkenswert vor allem insofern, als der Begriff »Kanone« durchaus wörtlich zu nehmen ist, wie ich mich vor Ort überzeugen konnte: Mit DNS-Lösung getränkte, rostfreie Projektile werden mittels einer .22-Patrone in den Stängel oder das Blatt der Zielpflanze geschossen. Im Idealfall überwinden die einen oder anderen DNS-Partikel die Wände einiger Zellkerne und dringen in die Doppelhelix ein – als bullige Störenfriede in einem friedlichen Reihentanz. Landet die neue DNS am richtigen Ort (wobei bislang niemand weiß, was und wo der richtige Ort ist), bringt die aus dem Zellkern heranwachsende Pflanze das neue Gen zur Expression. Ist das alles? Ja, das ist alles.

Abgesehen von seinem etwas weniger brachialen Erstauftritt funktioniert das *Agrobacterium tumefaciens* ganz ähnlich. In den blitzsauberen Räumen, deren künstlich hoher Luftdruck umherschwirrende Mikroben fern halten soll, sitzen Techniker an Labortischen vor Petrischalen mit fingernagelgroßen Stücken von Kartoffelstängeln, die in einem gallertartigen klaren Nährsubstrat schwimmen. In diese Substanz spritzen die Laboranten gelöste, nach Vorgabe von Monsanto gentechnisch behandelte *Agrobacteria* (mit Hilfe spezifischer Enzyme lassen sich genau bestimmte DNS-Sequenzen abschneiden und neu ankleben). Dem eingeschleusten BT-Gen wird als »Markierung« ein weiteres Gen beigegeben, das zumeist die Resistenz gegen ein bestimmtes Antibiotikum überträgt. Durch spätere Beigabe ebenjenes Antibiotikums finden die Wissenschaftler heraus, welche Zellen die neue DNS angenommen haben: Alle anderen sterben ab. Das »Markierungs-Gen« kann auch als eine Art Fingerabdruck der DNS dienen, der es Monsanto erlaubt, die firmeneigenen Pflanzen und ihre Nachkommen noch lange nach Verlassen des Labors zu identifizieren. Mittels eines einfachen Tests an einem beliebigen Kartoffelblatt in meinem Garten kann ein Mitarbeiter von Monsanto nachweisen, ob die Kartoffel zum geistigen Eigentum der Firma zählt oder nicht. Mir ging auf, dass die gentechnische Veränderung von Pflanzen neben allem anderen auch eine wirksame Methode zur Überführung von Pflanzen in Privateigentum darstellt, indem sie jedes einzelne Exemplar mit einem unverwechselbaren Strichcode ausstattet.

Nach etlichen Stunden beginnen die überlebenden Segmente der Kartoffelstängel Wurzeln auszubilden; ein paar Tage später wandern die Pflänzchen in das Kartoffelgewächshaus auf dem Dach. Hier traf ich Glenda Debrecht, eine Mitarbeiterin aus der Abteilung für Gartenbau, die mich freundlich einlud, Gummihandschuhe überzustreifen und ihr beim Umsetzen kleinfingerlanger Pflänzchen aus ihren Petrischalen in Töpfchen mit speziell angereicherter Erde behilflich zu sein. Nach der abstrakten Welt des Labors fühlte ich mich hier im Umgang mit echten Pflanzen in einem Gewächshaus quasi wieder auf vertrautem Boden.

Über den fahrbaren Arbeitstisch hinweg erklärte mir Glenda beim Umtopfen, die gesamte Prozedur von der Petrischale über das Umsetzen bis zum Gewächshaus werde Tausende von Malen durchgeführt: hauptsächlich weil immer noch erhebliche Unsicherheiten bezüglich des Ergebnisses bestünden, selbst wenn die DNS akzeptiert wird. Nistet sich beispielsweise die neue DNS an der falschen Stelle im Genom ein, kommt das neue Gen nicht oder nur unzureichend zur Expression. In der Natur, bei geschlechtlicher Vermehrung, bewegen sich die Gene nicht isoliert, sondern in Begleitung verwandter Gene, die ihre Expression quasi per Tastendruck mitbestimmen. Der Transfer von genetischem Material läuft bei der geschlechtlichen Vermehrung außerdem sehr viel geregelter ab; irgendwie gewährleistet der Prozess, dass jedes Gen das passende Quartier bezieht, ohne dabei versehentlich benachbarten Genen in die Quere zu kommen und sie in ihrer Funktion zu beeinträchtigen. »Genetische Instabilität« lautet der Sammelbegriff für die verschiedenen unerwarteten Effekte, die sich durch falsch platzierte oder steuerungslose, fremde Gene in einer neuen Umgebung ergeben können. Die Effekte können subtiler und verborgener Natur sein (wenn etwa ein bestimmtes Protein in der neuen Pflanze stark oder schwach zur Expression gebracht wird), aber auch durchaus ausarten: Nicht wenige von Glendas Kartoffelpflanzen weisen eindeutige Missbildungen auf.

Starck erzählte mir, der Gentransfer benötige zwischen zehn und neunzig Prozent der Gesamtzeit – eine erstaunliche statistische Zahl. Aus bislang unbekanntem Grund (genetische Instabilität?) gehen aus dem Vorgang zahlreiche Varietäten hervor, obwohl an seinem Anfang eine einzige bekannte und geklonte Kartoffelart steht. »Wir züchten also Tausende von verschiedenen Pflanzen«, erläuterte Glenda, »und suchen uns dann die besten heraus.« Das

Resultat ist häufig eine Kartoffelsorte, deren spezielle Eigenschaften sich nicht durch die Einwirkung des neuen Gens erklären lassen. Das wäre allerdings eine einleuchtende Begründung für die Vitalität meiner NewLeafs.

Mir fiel auf, wie viele Unsicherheitsfaktoren bei dem Prozess mitspielten. Die neue Technik ist, bei aller staunenerregenden Raffinesse, immer noch ein blinder Schuss ins genetische Dunkel. Man werfe ein Bündel DNS-Stränge gegen die Wand und beobachte, was haften bleibt; wiederholt man den Vorgang oft genug, bekommt man schließlich das, wonach man sucht. Beim Umtopfen der Kartoffelpflanzen mit Glenda wurde mir auch noch etwas anderes klar: Vielleicht lässt sich die grundsätzliche Unbedenklichkeit oder Gefährlichkeit der neuen Technik überhaupt nie ein für allemal gültig festlegen. Denn in der Natur ist jede gentechnisch veränderte Pflanze ein Einzelstück und bringt ihre eigene Kollektion genetischer Eventualitäten mit. Das heißt: Die Zuverlässigkeit bzw. Sicherheit der einen gentechnisch veränderten Pflanze garantiert nicht notwendig die Zuverlässigkeit oder Sicherheit einer zweiten.

»Viele Aspekte der Expression von Genen verstehen wir nach wie vor nicht«, räumte Starck ein. Eine Unzahl von Faktoren, einschließlich der Umwelt, nehmen Einfluss darauf, ob und in welchem Ausmaß ein eingeschleustes Gen seinen Auftrag erfüllt. Bei einem der ersten Experimente gelang es Wissenschaftlern, Petunien ein Gen zur Rotfärbung beizugeben. Auf dem Feld lief alles nach Plan, bis die Temperatur auf über dreißig Grad anstieg und sich eine komplette Anpflanzung roter Petunien unerklärlicherweise auf einen Schlag weiß färbte. Müssen dergleichen Vorfälle – dionysische Witzbolde, die in apollinisch geordneten

Feldern Unruhe stiften – das Vertrauen in die genetische Determination nicht ein wenig erschüttern? Offensichtlich ist der Prozess doch etwas komplizierter als das Installieren eines neuen Software-Programms in einen Computer.

1. Juli. Bei meiner Rückkehr von St. Louis standen die Kartoffeln in voller Blüte. Die Zeit zum Häufeln war reif; also verteilte ich mit einer Hacke die fruchtbare Erde vom Rand der Gräben rings um die Stängel, um die heranwachsenden Knollen vor Lichteinfall zu schützen. Außerdem düngte ich die Pflanzen mit ein paar Schaufeln getrockneter Kuhfladen, die offenbar einen idealen Nährboden für Kartoffeln abgeben. Die besten, schmackhaftesten Kartoffeln, die ich je gekostet habe, zog ich als Teenager aus einem Haufen mit reinem Pferdedung, in den der Nachbar, dem ich zur Hand ging, sie gepflanzt hatte. Manchmal meine ich, dass es dieser verblüffende Musterversuch in Alchemie gewesen sein muss, der mich nicht nur für den Kartoffelanbau, sondern für die Gartenarbeit als quasi magische, geheiligte Tätigkeit begeisterte.

Meine NewLeafs hatten mittlerweile Buschgröße erreicht und schlanke Blütenstiele ausgebildet. Kartoffelblüten sind durchaus hübsch, jedenfalls im Vergleich zu anderen Gemüsepflanzen: fünfblättrige, lavendelfarbene Sterne mit gelbem Inneren, die einen zarten, rosenähnlichen Duft verströmen. An einem schwülen Nachmittag sah ich den Hummeln bei ihrem Rundflug über meine Kartoffelblüten zu, wie sie sich achtlos mit gelben Pollenkörnern bestäubten, um alsdann schwer beladen taumelnd weiteren Verabredungen mit anderen Blüten und Gattungen nachzukommen.

Unsicherheit lautet der Oberbegriff, unter dem sich die meisten Fragen zur Gentechnik in der Landwirtschaft zusammenfassen lassen, die derzeit von Umweltschützern und Wissenschaftlern gestellt werden. Wir bepflanzen Millionen von Quadratkilometern mit genetisch veränderten Pflanzen und konfrontieren dadurch Umwelt wie Nahrungskette mit Neuerungen, deren Konsequenzen bislang nicht absehbar sind. Etliche Unsicherheiten sind mit dem Schicksal der Pollenkörner verknüpft, die die Hummeln von meinen Kartoffeln fortschleppen.

Zum einen enthalten die Pollen (wie alle anderen Pflanzenteile) Gift aus dem *Bacterium thuringiensis,* einem im Erdboden vorkommenden, natürlichen Bakterium, das generell als ungefährlich für Menschen angesehen wird; doch das BT in genetisch veränderten Nutzpflanzen agiert ein klein wenig anders als das gewöhnliche, das Farmer seit Jahren auf ihren Feldern versprühen. Statt sich, wie üblich, rasch in der Natur zu zersetzen, scheint sich genetisch verändertes BT vielmehr in der Erde anzureichern. Ob dies von Bedeutung ist, entzieht sich unserer Kenntnis (zumal wir nicht einmal wissen, was BT überhaupt im Erdboden bewirkt). Weiter wissen wir nicht, was all das neue BT in der Umwelt bei den Insekten anrichten wird, die wir *nicht* vernichten wollen; allerdings gibt es hier Anlass zur Sorge. Bei Laborexperimenten haben Wissenschaftler herausgefunden, dass die Pollen mit BT behandelter Maispflanzen für Chrysippusfalter tödlich sind. Zwar fressen sie die Maispollen nicht direkt, dafür aber die Blätter der in amerikanischen Maisfeldern weit verbreiteten Wolfsmilchpflanze *(Asclepias syriaca).* Verzehren Raupen der Chrysippusfalter Wolfsmilchblätter, die mit Pollen von BT-Mais bestäubt wurden, erkranken sie und sterben. Wird das Gleiche auch auf dem freien Feld passieren? Und wenn ja, welche Größenordnung wird das Problem haben? Wir wissen es nicht.

Bemerkenswert immerhin, dass es überhaupt der Mühe wert erachtet wurde, solche Fragen zu stellen. In der Blütezeit des chemischen Paradigmas haben wir erfahren, dass sich die ökologischen Auswirkungen von Umweltveränderungen oft dort zeigen, wo wir sie am wenigsten erwarten. DDT, seinerzeit ein gründlich getestetes, für sicher und wirksam befundenes Produkt, entpuppte sich als ungewöhnlich langlebige Chemikalie, die auf ihrem Weg durch die Nahrungskette die Schalen von Vogeleiern zerbrechlich dünn werden ließ. Und dabei war es keineswegs eine Frage zum Thema DDT, die Wissenschaftler zu ihrer Entdeckung führte, sondern eine Anfrage der Vogelkundler: Warum nimmt weltweit die Anzahl der Raubvögel mit einem Mal so rapide ab? Die Antwort lautete: DDT. In der Hoffnung, nicht erneut auf derlei unliebsame Überraschungen zu stoßen, sind die Wissenschaftler eifrig bemüht, sich die Fragen auszudenken, auf die mit BT oder »Roundup Ready« behandelte Nutzpflanzen unerwartete Antworten geben könnten.

Eine dieser Fragen betrifft den so genannten »gene flow« (Genfluss): Was geschieht mit den BT-Genen der Pollen, die meine Hummeln im Garten von Blüte zu Blüte tragen? Durch Fremdbestäubung können sich diese Gene in anderen Gattungen einnisten und ihnen womöglich einen neuen evolutionären Vorteil verschaffen. Die meisten Kulturpflanzen tun sich in der freien Natur schwer; die Eigenschaften, um derentwillen wir sie züchten – schnelles Heranreifen der Früchte zum Beispiel –, gereichen ihnen in der Wildnis häufig eher zum Nachteil. Biotechnisch behandelte Pflanzen jedoch entwickeln Merkmale wie etwa die Resistenz gegen Insekten oder Pestizide, die für sie in der Natur von Vorteil sind.

»Genfluss« findet normalerweise nur zwischen eng verwandten Arten statt; da die Kartoffel ursprünglich aus Südamerika stammt, sind die Chancen eher gering, dass meine BT-Gene in Connecticut auf die freie Wildbahn entwischen und dort ein monströses Unkrautgewächs wuchern lassen. So argumentiert man jedenfalls bei Monsanto, und das wohl zu Recht. Doch gibt es noch eine andere interessante Feststellung: Die Wirksamkeit der Gentechnik ist an ihre Fähigkeit geknüpft, die genetischen Barrieren zwischen verschiedenen Arten oder sogar Stämmen zu durchbrechen, um den freien Austausch von Genen zu ermöglichen; die Umweltsicherheit der neuen Technik ist jedoch exakt an das gegenteilige Phänomen geknüpft: an die Integrität der Arten in der Natur und an ihre Ablehnung von artfremdem genetischem Material.

Aber was wird geschehen, wenn peruanische Bauern BT-Kartoffeln pflanzen? Oder ich eine gentechnisch behandelte Nutzpflanze anbaue, die Verwandte am Ort hat? Wissenschaftler haben nachgewiesen, dass das »Roundup-Ready«-Gen binnen einer einzigen Generation von einem Rapsfeld zu einem verwandten Unkraut aus der Familie der Senfpflanzen wandern und ihm die Resistenz gegen das Herbizid übertragen kann; das gleiche Phänomen ist bereits bei genetisch veränderter Roter Bete aufgetreten. Das überraschte weniger als die Entdeckung (im Rahmen eines Experiments), dass Transgene eher wandern als normale; niemand weiß, warum, doch mit ihrer Reiseerfahrung könnten sie sich als besonders sprunghaft erweisen.

Gensprünge und monströse Unkrautpflanzen weisen auf ein neues Problem hin: die »biologische Umweltbelastung«, die nach Ansicht einiger Umweltschützer das unselige Erbe des Paradigmenwechsels von der Chemie zur Biologie in der Landwirtschaft darstellen wird. (Mit einer Form biologischer Umweltbelastung sind wir in Amerika bereits vertraut: Es sind die zu uns vorgedrungenen exotischen Spezies wie die alles überwuchernde Schlingpflanze »Kudzu«, die Zebramuschel und ein für das Ulmensterben verantwortlicher Pilz.) Die zweifellos schädlichen Auswirkungen der chemischen Umweltbelastung werden mit der Zeit schwächer und verfliegen; die biologische Umweltbelastung hingegen pflanzt sich aus eigener Kraft immer weiter fort. Der Unterschied gleicht dem zwischen einer Öllache und einer Krankheit. Hat ein übertragenes Gen der Umwelt erst einmal ein neues Unkraut oder einen resistenten Schädling beschert, lassen die Folgen sich nicht einfach beseitigen: Sie sind bereits zum Bestandteil der Natur geworden.

Im Fall der NewLeaf-Kartoffel würde die biologische Umweltbelastung höchstwahrscheinlich in der Entwicklung von BT-resistenten Insekten bestehen; das wäre das Aus für eines der sichersten uns zur Verfügung stehenden Insektizide und vermutlich eine schwere Schlappe für die darauf angewiesenen Biobauern.[2] Das Phänomen der resistenten Insekten bietet ein Schulbeispiel für die Schwierigkeiten bei der »Kontrolle« von Natur und ebenso für den problema-

[2] Die möglichen Auswirkungen von BT-Resistenz auf die Umwelt lassen sich schwerer prognostizieren. Wohl haben wir viel Erfahrung mit Schädlingen, die sich gegen menschengemachte Pestizide immunisieren; was aber wird geschehen, wenn eine aus der Natur stammende »Schädlingskontrolle« ihre Wirksamkeit verliert?

tischen Gebrauch einer linearen Metapher aus dem maschinellen Bereich für einen derart komplexen und nichtlinearen Prozess wie die Evolution. Denn für diesen Fall gilt: Je durchgreifender unsere Kontrolle der Natur, desto schneller wird sie durch natürliche Selektion über den Haufen geworfen.

Der Theorie zufolge (die auf simplem Darwinismus beruht) führen die mit BT behandelten Nutzpflanzen der Umwelt auf einer fortlaufenden Basis so viel BT-Gift zu, dass die eigentlich angepeilten Schädlinge eine Resistenz dagegen entwickeln werden; die Frage ist einzig, wann es dahin kommt. Bis dato musste man sich um mögliche Resistenzen keine Sorgen machen, weil sich konventionelle BT-Sprays in der Sonne rasch aufspalten und die Bauern nur bei schwerem Schädlingsbefall sprühen. Resistenz ist im Grunde eine Form der Koevolution, die dann auftritt, wenn eine bestimmte Population vom Aussterben bedroht ist. Unter diesem Druck erfolgt eine beschleunigte Selektion aller zufälligen Mutationen, die zum Wandel und Überleben der Art beitragen könnten. Durch natürliche Selektion kann der Versuch einer Gattung, alles zu beherrschen, ihren eigenen Untergang heraufbeschwören.

Zu meiner Überraschung erfuhr ich, dass das Schreckgespenst der BT-Resistenz die Firma Monsanto dazu bewog, ihre mechanistischen Denkansätze zeitweilig ad acta zu legen und das Problem eher in Darwin'scher Manier anzugehen. In Übereinstimmung mit staatlichen Richtlinien hat die Firma einen taktischen Plan zum Aufschub der BT-Resistenz entwickelt. Die Bauern müssen nun neben BT-Pflanzen auch einen gewissen Anteil BT-freier Pflanzen anbauen, um »Refugien« für die betreffenden Käfer zu schaffen. Damit soll verhindert werden, dass zwei BT-resistente Kartoffelkäfer sich paaren und eine neue Rasse von Superkäfern begründen. Die Theorie geht davon aus, dass das erste in Erscheinung tretende, BT-resistente Insekt zur Paarung mit einem nichtresistenten Käfer aus der »Schutzzone« bewegt werden kann und das neue Resistenzgen sich dadurch in seiner Wirkung abschwächen lässt. Implizit erkennt der Plan an, dass ein gewisser Bereich ganz bewusst der Kontrolle entzogen und wild bleiben muss, wenn die neue Herrschaft über die Natur Bestand haben soll. So plausibel der Gedankengang sein mag, es muss doch sehr viel Glück im Spiel sein, damit alles nach Plan läuft und die Richtigen sich treffen. Weder weiß man, wie groß die Refugien sein müssen, noch wo sie liegen sollen und ob die Bauern mitspielen (den übelsten Schädlingen sichere Zufluchtsorte zu gewähren, widerspricht schließlich jedem natürlichen Instinkt), von den Käfern ganz zu schweigen.

Monsantos Geschäftsführer geben sich zuversichtlich, was den Erfolg ihres Plans angeht; ihre Definition von »Erfolg« wird den Biobauern allerdings wenig Beruhigung verschaffen: Wenn alles gut geht, so die firmeneigenen Wissenschaftler, lässt sich die Resistenz um dreißig Jahre aufschieben. Und dann? Dave Hjelle, der zuständige leitende Verbindungsmann zu den Aufsichtsbehörden, meinte bei unserem gemeinsamen Mittagessen in St. Louis, die Frage der BT-Resistenz solle uns nicht über Gebühr beschäftigen, nachdem »da draußen noch tausend andere BTs herumschwirren«, das heißt andere Proteine mit insektenvernichtenden Eigenschaften. »Wir können dem Problem mit neuen Produkten begegnen. Kein Kritiker weiß, was wir noch im Ärmel haben.« Dieser Ansatz zum Umgang mit dem

Problem der Schädlingsresistenz gleicht aufs Haar dem der Chemieunternehmen, die lediglich alle paar Jahre ein neues, verbessertes Pestizid auf den Markt bringen. Mit etwas Glück erlischt die Wirksamkeit des vorigen in etwa zeitgleich mit seinem Patent.

Hinter den wohlklingenden Beteuerungen seitens des Unternehmens verbirgt sich jedoch ein recht verblüffendes Eingeständnis: Monsanto gibt zu, dass es sich bei BT nicht einfach um ein weiteres patentiertes Chemieprodukt, sondern um einen natürlichen Rohstoff handelt, der, wenn überhaupt, jedermann gehört und nun in den Dienst der Firma gestellt werden soll. Die wahren Kosten der neuen Technik wird die Zukunft zu tragen haben – noch fehlt ein neues Paradigma. Das heute erreichte Plus an Beherrschung der Natur wird man morgen mit neuen Störungen zu bezahlen haben, die schlicht als weiteres, von den Wissenschaftlern zu lösendes Problem angesehen werden. Kommt Zeit, kommt Rat: Ebendiese Einstellung zur Zukunft hat uns dazu verleitet, Atomkraftwerke zu errichten, ohne nachzudenken, was mit dem Abfall geschehen soll. Nun ist guter Rat teuer, und bislang sind wir in unseren Überlegungen dazu noch keinen Schritt weitergekommen.

Dave Hjelles Offenheit war entwaffnend; noch beim Mittagessen fielen die Worte, die ich aus dem Mund eines Geschäftsführers niemals erwartet hätte, es sei denn in einem schlechten Film. Ich hatte angenommen, eine solche Äußerung sei schon vor vielen Jahren aus dem Unternehmensvokabular getilgt worden, zu Zeiten eines mittlerweile längst ausrangierten Paradigmas, doch Dave Hjelle belehrte mich eines Besseren:

»Vertrauen Sie uns.«

7. Juli. In der ersten Juliwoche, kurz vor meinem Abflug zum Besuch verschiedener Kartoffelfarmen in Idaho, sichtete ich endlich die ersten Käfer. Ein kleiner Trupp Larven – mattbraune Kleckse mit Buckeln, die winzigen Rucksäcken glichen – knabberte ungestraft an den Blättern meiner normalen Kartoffelpflanzen herum. Auf den New-Leafs hingegen fand ich keinen einzigen Käfer, weder tot noch lebendig. Glenda Debrecht, Monsantos Gartenbauexpertin, hatte mich bereits gewarnt: Die Käfer, die an den NewLeafs verendet waren, seien vermutlich von räuberischen Insekten vertilgt worden. Ich hielt unverzagt weiter Ausschau und erspähte schließlich einen einsamen, ausgewachsenen Käfer auf einem NewLeaf-Blatt; als ich ihn abnehmen wollte, torkelte er zu Boden. Die Pflanze hatte ihm eine tödliche Krankheit beschert. Meine NewLeafs funktionierten also.

Ich muss gestehen, dass ich ein gewisses Prickeln empfand, ein Gefühl des Triumphs, das jeder, der je gegen Schädlinge gekämpft hat, wird nachfühlen können. Kein normaler Gärtner hegt auch nur die leisesten romantischen Gefühle gegenüber den wilden Kreaturen, die seine Pflanzen attackieren, seien es Käfer, Waldmurmeltiere oder Rehe; und im tiefsten Inneren ist er der Überzeugung, dass im Krieg alle Waffen erlaubt sind, selbst wenn ökologische Prinzipien (sozusagen das Gegenstück zur Genfer Konvention) ihn mitunter hindern, seinem innersten Verlangen freien Lauf zu lassen. Damit wir uns richtig verstehen, dieses Verlangen trachtet nach Gewehren, Sprengkörpern und Chemikalien der giftigsten Sorte. Einer Kartoffelpflanze zuzusehen, wie sie aus eigener Kraft mit einem Kartoffelkäfer fertig wird, ist mithin, zumindest unter diesem Aspekt betrachtet, ein ästhetischer Genuss – die erhabene Schönheit der Landwirtschaft aus einem neuen, raffinierten Blickwinkel gesehen.

Idaho, 8. Juli. Auf meinem Flug nach Westen kam sie mir immer wieder in den Sinn, jene erhabene Schönheit der Landwirtschaft, vor allem bei der Überquerung von Idaho. Aus zehntausend Meter Höhe bieten die perfekten grünen Kreise, die der Farmer mit seinen Bewässerungsanlagen aus dem trockenen Boden zaubert, ein atemberaubendes Bild; streckenweise präsentiert sich Idaho als endloses Raster frisch geprägter grüner Münzen, eingebettet in die karge braune Wüste: die Quadratur des Kreises, so weit das Auge reicht. Ein Anblick, der nicht nur von menschengemachter Ordnung zeugt wie meine heimischen Getreidereihen, sondern auch von hart errungenem Lebensraum in einer für Menschen so feindseligen Umgebung wie dem amerikanischen Westen. Von unten jedoch, so stellte ich alsbald fest, war diese Schönheit schwerer zu erkennen.

Die überzeugendsten Fürsprecher gentechnisch behandelter Nutzpflanzen sind die Kartoffelfarmer, und darum wurde ich von Monsanto gedrängt, einige ihrer Abnehmer in Idaho aufzusuchen. Von seinem Standpunkt aus müssen dem typischen amerikanischen Kartoffelanbauer die New-Leafs praktisch als Geschenk des Himmels erscheinen. Denn der typische Kartoffelanbauer ist umgeben von grünen Pflanzen, die mit solchen Mengen von Pestiziden eingedeckt sind, dass ihre Blätter bei näherem Hinsehen einen kränklich weißen, chemischen Belag aufweisen und ihre Wurzelerde als lebloses graues Pulver erscheint. Die Farmer bezeichnen ein solches Feld als »sauber«, und im Idealfall ist es tatsächlich vollständig gesäubert von Unkraut, Insekten und Krankheiten – von allem Leben, mit Ausnahme der Kartoffelpflanze. Ein sauberes Feld stellt einen Triumph der menschlichen Herrschaft dar, einen Triumph allerdings, den selbst der Farmer mittlerweile in Frage stellt. Eine neue Kartoffelsorte, die ihn der Notwendigkeit enthebt, jemals wieder Chemikalien zu versprühen, muss ihm in wirtschaftlicher, ökologischer und vielleicht sogar in psychologischer Hinsicht als Segen erscheinen.

Die chemischen und ökonomischen Details des modernen Kartoffelanbaus erläuterte mir Danny Forsyth an einem drückend heißen Vormittag in dem verschlafenen, aber gut klimatisierten einzigen Café an der einzigen Straße von Jerome, Idaho, einem Ort rund hundert Meilen östlich von Boise an der Interstate. Forsyth, ein schmächtiger Mann von Anfang sechzig mit blauen Augen und einem an ihm überraschenden dünnen grauen Pferdeschwanz, erinnerte mich mit seinem nervösen Gehabe entfernt an Don Knotts, den Darsteller des Hilfssheriffs Barney Fife in der Andy-Griffith-Show. Auf zwölf Quadratkilometern (zum Großteil von seinem Vater ererbtem) Farmland baut er hier im »Magic Valley« Kartoffeln, Mais und Weizen an. Über den Einsatz von Chemie in der Landwirtschaft sprach er wie von einer schlechten Angewohnheit, die er nur zu gern abgelegt hätte.

»Keiner von uns würde sie verwenden, wenn wir eine Alternative hätten«, sagte er in der Überzeugung, dass Monsanto ihm eine solche bietet.

Auf meine Bitte hin ging Forsyth mit mir das Chemikalienmenü einer kompletten Saison durch, das nach neuesten Erkenntnissen über die totale Kontrolle eines Kartoffelackers zusammengestellt worden ist. Den Auftakt bildet zu Beginn des Frühjahrs ein Mittel zur Ausräucherung des Bodens; um Fadenwürmer und bestimmte Bodenkrankheiten in den Griff zu bekommen, tränken die Kartoffelfarmer ihre Äcker vor dem Pflanzen mit einer Chemikalie, deren Giftgehalt sämtliche im Boden lebenden Mikroben restlos abtötet. Im nächsten Schritt »säubert« Forsyth seine Felder von allem Unkraut mit Herbiziden der Marken Lexan, Sencor oder Eptam. Beim Pflanzen verteilt er Thimet oder ein anderes systemisches Insektengift im Boden. Es wird von den Keimlingen absorbiert und tötet über mehrere Wochen hinweg jedes Insekt, das von den Blättern frisst. Haben die Kartoffelsämlinge eine Größe von fünfzehn Zentimetern erreicht, wird ein zweites Herbizid zur Unkrautbekämpfung auf dem Feld versprüht.

Forsyth und die anderen Farmer dieser Trockenregion bauen auf den riesigen, kreisrunden Flächen an, die ich vom Flugzeug aus gesehen hatte; dem Radius der Bewässerungsanlage entsprechend hat jeder Kreis einen Flächeninhalt von etwa einem halben Quadratkilometer. Pestizide und Düngemittel werden kurzerhand dem Bewässerungssystem beigegeben, das sich auf Forsyths Farm aus dem nahe gelegenen Snake River speist (und wieder in ihn zurückfließt). Der allwöchentlichen Wasserration für Forsyths Kartoffeln werden zehn Portionen chemischer Düngemittel zugesetzt. Kurz bevor die Reihen sich schließen und die Blätter über ihnen zusammenwachsen, versprüht Forsyth das Fungizid »Bravo« gegen Mehltau, ebenjenen Pilzbefall, der 1845 in Irland die Große Hungersnot auslöste und der bis heute für den Kartoffelfarmer die ärgste Bedrohung darstellt. Eine einzige Spore könne über Nacht ein ganzes Feld infizieren und die Knollen in fauligen Brei verwandeln, sagte Forsyth.

Ab Juli lässt Forsyth seine Pflanzen alle zwei Wochen vom Flugzeug aus mit einem Mittel gegen Blattläuse besprühen. Die Blattläuse sind an sich zwar harmlos, übertragen jedoch ein Virus, das bei der Sorte Russet Burbanks zum Einrollen der Blätter und nachfolgend zur Netzfleckenkrankheit führt; sobald sich im Querschnitt die typischen braunen Flecken zeigen, nimmt die Fabrik dem Farmer keine einzige Kartoffel mehr ab. Genau das war Forsyth, trotz aller Bemühungen um totale Kontrolle, im letzten Jahr widerfahren. Zwar ist die Netzfleckenkrankheit ein rein kosmetischer Defekt, doch da McDonald's zu Recht davon ausgeht, dass wir an unseren Pommes frites keine braunen Flecken sehen wollen, müssen Farmer wie Danny Forsyth ihre Felder mit etlichen der giftigsten derzeit im Handel erhältlichen Chemikalien besprühen, unter anderem mit einem organischen Phosphat namens Monitor.

Forsyth beschrieb mir Monitor als tödliche Chemikalie, die neurologische Schäden verursache. »Wenn ich sie versprüht habe, gehe ich vier, fünf Tage lang nicht aufs Feld – nicht einmal, um eine Bewässerungsanlage zu reparieren.« Das heißt: Forsyth lässt lieber ein ganzes Kreisfeld vertrocknen, als sich selbst oder einen seiner Helfer dem Gift auszusetzen.

Den Tribut an Gesundheit und Umwelt nicht eingerechnet, verschlingen all jene Kontrollmaßnahmen beängstigende Summen. Ein Kartoffelfarmer in Idaho zahlt (hauptsächlich für Chemikalien, Strom und Wasser) rund tausendneunhundertfünfzig Dollar pro viertausend Quadratmeter Anbaufläche und erhält – in einem guten Jahr –

für die daraus gewonnene Ernte vielleicht zweitausend Dollar. Soviel nämlich bezahlt ihm ein Pommes-frites-Hersteller für die zwanzig Tonnen Kartoffeln, die viertausend Quadratmeter Anbaufläche in Idaho hergeben. Man kann sich unschwer vorstellen, warum ein Farmer wie Forsyth, der sich gegen die finanziellen Daumenschrauben wehrt und Chemikalien bis oben hin satt hat, begeistert auf die NewLeafs anspringt.

»Mit den NewLeafs kann ich auf ein paar Sprühaktionen verzichten«, sagte Forsyth. »Das spart mir Geld, und ich schlafe besser.«

Bevor wir losfuhren, um einen Blick auf seine Felder zu werfen, kamen Forsyth und ich auf das Thema Biolandwirtschaft zu sprechen. Er äußerte das Übliche (»Im kleinen Rahmen ist das ja gut und schön, aber die müssen schließlich nicht die Welt ernähren«) und darüber hinaus noch einiges, was ich von einem konventionellen Farmer nie erwartet hätte. »Ich esse gern Bioprodukte und baue selbst viel davon rund ums Haus an. Was wir auf dem Markt an Gemüse kaufen, waschen wir so gründlich wie möglich. Vielleicht sollte ich so etwas nicht sagen, aber ich lege immer ein kleines Kartoffelfeld an, auf dem ich keine Chemie versprühe. Am Ende der Saison kann man meine Feldkartoffeln bedenkenlos essen, aber was ich heute aus dem Acker gezogen habe, ist wahrscheinlich noch voller Gift. Von denen esse ich nichts.«

Seine Worte kamen mir ein paar Stunden später wieder in den Sinn, als ich beim Mittagessen im Haus eines weiteren Farmers aus dem »Magic Valley« saß. Steve Young, ein kräftiger, gutmütig-derber Mann in den Vierzigern, zählt mit seinen vierzig Quadratkilometer Anbaufläche zu den fortschrittlichen, wohlhabenden Kartoffelanbauern – ein »Player«, wie meine Begleiterin von Monsanto ihn bewundernd titulierte. Vom Tor zu seiner Farm fährt man etliche Meilen bis zu seinem Wohnhaus. Er zeigte mir die Computer, die seine fünfundachtzig kreisrunden Kartoffelfelder vollautomatisch regulieren; jeder Kreis auf dem Bildschirm repräsentiert und kontrolliert einen Kreis auf dem Feld. Ohne einen Schritt vor die Tür zu machen, bewässert Young seine Felder oder besprüht sie mit Pestiziden. Er schien ganz Herr seines Schicksals wie seiner Felder zu sein, der Inbegriff eines durch und durch modernen Farmers. Zu seinem Anwesen gehört ein eigenes Kartoffellager – ein Schuppen von der Größe eines Footballfeldes mit Temperaturregelung und zehn Meter hoch getürmten Russet Burbanks; außerdem hält Young Anteile an der örtlichen Filiale einer Chemiefirma. Verglichen mit Danny Forsyth, der sich seiner Abhängigkeit von Chemikalien, Blattläusen und Kartoffelfabriken deutlich bewusst ist, wirkt Young wie jemand, der alle Fäden fest in der Hand hält.

Mrs Young hatte ein üppiges Festmahl für uns bereitet; nach dem Tischgebet, gesprochen von ihrem achtzehnjährigen Sohn Dave mit einem speziellen Zusatz für mich (die Youngs sind fromme Mormonen), reichte seine Mutter eine Riesenschüssel mit Kartoffelsalat herum. Ich bediente mich, und meine Begleiterin von Monsanto erkundigte sich bei der Hausfrau, woraus der Salat bestehe; mit einem kleinen Lächeln in meine Richtung deutete sie an, dass sie die Antwort bereits wisse.

»Eine Mischung aus NewLeafs und ein paar von unseren regulären Russets«, sagte Mrs Young mit einem strahlenden Lächeln. »Heute Morgen frisch ausgegraben.«

Während ich zögerlich an meinem Kartoffelsalat kaute, überlegte ich, welche Zutat meiner Gesundheit wohl eher schaden mochte, die NewLeafs oder die Russets à la Thimet? Die Antwort, entschied ich, lautete mit einiger Sicherheit: Kartoffel Nummer zwei. Über die NewLeafs ist vielleicht noch nicht alles bekannt, aber dass die Russets voller Gift steckten, wusste ich zweifelsfrei. Diese Antwort sagte Bedeutsames zum Thema »Genmanipulierte Pflanzen« aus, das ich – zumindest bis zu meinem Ausflug nach Idaho – ungern hören wollte. Nach meinen Gesprächen mit Farmern wie Danny Forsyth und Steve Young bei der Inspektion ihrer Felder, die Saison für Saison mit Chemikalien getränkt und keimfrei gemacht wurden, erschienen die NewLeafs der Firma Monsanto allmählich als Segen. Verglichen mit der gegenwärtigen Praxis, bieten gentechnisch behandelte Kartoffeln eine Chance zum nachhaltigeren Anbau von Nahrungsmitteln. Allerdings ist damit noch nicht viel ausgesagt.

Nach dem Mittagessen bei den Youngs schüttelte ich meine Begleiterin lange genug ab, um einem in der Nähe lebenden Produzenten von Biokartoffeln einen Besuch abzustatten. Ich hütete mich wohlweislich, einen Mitarbeiter von Monsanto auf eine Ökofarm mitzunehmen. »Wenn es in der Landwirtschaft eine Quelle des Übels gibt«, hatte ein Biobauer aus Maine einmal zu mir gesagt, »dann heißt sie Monsanto.«

Mike Heath ist ein wortkarger Mann von Mitte fünfzig mit einem Gesicht voller Runzeln und Falten. Wie die meisten Biobauern, die ich bislang kennen gelernt habe, sieht er aus, als verbrächte er sehr viel mehr Zeit im Freien als ein konventioneller Farmer, und das tut er vermutlich auch:

Chemikalien ersparen dem Bauern viel Arbeit. Während wir seine zweihundert Hektar Anbaufläche mit einem ramponierten alten Pick-up abfuhren, fragte ich ihn nach seiner Ansicht zur Gentechnik. Er äußerte viele Vorbehalte – sie sei rein synthetisch, beinhalte zu viele unbekannte Faktoren –, doch sein Haupteinwand gegen den Anbau gentechnisch behandelter Kartoffelsorten lautete schlicht: »Meine Kunden wollen so etwas nicht.«

Ich schnitt das Thema NewLeaf-Kartoffel an. Die Frage nach einer neuen Resistenz stand für Heath außer Zweifel: »Machen wir uns nichts vor«, sagte er, »die Käfer werden immer schlauer sein als wir.« Er empfand es als ungerecht, dass Monsanto von der Vernichtung eines »öffentlichen Guts« wie BT profitierte.

Nichts davon überraschte mich sonderlich, wohl aber die Tatsache, dass Heath selbst in den vergangenen zehn Jahren seine Kartoffeln nur ein- oder zweimal mit BT besprüht hatte. Ich war davon ausgegangen, dass Biobauern BT und andere akzeptierte Pestizide weitgehend so verwendeten wie konventionelle Farmer die ihren; doch als Mike Heath mich auf seiner Farm herumführte, dämmerte mir, dass es beim Bioanbau längst nicht damit getan war, »schlechtes« Ausgangsmaterial durch »gutes« zu ersetzen. Hier schien es um eine völlig andere Metapher zu gehen.

Heath verzichtet von vorneherein auf den Erwerb von aufwändigem Ausgangsmaterial und setzt stattdessen auf das langfristige und komplexe System des Feldfruchtwechsels, um das vermehrte Vorkommen von sortenspezifischen Schädlingen zu verhindern. Beispielsweise hat er herausgefunden, dass die Taktik, Kartoffeln auf einem vorjährigen Weizenfeld anzupflanzen, die frisch aus den Larven geschlüpften Kartoffelkäfer in »Verwirrung« stürzt. Weiterhin säumt er seine Kartoffeläcker mit Blütenpflanzen – meist Erbsen oder Luzernen – und lockt damit nützliche Insekten an, die Käferlarven und Blattläuse vertilgen. Sind am Ort nicht genügend der praktischen Fresser vorhanden, setzt er zusätzlich Marienkäfer aus. Außerdem baut Heath ein Dutzend verschiedener Kartoffelsorten an, weil er die Theorie vertritt, biologische Vielfalt sei auf dem Feld wie in der Wildnis die beste Verteidigung gegen die unvermeidlichen Überraschungen durch die Natur. Ein schlechtes Jahr für die eine Varietät kann für die anderen durchaus ein gutes sein. Mit anderen Worten, er macht das Wohl und Wehe seiner Farm nie von einem einzigen Anbauprodukt abhängig.

Um seinen Argumenten größeres Gewicht zu verleihen, grub Heath ein paar »Yukon Golds« aus seinem Acker und gab sie mir mit. »Die Kartoffeln aus dem Feld kann ich jederzeit essen. Die meisten Farmer können das nicht.« Ich beschloss, ihm lieber nichts von meinem Mittagessen zu erzählen.

Zum Düngen verwendet Heath »Gründünger« (untergepflügte Deckfrüchte), Kuhmist von einem örtlichen Milchwirtschaftsbetrieb und gelegentlich eine Sprühdosis flüssiger Algen. Was dabei herauskommt, sieht völlig anders aus als die Krumen, die ich früher am gleichen Tag im Magic Valley zwischen den Fingern gehabt hatte: Statt des einheitlichen gräulichen Pulvers, das ich für die Region als normal angesehen hatte, konnte Heath dunkelbraune, krümelige Erde vorweisen. Der Unterschied lag darin, soviel verstand ich, dass diese Erde mit Leben erfüllt war. Sie war nicht nur ein träger Mechanismus, der lediglich Wasser und

Chemikalien zu den Pflanzenwurzeln transportierte, nein, sie trug mit Nährstoffen zum Pflanzenwuchs bei. Über die biologischen, chemischen und physikalischen Komponenten dieses Prozesses, der unter dem Begriff »Fruchtbarkeit« läuft, weiß man nur wenig – die Erde ist noch echte Wildnis –, doch hindert diese Unkenntnis Biobauern und Gärtner nicht daran, den Prozess zu fördern.

Auch Heaths Pflanzen sahen anders aus; sie waren kompakter (Chemie fördert den Blattwuchs), hier und da mit Unkraut durchsetzt und von zahllosen Insekten umschwirrt. Seine Felder waren alles andere als »sauber«; das Gestrüpp an ihren Rändern und der allgemeine Eindruck eines kunterbunten Durcheinanders ließen sie, offen gestanden, sehr viel unansehnlicher wirken. Zumindest dem flüchtigen Blick erschien die Ordnung seiner Felder aufgeweicht, sie ließ zu wünschen übrig, und das Ungeordnete arbeitete sich von den Rändern massiv ins Innere vor. Was dem Blick natürlich entging, war die komplexere, weniger vom Menschen geprägte Ordnung eines Ökosystems, das der Farmer der Natur nicht aufzwingt, sondern lediglich fördert und gelegentlich sanft korrigiert. Ebenjene Komplexität, die reine Vielfalt der Arten, räumlich und zeitlich betrachtet, garantiert bei solchen Feldern alljährlich reichen Ertrag, ohne großen Aufwand an teurem Ausgangsmaterial. Das System versorgt sich weitgehend selbst.

Auf der Rückfahrt nach Boise dachte ich darüber nach, warum Mike Heaths Farm wohl die Ausnahme bleiben musste, ob in Idaho oder anderswo. Wir haben es hier mit einem völlig neuen, biologischen Paradigma zu tun, das zu funktionieren scheint: Wiewohl er für Ausgangsmaterialien nur einen Bruchteil dessen ausgibt, was Danny Forsyth oder

Steve Young investieren, erntet Heath genauso viel wie Forsyth und nur unbedeutend weniger als Young.[3] Doch obwohl der Bioanbau weiter an Boden gewinnt, betrachten nur wenige mir bekannte konventionelle Farmer ihn als »realistische« Alternative zu herkömmlichen Methoden der Lebensmittelerzeugung.

Vielleicht zu Recht. Es gibt ein Dutzend verschiedene Gründe, warum eine Farm wie die von Mike Heath mit der Logik einer großen Lebensmittelkette unvereinbar ist. Zum einen ist für Firmen wie Monsanto bei Heath mit seinen Anbaumethoden kaum etwas zu holen: Biobauern tätigen minimale Ankäufe – etwas Saatgut, ein paar Tonnen Dünger, vielleicht noch einige Ladungen Marienkäfer. Im Zentrum steht für den Biobauern nicht das eine oder andere Produkt, sondern ein Prozess. Und dieser Prozess folgt keinem vorgefertigten Schema, beschränkt sich beispielsweise nicht auf ein reglementiertes System von Sprühaktionen, wie Danny Forsyth es mir vorführte, und das als System zumeist von ebenden Firmen ersonnen wurde, die die entsprechenden Chemikalien vertreiben. Was zum Betreiben von Mike Heaths Farm an Intelligenz und Wissen um die örtlichen Gegebenheiten vonnöten ist, hat er zum Großteil

---

[3] Zum Vergleich von Heaths Betrieb mit einer konventionellen Farm müssen zwei Faktoren einberechnet werden: der Mehraufwand an Arbeit (viele verschiedene, kleinere Felder sind mühseliger zu bestellen und bedürfen beim biologischen Anbau einer speziellen Unkrautbehandlung) und an Zeit – bei der ökologischen Rotation kommen Kartoffeln nur alle fünf, beim konventionellen Farmer alle drei Jahre an die Reihe. Dennoch erzielt Heath für seine Kartoffeln fast den doppelten Preis: Neun Dollar pro Sack zahlt ihm ein Ökobetrieb, der die zu Pommes frites weiterverarbeiteten Kartoffeln tiefgefroren nach Japan verschifft.

im Kopf. Konventioneller Kartoffelanbau erfordert ebenfalls Intelligenz, doch die steckt größtenteils in den Labors fernab liegender Orte wie St. Louis und wird dort zur Entwicklung von Roundup, NewLeafs oder anderem Ausgangsmaterial eingesetzt.

Von der beschriebenen Form der zentralisierten Landwirtschaft wird es in absehbarer Zukunft aller Voraussicht nach keine Abkehr geben, schon darum, weil immens viel Geld darin steckt und es, zumindest auf kurze Sicht, für den Farmer sehr viel einfacher ist, vorgefertigte Lösungen von Großunternehmen zu beziehen. »Welcher Intelligenz bedient sich der Farmer?«, fragt Wendell Berry im Titel eines Essays; »Welche Intelligenz bedient sich des Farmers?« Zu einem bestimmten, mittlerweile lange zurückliegenden Zeitpunkt kehrte sich die Entwicklung um: Statt die Natur vollständig im Griff zu haben, war der Farmer nunmehr vollständig im Griff der Großkonzerne, die den Traum ursprünglich in ihm wachgerufen hatten. Und nur weil der Traum sich so hartnäckig jedem Zugriff entzog, konnten diejenigen, die damit hausieren gingen, den Farmer so gnadenlos in die Zange nehmen.

Biobauern wie Mike Heath haben dem den Rücken gekehrt, was fraglos die größte Stärke – und die noch größere Schwäche – der industriell betriebenen Landwirtschaft darstellt: der Monokultur und den damit verbundenen Vorteilen des Großvertriebs. Die Monokultur ist die wirksamste Einzelmaßnahme der modernen Landwirtschaft zur Vereinfachung, der entscheidende Wendepunkt zur Mechanisierung der Natur; und doch ist keine andere landwirtschaftliche Methode so schlecht für die Mechanismen der Natur gerüstet. Will heißen, ein Riesenfeld mit identischen Pflanzen wird auf Insekten, Unkraut oder Krankheiten, auf alle Launen der Natur, stets höchst anfällig reagieren. Letztlich ist die Monokultur für praktisch alle Probleme verantwortlich, die modernen Farmern zu schaffen machen, und die aus der Welt zu schaffen der Auftrag praktisch aller landwirtschaftlichen Produkte ist.

Im Klartext: Ein Farmer wie Mike Heath arbeitet hart daran, seine Felder mit der Logik der Natur in Einklang zu bringen, wohingegen Danny Forsyth noch härter daran arbeitet, seine Felder mit der Logik der Monokultur (und der dahinter stehenden Logik einer großen Lebensmittelkette) in Einklang zu bringen. Hierzu ein kleines, erhellendes Beispiel: Auf meine Frage an Mike Heath, was er gegen die Netzfleckenkrankheit unternehme, um nicht wie Danny Forsyth eine ganze Kartoffelernte einzubüßen, erhielt ich eine entwaffnende Antwort: »Das Problem tritt nur bei Russet Burbanks auf, also pflanze ich andere Sorten.« Das bleibt Forsyth verwehrt. Er ist Teil einer Nahrungs- und Lebensmittelkette, an deren äußerstem Ende makellose Pommes frites von McDonald's stehen und die deshalb von ihm verlangt, ausschließlich Russet Burbanks anzubauen.

Hier tritt natürlich die Biotechnik auf den Plan, zur Rettung von Forsyths Kartoffeln und, so die Rechnung von Monsanto, der gesamten industriellen Nahrungskette, der sie angehören. Die Monokultur steckt in der Krise. Ihre Hauptstützen, die Pestizide, sind in raschem Rückgang begriffen, begründet durch wachsende Resistenz und zunehmende Sorge vor ihren Gefahren. Der massive Einsatz von Chemikalien hat nicht nur die Fruchtbarkeit des

Bodens, sondern vielerorts auch die Ernteerträge beeinträchtigt. »Wir brauchen ein neues Wundermittel«, äußerte ein Insektenkundler der staatlichen Beratungsbehörde im Staate Oregon, »und das liefert uns die Biotechnik.« Doch ein neues Wundermittel ist nicht mit einem neuen Paradigma gleichzusetzen, ermöglicht vielmehr dem alten Paradigma das Überleben. Und dieses wird die Schuld für die Probleme des Farmers Danny Forsyth stets bei den Kartoffelkäfern suchen und nicht dort, wo sie wirklich liegt: im Monokulturanbau von Kartoffeln.

»Das Problem tritt nur bei Russet Burbanks auf« – Mike Heaths entwaffnende Antwort auf meine Frage zur Netzfleckenkrankheit legt nahe, dass das eigentliche Problem der Monokultur mindestens ebenso in der Kultur wie in der Agrikultur wurzelt. Es handelt sich demnach um ein Problem, das uns alle angeht, nicht nur Farmer und Firmen wie Monsanto. Ich gelangte allmählich zu der Erkenntnis, dass der konventionelle journalistische Ansatz, eine Story nach dem bekannten Muster aufzubauen: Habgieriges Unternehmen vertreibt schädliche Techniken, ein wichtiges Element außer Acht lässt, nämlich uns und unser Bedürfnis nach Kontrolle und Vereinheitlichung. Ein Großteil dessen, was ich in Idaho gesehen hatte, von den gesäuberten Äckern bis zu den computergesteuerten Kreisfeldern, ließ sich letztlich auf die perfekten Pommes frites von McDonald's, auf die Konsumenten am Ende der Nahrungskette, zurückführen.

Auf meiner Rückfahrt nach Boise hielt ich bei einem McDonald's-Drive-In und bestellte eine Tüte der zur Debatte stehenden Kartoffelstäbchen. Durchaus möglich, dass ich damit zum zweiten Mal an einem Tag NewLeafs zu mir nahm; jedenfalls verwendete McDonald's zum damaligen Zeitpunkt NewLeafs zur Herstellung seiner Pommes frites. Ein Geschäftsführer von Monsanto hatte mir erzählt, ohne die Schützenhilfe durch McDonald's wären die NewLeafs wohl kaum weit gediehen; schließlich zählt McDonald's weltweit zu den größten Abnehmern von Kartoffeln.[4]

Zugegeben, ihre Pommes frites sind ein Traum: ein Blumenstrauß aus formvollendeten goldenen Stäbchen im Gardemaß, der aus den properen roten Pappbehältern herauslugt. Von einem Farmer wusste ich, dass sich Pommes frites von solcher Länge und Perfektion nur aus Russet Burbanks schnitzen lassen. Ihr Anblick nötigt dem Betrachter das Eingeständnis ab, dass es sich hierbei nicht einfach um Pommes frites, sondern um die platonische Idealvorstellung derselben handelt – Abbild und Nahrung in eins verschmolzen, rund um die Welt für ca. einen Dollar die Tüte erhältlich: unschlagbar.

Was ich wollte und wovon ich ausgehen durfte: an einem so nichts sagenden Ort in Idaho haarscharf die gleichen, platonischen Idealvorstellungen entsprechenden Pommes frites vorzufinden, wie ich sie unzählige Male an meinem Wohnort verzehrt hatte und ganz nach Belieben jederzeit in Tokio, Paris, Peking, Moskau, ja selbst in Aserbeidschan oder auf der Isle of Man vorfinden könnte. Was war das anderes als die totale Kontrolle, und zwar nicht nur durch McDonald's? Doch was auch dahinter steht: Die Erwartung

---

4 Unlängst haben McDonald's und einige andere Großunternehmen in Antwort auf wachsende öffentliche Bedenken gegen gentechnisch behandelte Lebensmittel beschlossen, für ihre Produkte keine genmanipulierten Rohstoffe mehr zu verwenden.

bleibt unerfüllt, solange McDonald's nicht dafür sorgt, dass weltweit Millionen von Quadratkilometern mit Russet Burbanks voll gepflanzt werden. Dem globalen Bedürfnis kann nur mit globaler Monokultur entsprochen werden, und die globale Monokultur ist mittlerweile an Techniken wie die Genmanipulation geknüpft. Gut möglich, dass eins ohne das andere nicht zu haben ist.

Die Balance zwischen globalem Bedürfnis und Technik hat sich, jedenfalls rein zahlenmäßig, für die Russet Burbanks als wahrer Segen entpuppt. Weiß die Weltgeschichte von einer erfolgreicheren Kartoffelsorte zu berichten? Ein fragwürdiger Erfolg gleichwohl, denn andererseits ist jener Kartoffelgenmix (dank Monsanto neben den üblichen Kartoffelgenen sowohl mit BT wie mit einem gegen Antibiotika resistenten Gen angereichert) so anfällig wie nie zuvor für die Launen der Natur und die Fehlbarkeit einer einzigen Gattung: der unseren. Ob eine Monokultur in evolutionärer Hinsicht langfristig einen Erfolg für eine Gattung darstellt, ist die Frage. Lumper, vor der Hungersnot die beliebteste Kartoffelsorte Irlands, war einst in ihrer Monopolstellung den Russet Burbanks vergleichbar; heute sind ihre Gene ebenso aus dem Verkehr gezogen wie die des legendären Riesenvogels Dodo.

Zum Teil erfreuten mich die Pommes frites deshalb, weil sie meiner Vorstellung und Erwartung von ihnen so sehr entsprachen – der Idee von Pommes frites in meinem Gehirn, einer Idee, die McDonald's erfolgreich weiteren Milliarden Hirnen rund um den Erdball eingepflanzt hat. In dem Zusammenhang bekommt das Wort *Monokultur* eine gänzlich andere Bedeutung. Wie bei der gleichnamigen Anbaumethode geht es auch hier, bei der Monokultur des

Weltgeschmacks, um Vereinheitlichung und Kontrolle. Tatsächlich fördern die Monokulturen des Ackers und die Monokulturen unserer globalen Wirtschaft einander in ganz entscheidender Weise. Beide sind der komplex miteinander verflochtene Ausdruck desselben apollinischen Verlangens, unseres Drangs, das Universale über das Besondere oder Lokale zu stellen, das Abstrakte über das Konkrete, das Ideale über das Reale, das Gestaltete über das Natürliche. Der apollinische Geist preist »das eine«, schrieb Plutarch, »er verwirft das Mannigfache und schwört der Vielfalt ab«. Gegen dionysische »Veränderlichkeit« und »Zügellosigkeit« setzt er die Kraft des »Einheitlichen [und] Geordneten«. Somit ist Apoll für Pflanze und Mensch der Gott der Monokultur. Mag er auch häufig erhabener in Erscheinung getreten sein, hat er doch hier ebenso Gestalt angenommen, in Form der Pommes-frites-Tüte von McDonald's.

Irland, 1846. »Am 27. des vergangenen Monats [Juli] reiste ich von Cork nach Dublin, und selbiges, dem Untergang geweihtes Gewächs blühte in aller Üppigkeit einer reichen Ernte entgegen.« So schreibt Father Mathew, ein katholischer Priester, im Sommer 1846 zu Beginn seines Briefes. »Bei der Rückreise am 3. [August] erblickte ich zu meinem Kummer eine einzige öde Weite von verfaulenden Pflanzen. Vielerorts saßen die elenden Menschen auf den Zäunen ihrer verrottenden Gärten, rangen die Hände und weinten bittere Tränen ob des vernichtenden Fraßes, der sie ihrer Nahrung beraubte.«

Die Kraut- und Knollenfäule kündigte sich durch einen üblen Geruch nach fauligen Kartoffeln an, einen Gestank, der im Spätsommer 1845 und erneut in den Jahren 1846 und 1848 ganz Irland beherrschte. Der Falsche Mehltaupilz, dessen Sporen vom Wind weitergetragen wurden, befiel einen Acker buchstäblich über Nacht: Zunächst bildeten sich schwarze Flecken auf den Blättern, gefolgt von einer brandigen Stelle, die über den Stängel hinunterwanderte. Schließlich wurden die schwarz verfärbten Knollen zu übel riechendem Schleim. Binnen Tagen brannte der Pilz ein grünes Feld schwarz; selbst Lagerkartoffeln fielen ihm zum Opfer.

Die Kraut- und Knollenfäule grassierte in ganz Europa, doch nur in Irland führte sie zu einer Katastrophe. In den übrigen Ländern konnte man bei Missernten einer bestimmten Anbausorte auf andere Grundnahrungsmittel ausweichen, aber der armen irischen Bevölkerung, die mehr schlecht als recht von Kartoffeln lebte und vom Geldverkehr ausgeschlossen war, blieb keine Alternative. Wie so oft bei Hungersnöten lag auch hier das Problem nicht allein im Nahrungsmangel. Auf dem Höhepunkt der Krise türmten sich in den irischen Docks Säcke voll Korn, die zum Export nach England bestimmt waren. Als Handelsgut folgte das Korn dem Ruf des Geldes; die Kartoffelesser hatten kein Geld für Korn, folglich wurden die Kornsäcke dorthin verschifft, wo man für sie bezahlte.

Die Hungersnot infolge der Kraut- und Knollenseuche war die schlimmste Katastrophe in Europa seit der Pest von 1348. Die irische Bevölkerung wurde buchstäblich dezimiert: Einer von acht Einwohnern – insgesamt eine Million Menschen – starb binnen drei Jahren den Hungertod; Tausende wurden blind oder schwachsinnig infolge von Vitaminmangel, dem die Kartoffeln bislang vorgebeugt hatten. Jedem, der mehr als tausend Quadratmeter Land besaß, versagte das Armengesetz die Unterstützung, weshalb Millionen von Iren sich gezwungen sahen, ihre Höfe aufzugeben, um nicht zu verhungern; wer unter diesen Entwurzelten und Verzweifelten über die nötigen Energien und Mittel verfügte, wanderte nach Amerika aus. Binnen eines Jahrzehnts war die irische Bevölkerung auf die Hälfte geschrumpft, wodurch sich die ethnische Zusammensetzung der amerikanischen Bevölkerung entscheidend veränderte.

Zeitgenössische Schilderungen der großen Kartoffelhungersnot lesen sich wie Höllenvisionen: Straßen übersät mit Leichen, die zu begraben niemand die Kraft hatte, Armeen praktisch nackter Bettler, die ihre Kleidung gegen Essen verpfändet hatten, verlassene Häuser, aufgegebene Dörfer. Auf die Hungersnot folgten Blutfleckenkrankheit, Typhus und Cholera; ungehemmt wüteten die Krankheiten unter der geschwächten Bevölkerung. Die Menschen aßen Unkraut, sie aßen ihre Haustiere, sie aßen Menschenfleisch. »Die Straßen sind voller zerlumpter Skelette«, schrieb ein Augenzeuge. »Gott helfe diesem Volk.«

Die irische Misere hatte komplexe und vielfältige Gründe: die Landverteilung, die brutale wirtschaftliche Ausbeutung durch die Engländer, wahlweise ungnädige oder unselige Hilfsangebote sowie die üblichen Unsicherheiten aufgrund klimatischer, geographischer und kultureller Gegebenheiten. Letztlich aber ruhte das ganze Konstrukt wechselseitiger Abhängigkeiten auf einer Pflanze oder, genauer gesagt, auf dem besonderen Verhältnis einer Pflanze zu einem Volk. Denn es war nicht so sehr die Kartoffel als vielmehr ihr monokultureller Anbau, der den Samen zu Irlands Verderben säte.

Fest steht, dass Irland in der Geschichte der Menschheit das größte Experiment in Sachen Monokultur gewagt und sicherlich den überzeugendsten Beweis für seine Unsinnigkeit geliefert hat. Nicht genug damit, dass Landwirtschaft und Speisezettel der Iren vollständig auf Kartoffeln ausgerichtet waren, sie konzentrierten sich zudem noch auf eine einzige Sorte namens Lumper. Kartoffeln entstehen, wie Äpfel, durch Klonung, das heißt, sämtliche Knollen der Sorte Lumper sind in genetischer Hinsicht identisch und stammen allesamt von einer einzigen Urpflanze, die aufgrund eines dummen Zufalls nicht gegen *Phytophthora infestans,* den Falschen Mehltaupilz, resistent ist. Zwar diente auch den Inkas die Kartoffel als Basis zur Errichtung einer Zivilisation, doch züchteten sie eine solche Kulturenvielfalt von Kartoffeln, dass kein Pilz ihr je hätte gefährlich werden können. Festzuhalten bleibt, dass die Züchter unter dem Eindruck der großen Hungersnot in Südamerika nach Kartoffeln suchten, die der Fäulniskrankheit zu trotzen vermochten. Und sie wurden fündig, mit einer Kartoffelsorte namens »Garnet Chile«.

Bei der Monokultur kollidiert die Naturlogik mit der Wirtschaftslogik; welche von beiden letztlich obsiegen wird, ist keine Frage. Im britisch beherrschten Irland diktierte die Wirtschaftslogik den Anbau von Kartoffeln in Monokultur; 1845 legte die Naturlogik ihr Veto ein, und eine Million Menschen (die ohne Kartoffeln das Licht der Welt vermutlich gar nicht erst erblickt hätten) bezahlten mit ihrem Leben dafür.

»Was ihre Beherrschung der Natur anbetrifft«, schrieb Benjamin Disraeli in seinem 1847 erschienenen Roman *Tancred,* »so wollen wir sehen, wie es damit bei einer zweiten Sintflut bestellt sein wird. Beherrschung der Natur! Da ist nun die bescheidenste Wurzel, die dem Menschen Speise schafft, in ganz Europa auf geheimnisvolle Weise verdorrt, und schon erbleicht man ob der möglichen Folgen.«

Im März 1998 wurde dem US-Landwirtschaftsministerium und einem Vertriebsunternehmen von Baumwollsamen namens Delta & Pine Land unter der Nummer 5.723.765 ein gemeinsames Patent für die Entwicklung einer innovativen Methode zur »Kontrolle der Expression von pflanzlichen Genen« erteilt. Hinter den nichts sagenden Formulierungen des Patents verbirgt sich eine radikal neue Form der Gentechnik: Wird das fragliche Gen in eine Pflanze eingeschleust, macht es die von der Pflanze produzierten Samen steril, entgegen ihrem natürlichen Auftrag. Dank der neuen »Terminator«-Technik, wie sie alsbald genannt wurde, entdeckten die Gentechniker, wie sich der elementarste aller natürlichen Vorgänge, durch den Pflanzen sich vermehren und entwickeln, der Pflanze-Samen-Pflanze-Samen-Zyklus, auf Knopfdruck abstellen lässt. Die uralte Logik des Samens – ungehinderte und uneingeschränkte Multiplikation zum Zweck der direkten Nahrung und zur Sicherung der künftigen Ernährung – ist der modernen Logik des Kapitalismus gewichen. Lebensfähige Samen werden hinfort nicht länger von Pflanzen, sondern von Großunternehmen geliefert.

Der Traum, mit dem Saatgut auch den Farmer unter Kontrolle zu halten, ist älter als die Gentechnik. Er reicht mindestens bis zur Entwicklung jüngster Hybriden aus einer Hand voll Anbausorten zurück: höchst ertragreicher Varietäten, die bei Wiedereinpflanzung von vorjährigem

Saatgut nicht »wiederkommen« und die Farmer somit zwingen, in jedem Frühjahr neue Samen zu kaufen. Dennoch hat die Landwirtschaft im Vergleich mit anderen Wirtschaftsbereichen den Bestrebungen der Großunternehmen zur Zentralisierung und Kontrolle weitgehend getrotzt. Selbst heute, da in den meisten amerikanischen Industriezweigen nur noch eine Hand voll Großfirmen das Heft in der Hand hält, gibt es immer noch rund zwei Millionen Farmer. Es ist und bleibt die Natur, die sich der Konzentration in den Weg stellt: mit ihrer Komplexität, ihrer Vielfalt und ihrer nackten Unbotmäßigkeit angesichts unserer heldenhaften Bemühungen um die Oberherrschaft. Am unbotmäßigsten haben sich wohl die Produktionsmittel der Landwirtschaft erwiesen, das ureigenste Gut der Natur: die Samen.

Erst seit der Einführung moderner Hybriden in den letzten Jahrzehnten sind die Farmer dazu übergegangen, Saatgut von Großfirmen zu beziehen. Viele behalten auch heute noch im Herbst Samen zurück, um sie im Frühjahr neu auszusäen. Dieses so genannte »Eintüten« ermöglicht den Farmern die Selektion besonders gut an die örtlichen Bedingungen angepasster Arten.[5] Da die Farmer ihre Samen untereinander auszutauschen pflegen, ist ihr Vorgehen selbst der modernsten Gentechnik stets um einen Schritt voraus. Im Lauf der Jahrhunderte hat uns dies zu einem Großteil unserer wichtigsten Nutzpflanzen verholfen.

Mit ihrer naturgegebenen, unbegrenzten Reproduzierbarkeit eignen Samen sich nicht zur Vermarktung als kon-

[5] Weltweit hängen schätzungsweise 1,4 Milliarden Menschen in ihrem Überleben von wieder eingepflanztem Saatgut ab.

trollierbares Produkt, weshalb normalerweise die Erbanlagen unserer wichtigsten Nutzpflanzen traditionell als Gemeingut und nicht als »geistiges Eigentum« galten. Was die Kartoffel angeht, so standen die Erbanlagen der maßgeblichen Varietäten – Russet Burbanks und Atlantic Superiors, Kennebecs und Red Norlings – stets zur allgemeinen Verfügung. Vor Monsanto hatte kein Großunternehmen sich je mit Kartoffelsämlingen abgegeben, weil mit dem Geschäft nicht genug Geld zu machen war.

Mit der Gentechnik änderte sich die Sachlage. Monsanto kann nunmehr gängige Kartoffelsorten wie Russets oder Superiors mit ein, zwei neuen Genen anreichern und sich die so entstandenen, vorteilhafteren Varietäten patentieren lassen. Mittlerweile erlaubt das Gesetz die Patentierung einer Pflanze über mehrere Jahre, was sich allerdings in der biologischen Praxis bislang kaum als durchsetzbar erwiesen hat. Die Gentechnik ist eifrig bemüht, das Problem zu lösen, denn damit wäre Monsanto in der Lage, Kartoffelpflanzen auf Farmen zu testen und gegebenenfalls als »geistiges Eigentum« der Firma zu identifizieren. Beim Kauf von Saatgut der Firma Monsanto müssen die Farmer einen Vertrag unterschreiben, wonach besagter Firma das Recht eingeräumt wird, derartige Tests auf Jahre hinaus nach Gutdünken vorzunehmen. Berichten zufolge bediente sich Monsanto bezahlter Informanten, um Verstößen gegen (seine firmeneigenen) Patentrechte auf die Spur zu kommen, und heuerte zum Nachweis von Gendiebstahl gar Detektive an; Hunderte von Farmern wurden bereits wegen Verletzung des Patents verklagt: Mühen und Ärgernisse, die dem Unternehmen mit einer Neuerung wie der »Terminator«-Technik weitgehend erspart blieben.[6]

Mit »Terminator« können die Saatgutvertreiber ihre Patente biologisch und zeitlich unbegrenzt durchsetzen. Die allgemeine Einführung der betreffenden Gene verheißt eine vollständige Kontrolle über die Erbanlagen unserer Nutzpflanzen und den Verlauf ihrer Evolution, vom Acker bis hin zu Samenfirmen, bei denen sich die Farmer rund um den Erdball wohl oder übel Jahr um Jahr werden einfinden müssen. Dank der »Terminator«-Technik können Firmen wie Monsanto eines der letzten Gemeingüter aus dem natürlichen Bestand in ihren Griff bekommen: die Erbanlagen der von der Zivilisation in den letzten zehntausend Jahren entwickelten Nutzpflanzen.

Beim Mittagessen hatte ich Steve Young nach seiner Meinung zu allen angesprochenen Themen befragt, insbesondere zu Monsantos Knebelvertrag und zu der Aussicht auf sterile Samen. Ich wollte wissen, wie ein amerikanischer Farmer als mutmaßlicher Erbe einer langen Tradition bäuerlicher Unabhängigkeit mit der Vorstellung zurechtkomme, dass »Felddetektive« auf seiner Farm herumschnüffeln und Samen künftig patentiert, also nicht nach Belieben wieder verpflanzbar sein würden.

---

[6] Ich formuliere ausdrücklich »wie der Terminator-Technik«, weil Monsanto nach einem internationalen Proteststurm von dieser Praxis Abstand genommen hat – nicht jedoch von einer Gruppe verwandter Techniken, die letztlich demselben Zweck dienen: GURT (Genetic Use Restriction Technologies) bewirken durch den Einsatz bestimmter, chemischer Markenartikel bei gentechnisch veränderten Feldpflanzen ein beliebiges An- und Ausschalten genetischer Eigenschaften. Sofern also die betreffende Pflanze überhaupt noch lebensfähige Samen produziert, wachsen diese zu wertlosen Pflanzen heran, deren Resistenz gegen Krankheiten oder Herbizide ausgeschaltet wurde – es sei denn, der Farmer ist im Besitz des entsprechenden chemischen Katalysators.

Young erklärte mir, er habe seinen Frieden mit den großen Landwirtschaftsunternehmen und insbesondere mit der Biotechnik geschlossen. »Die Entwicklung lässt sich nicht rückgängig machen. Sie ist notwendig, wenn wir die Welt ernähren wollen, und sie bringt uns voran.«

Ich fragte ihn, ob er auch Nachteile in der Biotechnik sehe. Mit uns am Tisch saß eine Angestellte von Monsanto; Youngs Antwort ließ geraume Zeit auf sich warten, und Unbehagen machte sich breit. Seine Erwiderung brachte den Tisch zum Schweigen und ließ mich ein weiteres Mal über die Herrschaftsvision nachdenken, die er gezeichnet hatte – über die computergesteuerten Felder, über das Vertriebssystem für Chemikalien, über die vom Panoramafenster seines Wohnzimmers gerahmten, endlosen Reihen patentierter High-Tech-Kartoffeln, die kilometerweit bis zum Horizont reichten.

»Tja, die Sache hat schon ihren Preis«, sagte Young finster. »Damit haben mich die amerikanischen Großfirmen noch fester am Haken.«

August. Ein paar Wochen nach meiner Rückkehr von Idaho grub ich meine NewLeafs aus, einen Haufen bildschöner Knollen mit dem einen oder anderen Prachtexemplar darunter. Die Pflanzen hatten sich hervorragend entwickelt; das galt allerdings auch für all meine anderen Kartoffelsorten: Die Käferplage hatte nicht überhand genommen, vielleicht weil die Artenvielfalt in meinem Garten hinreichend nützliche Insekten angelockt hatte, um die Käfer in Schach zu halten. Wer weiß? Vielleicht hatten auch meine Prügelknaben, die Kirschtomaten, das Ihre dazu beigetragen. Um meine NewLeafs wirklich auf Herz und Nieren zu testen, hätte ich sie in Monokultur anpflanzen müssen.

Die Frage nach ihrer Essbarkeit war mittlerweile rein hypothetisch. Meine Sicherheitsbedenken bezüglich der Kartoffeln waren letztlich nicht von Belang. Nicht nur, weil ich bereits von Mrs Youngs Kartoffelsalat gekostet hatte, sondern weil Monsanto und die Regierung meines Landes mir die Entscheidung, gentechnisch behandelte Kartoffeln zu essen oder nicht, bereits vor langer Zeit aus der Hand genommen hatten. Vermutlich hatte ich schon massenhaft NewLeafs vertilgt, bei McDonald's oder aus Chipstüten, was sich allerdings ohne entsprechende Etikettierung nicht mit Sicherheit sagen lässt.

Wenn ich also mutmaßlich bereits NewLeafs gegessen hatte, was hielt mich dann davon ab, die eindeutig als solche definierten NewLeafs zu mir zu nehmen? Vielleicht einfach die Tatsache, dass es jetzt, im August, so viele andere verlockendere frische Sorten gab, z. B. Babykartoffeln mit festem, köstlichem Fleisch, Yukon Golds (meine eigenen und die von Mike Heath), die aussahen und schmeckten wie unter der Schale gebuttert; angesichts dessen hatte die Vorstellung, aus dieser geschmacklosen, nur mit Genen von Monsanto angereicherten kommerziellen Varietät ein Mahl zu bereiten, fast etwas Absurdes an sich.

Noch etwas kam hinzu: Ich hatte mit einigen Regierungsbehörden in Washington telefoniert, die das New-Leaf-Projekt abgesegnet hatten, und was ich dabei zu hören bekam, war nicht unbedingt geeignet, mein Vertrauen zu stärken. Die Behörde für Lebens- und Arzneimittel teilte mir mit, da man dort von der »grundsätzlichen Gleichstellung« normaler und gentechnisch veränderter Pflanzen ausgehe, erfolge die Produktkontrolle in diesem Bereich seit 1992 auf freiwilliger Basis. Nur bei Sicherheitsbedenken ist Monsanto verpflichtet, bezüglich seiner NewLeafs mit den Behörden Kontakt aufzunehmen. Ich hatte bis dahin stets angenommen, die Lebensmittelbehörde habe die neue Kartoffelsorte getestet, vielleicht ein paar Portionen davon an Ratten verfüttert, aber wie sich herausstellte, war dies nicht der Fall. Offiziell betrachtet die Lebens- und Arzneimittelbehörde NewLeafs nicht einmal als Nahrungsmittel. Wie bitte? Da die Kartoffel BT enthält, gilt sie, zumindest nach Ansicht der US-Regierung, nicht als Lebensmittel, sondern als Pestizid und fällt damit rechtlich unter die Zuständigkeit der Umweltschutzbehörde. Ein wenig kam ich mir vor wie Alice im bürokratischen Wunderland, als ich wegen meiner Kartoffeln nun bei der Umweltschutzbehörde telefonisch nachfragte. Dort sah man die Dinge so: BT ist ein anerkannt unbedenkliches Pestizid, die Kartoffel ein anerkannt unbedenkliches Nahrungsmittel, beide zusammen ergeben ein Produkt, das man unbedenklich verzehren und zur Schädlingsbekämpfung einsetzen kann. Die mechanistische Weltsicht hatte offenbar auch in Washington obsiegt: Demnach sind NewLeafs nichts weiter als die Summe ihrer Bestandteile – eine unbedenkliche Kartoffelsorte mit einem unbedenklichen kleinen Zusatzgen.

Schließlich telefonierte ich noch mit Margaret Mellon von der »Union of Concerned Scientists« in Washington, D.C., und bat sie in der Kartoffelfrage um Rat. Mellon, die als ausgebildete Juristin und Molekularbiologin zu den führenden Kritikern der Gentechnik in der Landwirtschaft gehört, konnte keine stichhaltigen wissenschaftlichen Beweise für Bedenken gegen meine NewLeafs vorlegen, wies aber darauf hin, dass es andererseits auch keinerlei wissenschaftliche Belege für die Annahme einer »grundsätzlichen Gleichstellung« gebe.[7] »In dieser Richtung ist bislang noch nicht geforscht worden.«

Mellon sprach die genetische Instabilität an, ein Phänomen, das nahe legt, gentechnisch behandelte Pflanzen nicht nur als Summe ihrer alten und neuen Gene zu betrachten; weiterhin erwähnte sie, dass wir bislang nichts über die Wirkungen von BT im menschlichen Organismus wissen, da es bisher dort nie aufgetreten ist. Ich drängte auf eine Antwort: Gab es irgendeinen Grund, diese Kartoffeln nicht zu essen?

»Ich stelle Ihnen eine Gegenfrage: Warum wollen Sie sie essen?«

Das war eine gute Frage. Also blieben meine NewLeafs den Spätsommer über wochenlang in einer Plastiktüte auf der Veranda. Dann nahm ich die Tüte mit in den Urlaub, vielleicht würde sich hierbei die Gelegenheit zu einer Kostprobe ergeben, dachte ich, aber bis auf eine brachte ich sämtliche Kartoffeln wieder heim: Ein Fischhändler hatte mir einen Tipp der berühmten Haushaltsexpertin Martha Stewart verraten, wie man verhindert, dass Fisch beim Grillen am Rost haften bleibt: Man reibt den Grill vorher mit der offenen Schnittfläche einer rohen Kartoffel ein. Der Trick funktionierte übrigens bestens.

So stand meine Tüte mit den NewLeafs weiterhin auf

[7] Im Rahmen einer Verbraucherklage gegen die Lebens- und Arzneimittelbehörde kamen interne Dokumente ans Licht, aus denen hervorging, dass mehrere von der Behörde angestellte Wissenschaftler der Hypothese einer »grundsätzlichen Gleichstellung« ebenfalls ablehnend gegenüberstanden.

der Veranda, bis ich gebeten wurde, zu einem abendlichen Picknick am Labor Day etwas Kulinarisches aus vorhandenen Zutaten beizusteuern. Das war die Gelegenheit! Ich sagte zu, einen Kartoffelsalat mitzubringen. Am Tag des Picknicks trug ich die Tüte in die Küche und setzte einen Topf mit Wasser auf. Doch noch bevor es sich dem Siedepunkt näherte, drängte sich mir die nahe liegende Frage auf, ob ich den Teilnehmern des Picknicks nicht mitteilen müsste, was sie da aßen? Zwar bestand kein Grund zu der Annahme, dass mit den Kartoffeln etwas nicht in Ordnung war, aber wenn mir bei dem Gedanken nicht wohl war, genetisch veränderte Nahrung zu mir zu nehmen, ohne davon zu wissen, konnte ich desgleichen kaum von meinen Mitmenschen verlangen. (Mit »vorhandenen Zutaten« dieser Art hatten sie sicherlich nicht gerechnet.) Also würde ich sie umfassend über die NewLeafs informieren und meine Riesenschüssel mit Kartoffelsalat unberührt wieder nach Hause tragen müssen. Sicherlich gab es noch andere Kartoffelsalate bei dem Picknick, und wer würde sich schon, sofern er die Wahl hatte, ausgerechnet für Kartoffeln aus der Genfabrik entscheiden? Schlagartig wurde mir der Grund für Monsantos Weigerung klar, genetisch veränderte Lebensmittel auf ihren Firmenetiketten entsprechend zu kennzeichnen.

Also drehte ich die Flamme unter dem Topf wieder ab und ging in den Garten, um einen Korb normaler Kartoffeln für den Salat auszugraben. Die NewLeafs wanderten zurück in die Zwischenablage auf meiner Veranda.

Epilog

Ich war einige Wochen lang nicht mehr im Garten gewesen, und nun, gegen Ende des Sommers, bot er den vertrauten Anblick eines anarchischen Durcheinanders von ungezügelt ins Kraut geschossenen Pflanzen und reifen Früchten, die die geometrische Ordnung meiner Beete, Spaliere und Pfade zu sprengen drohten. Die Stangenbohnen reichten bis zu den Spitzen der Sonnenblumen hinauf und drapierten sich mit ihren prallen grüngelben Schoten um sie herum. Die Kürbisse hatten sich halbwegs auf den nun nicht mehr zu mähenden Rasen vorgearbeitet, und die esstellergroßen Kohlblätter schufen dunkle Schattenweiher am Boden, in denen der Kopfsalat sich pudelwohl zu fühlen schien – wie leider auch die Schnecken, die sich im Schatten der Kohlköpfe an meinem Mangold gütlich taten. Das letzte Kartoffelkraut hing schlapp und ausgelaugt auf die gehäufelten Erdreihen hinab.

So weit war es also mit dem Garten gekommen, diesen Grad an Wildwuchs hatte er in den wenigen Wochen erreicht, seit ich im Mai die Sämlinge nach einem wohl überlegten Muster gepflanzt hatte, das sich jetzt nicht mehr erkennen ließ. Die ordentlichen, frisch umgegrabenen Reihen hatten in mir einst die Vorstellung hervorgerufen, als Chefgärtner das Heft in der Hand zu halten, doch das traf eindeutig nicht mehr zu. Die Pflanzen warfen meine Ordnung über den Haufen und folgten unbekümmert ihrer Bestimmung, mit dem Feuereifer aller einjährigen Pflanzen: Sie streckten sich nach der Sonne, machten den Nachbarn den Grund streitig, bekämpften sich oder beuteten einander aus, wenn sich Gelegenheit dazu bot, ließen die Samen heranreifen, die das Überleben ihrer Gene für die Zukunft sicherten, und sahen generell zu, das Maximum aus den rasch dahinschwindenden Tagen bis zum Einsetzen der Frostperiode herauszuholen.

Jedes Jahr bemühe ich mich eine Weile lang, den Anschein von Herrschaft zu wahren; ich jäte Unkraut, beschneide den Kohl, damit der Mangold Luft zum Atmen hat, und entwirre die Bohnenranken, bevor sie ihre schwächeren Nachbarn ersticken. Gegen Ende August gebe ich jedoch meist auf, überlasse den Garten seinem Schicksal und versuche nur noch, mit dem spätsommerlichen Erntesegen fertig zu werden. Was jetzt im Garten vor sich geht, fällt nicht mehr in mein Revier, auch wenn ich im Mai die Saat dazu gelegt habe. Sosehr ich den festen Zugriff und die durchdachte Ordnung des Frühlings liebe, so liegt doch ein reifes, nahezu sinnliches Vergnügen darin, all das im August dahinfahren zu lassen.

Schließlich aber fand ich, wonach ich eigentlich Ausschau gehalten hatte: eine Reihe von Kennebecs, deren Kraut bereits abgestorben am Erdboden lag. Einer der vielen Vorteile von Kartoffeln besteht darin, dass man sie den ganzen Winter im Boden lassen und jeweils bei Bedarf ausgraben kann; ein Umstand, der sich in der Geschichte als großer Segen erwiesen hat, sooft Bauern von plündernden Armeen heimgesucht wurden: Im Boden ruhende Kartoffeln kann man nicht ohne weiteres mitgehen lassen.

Kein Erntevorgang befriedigt mich so sehr wie das Ausgraben von Kartoffeln. Ich liebe den Augenblick, da der Spaten zum ersten Mal seit dem Frühjahr die schwarze Kruste umwühlt und die sandfarbenen Klumpen auf die frische Erde purzeln. Nach der ersten, leichten Schicht sollte man den Spaten beiseite legen, um die noch verbliebenen Kartoffeln nicht zu beschädigen. Den Rest besorgt man per Hand, gräbt sich mit den Fingern durch die gut gedüngte Erde und tastet im Dunkeln nach den unverwechselbaren Formen, welche die Hand so viel besser erkennt als das Auge. Kartoffeln fühlen sich stets kühler und schwerer an als Steine und fügen sich irgendwie angenehmer in die Hand.

Dabei halten sich die realen Knollen natürlich nicht an irgendwelche Musterbeispiele. Keine gleicht der anderen, meist sind sie seltsam deformierte, asymmetrische Gebilde, deren Form sich ebenso aus den zufälligen Gegebenheiten des umliegenden Gesteins und Bodens bestimmt wie aus der buchstabengetreuen Befolgung genetischer Instruktionen. Vielleicht verleihen wir deshalb den Knollen aus der Unterwelt gern so schmeichelnde und apollinische Formen, indem wir sie zu durchscheinenden Chips und geometrischen Pommes frites zurechthobeln. Verglichen mit dem undifferenzierten Dunkel, in dem sie heranreifen, erscheinen die hellfarbigen Kartoffeln auf der Hand wie fleischgewordene Form.

Früher oder später umschließen die Finger die eine feuchtkalte Knolle, die der Spaten versehentlich mittendurch geteilt hat, und ihr nass glänzendes, weißes Fleisch verströmt den unirdischsten aller irdischen Düfte. Es ist der Geruch nach frischer Erde im Frühjahr, doch irgendwie destilliert oder angereichert, als habe man ihr wildes, urtümliches Aroma raffiniert und in Flaschen abgefüllt: *Eau de pomme de terre.* Man riecht die kalte, menschenfeindliche Erde darin, aber zugleich die behagliche Küche, denn der Duft von Kartoffeln ist für uns Heutige gleichbedeutend mit

Trost: ein Duft, so unmittelbar einladend wie das helle Fleisch der Knolle, das Erinnerungen und Empfindungen ebenso leicht in sich aufnimmt wie verschiedene Geschmacksnuancen. Wer an einer rohen Kartoffel schnuppert, wird an die Schwelle zwischen Häuslichkeit und Wildnis versetzt.

Ich blieb mit meinem vollen Korb Kartoffeln stehen und sinnierte angesichts des Gartens in seinem gegenwärtigen Zustand, mit welch imposanter Grandezza er sich von den geradlinigen Reihen und Zielsetzungen im Mai fortentwickelt hatte. Wann immer ich das Wort »Garten« höre oder lese, stellte ich mir etwas sehr viel weniger Wildes vor, vielleicht deshalb, weil im allgemeinen Sprachgebrauch »Garten« als Gegensatz zu »Wildnis« verstanden wird. Der Gärtner allerdings weiß es besser. Er weiß, was Gartenzaun, Pfade und heilige geometrische Ordnung nur mühsam im Zaum halten: wenn schon keine Wildnis im wörtlichen Sinn, so doch einen gewichtigen Abglanz derselben, wimmelnd von Pflanzen, Tieren und Mikroben mit ihren ganz unterschiedlichen Lebensformen, die so viele verschiedene und überraschende Antworten auf das starke Pulsen ihrer Gene und den kräftigen Druck seitens ihrer Umgebung bereithalten – hier wirkt jedes Element auf alle anderen Elemente ein.

Wo also stehen wir, wir Gärtner und Nachfahren von Johnny Appleseed, die etwas aus dieser Wildnis zu machen versuchen? Als ich an jenem Augustnachmittag im Wohlduft meines ruinierten Gartens stand und den schweren Kartoffelkorb hochhievte, dachte ich an Chapman mit seinem Kaffeesack, an die fanatischen Tulpenverehrer und die Marihuana-Pflanzer in Amsterdam, an die Wissenschaftler von Monsanto in ihren Laborkitteln und fragte mich, was sie wohl gemeinsam hätten. Sie alle hatten sich in Darwins stetig expandierenden Garten der künstlichen Zuchtwahl vorgewagt, um die gleichermaßen mächtigen Triebe von Mensch und Pflanze miteinander zu vereinen; sie alle wirkten aktiv an der Botanik der Begierde mit. Entsprechend den natürlichen Gegebenheiten wurden sie – wie Chapman, wie die Kartoffel – zu Randfiguren, die sich zwischen Wildnis und Kultur, zwischen uralt Bestehendem und neu Gestaltetem, zwischen Dionysos und Apoll bewegten. Alle hatten teil an dem großen, zu keinem Ende führenden Streitgespräch zwischen den beiden federführenden Gottheiten und trugen ihr Scherflein zu dem Dialog zwischen dionysischer Energie und apollinischer Ordnung bei, aus dem die Schönheit einer Tulpe namens »Königin der Nacht«, die Süße eines Jonagold-Apfels und die gesteigerte menschliche Wahrnehmung infolge von *Cannabis sativa* x *indica* entsprangen.

Irgendwo zwischen diesen beiden Polen suchen sich alle Gärtner – alle Menschen, genau genommen – einen Standort; manche, wie Appleseed, neigen eher der dionysischen Wildheit zu (ihm würde mein Garten in seinem jetzigen Zustand gefallen), andere wie etwa die Wissenschaftler bei Monsanto finden ihre Befriedigung in der kontrollierten Ordnung des apollinischen Ideals. (Den Laborkittelträgern hätte mein Garten wohl eher zu Beginn der Saison zugesagt, bevor das Chaos überhand nahm.) Andere wiederum lassen sich nicht so leicht in den Zusammenhang einordnen: Wohin zum Beispiel gehört der Marihuana-Züchter, der insgeheim seine geklonten Pflänzchen in Hydrokultur hochpäppelt – ein apollinisches Konstrukt im Dienste dionysischer Freuden? Nicht Stellung beziehen zu müssen ist mitunter durchaus von Vorteil.

Mit Ausnahme von John Chapman, der Fantasie genug besaß, um sich in die Bienen hineinzuversetzen, legten alle anderen hier genannten Botaniker der Begierde eine recht simpel gestrickte und, wie mir scheint, mit Scheuklappen behaftete humanistische Perspektive zugrunde. Für sie stand außer Frage, dass Pflanzen von Menschen domestiziert werden und nicht etwa andersherum. Der holländische Patrizier Dr. Adriaen Pauw, der elf Zwölftel (oder zwölf Dreizehntel) des weltweiten Bestands an Semper-Augustus-Tulpen sein Eigen nannte, wäre vermutlich nie auf den Gedanken gekommen, dass die Tulpen in gewisser Weise auch ihn ihr Eigen nannten, nachdem er einen Großteil seines Lebens ihrer Vermehrung und ihrem Wohlbefinden gewidmet hatte. Doch das Tulpenfieber, das er unwillentlich entfachen half, erwies sich als unschätzbarer Segen für das Geschlecht der *Tulipa,* das hierbei letztlich am besten wegkam. Zumindest war ihm Erfolg in der Welt beschieden, nachdem die holländischen Patrizier mit ihm am Ende Glück und Vermögen verloren.

All jene Figuren spielten, ob bewusst oder unbewusst, mit im Drama der Koevolution, hatten teil am Tanz der Begierde von Mensch und Pflanze, aus dem keiner der Beteiligten unverändert hervorging. Gut, »Begierde« mag ein zu starker Ausdruck zur Beschreibung dessen sein, was Pflanzen dazu treibt, neue Gestalt anzunehmen und sich so unseres Wohlwollens zu versichern; andererseits gehen wir häufig ebenso unabsichtlich vor wie die Pflanzen. Auch wir treffen unbewusst evolutionäre Entscheidungen, wenn wir nach der symmetrischsten Blume oder den längsten Pommes frites greifen. Das Überleben der süßesten, schönsten oder berauschendsten Arten folgt einem dialektischen Prozess aus Geben und Nehmen zwischen menschlicher Begierde und dem Universum aller potentiellen Pflanzenvarianten. Das Spiel verlangt zwei Partner, nicht aber bewusste Vorgehensweisen.

Ich komme immer wieder auf das Bild von John Chapman zurück, wie er sich den Ohio River hinuntertreiben lässt, friedlich dösend neben seinem Berg von Apfelkernen, in denen die amerikanische Zukunft des Apfels, sein kommendes goldenes Zeitalter, schlummerte. Der barfüßige Spintisierer hatte eine gewisse Vorstellung von unserem Verhältnis zu Pflanzen, und diese Vorstellung scheint uns in den seither verstrichenen zwei Jahrhunderten abhanden gekommen zu sein. Ich glaube, er verstand, dass unsere Schicksale im Fluss der Naturgeschichte miteinander verflochten sind. Zwar kann ich ihm nicht so weit folgen, Pfropfungen als »Frevel wider die Natur« zu bezeichnen, doch spricht aus seinem Urteil ein instinktives Gespür für die notwendige Rolle der Wildnis und seine Höherschätzung der Vielfalt gegenüber der Monokultur. Auch wenn Chapman damit wohl nicht einverstanden gewesen wäre: Gentechnik ist vermutlich ebenso wenig frevlerisch wie Pfropfung, obwohl auch sie der Wildnis und der Vielfalt den Kampf ansagt (allerdings sehr viel aggressiver). Auch sie setzt – im großen Maßstab – auf das apollinische Eine im Gegensatz zum dionysischen Mannigfachen.

Die NewLeafs markieren eine evolutionäre Wende; ob sie uns an ein erwünschtes Ziel bringt, bleibt abzuwarten. Falls nicht, wären wir, Chapmans Beispiel folgend, gut beraten, für die Bewahrung und Vermehrung pflanzlicher Gene aller Art Sorge zu tragen: für die wilden, die unpatentierbaren, selbst für die scheinbar nutzlosen, stockhässlichen und nichts weniger als kuriosen. Im nächsten Jahr plane ich anstelle der NewLeafs ein reichhaltiges Sortiment von »OldLeafs« anzupflanzen; statt auf eine perfekte Kartoffelsorte setze ich wie Chapman auf das ganze Feld. Die schiere Vielfalt des Lebens einzuschränken, wie die Pfropfer, die Monokulturfarmer und Gentechniker es tun, heißt, das Potential der Evolution, also unser aller Zukunft, zu beschränken. »Wir sehen hier alles Leben versammelt, zu dessen Evolution es einer Milliarde Jahre bedurfte«, schrieb der Zoologe E. O. Wilson über die Artenvielfalt. »Es hat sich Stürme einverleibt – sie seinen Genen anverwandelt – und die Welt erschaffen, aus der wir hervorgegangen sind. Es hält die Welt im Lot.« Wer diese Vielfalt aufs Spiel setzt, riskiert, die Welt aus den Angeln zu heben.

Der Ausdruck »Artenvielfalt« gehörte nicht zu John Chapmans Vokabular, er beschreibt aber treffend den verrückten Bestand an Apfelgenen, den er an besagtem Sommernachmittag auf dem Ohio mit sich führte. Seine Ansichten über unseren Platz im Reich der Natur waren selbst für damalige Begriffe exzentrisch. Und doch bin ich davon überzeugt: Wenn schon nicht in seinen Worten, so lag doch in seinen Taten manch eine Wahrheit, aus der sich Nutzen ziehen ließe. Ich denke besonders daran, wie er damals sein Kanu herrichtete, die beiden Rümpfe Seite an Seite vertäute, auf dass Apfelkerne und Mensch einander im Gleichgewicht hielten und sich gegenseitig halfen, im Boot zu bleiben. Vielleicht ein lachhaftes Beispiel für Schiffsarchitektur, aber als Metapher durchaus seetüchtig. Chapmans Gefährt und sein Beispiel regen uns an, die

Geschichte von Mensch und Natur in einem völlig anderen Licht zu sehen, die Distanz zwischen beiden schwinden zu lassen, bis wir sie wieder als das betrachten können, was sie sind und trotz allem immer bleiben werden: zwei in einem Boot.

Danksagung

Bei jedem Schritt auf dem Weg zu diesem Buch habe ich sehr viel Hilfe bekommen. Mein Dank geht zuallererst an all diejenigen, die so großzügig ihre Zeit und ihr Wissen zur Verfügung gestellt haben, während ich für das Projekt recherchierte; ihre Namen erscheinen im Quellenverzeichnis.

Seit ich vor mehr als zehn Jahren begann, Bücher zu schreiben, habe ich das Privileg und das noch größere Vergnügen, mit Ann Godoff zusammenzuarbeiten. Inzwischen kann ich mir gar nicht mehr vorstellen, ein Buch ohne ihre klugen Kommentare, ihr Vertrauen oder unser freundschaftliches Verhältnis zu schreiben. Meine Literaturagentin Amanda Urban war ebenfalls von Anfang an dabei. Sie erkannte als Allererste, dass ich genau dieses Buch, *Die Botanik der Begierde*, schreiben sollte und wollte, und ihre Sachkenntnis in sämtlichen Fragen war auch im weiteren Verlauf der Entstehung dieses Titels für mich unentbehrlich.

Mark Edmundson war ebenfalls an meinen drei Büchern beteiligt, wenn auch einfach aus Freundschaft. Er hat das Manuskript mit großer Sorgfalt und Intelligenz gelesen, Teile davon mehr als einmal, und jede Seite, die er in die Finger bekam, hat er verbessert. Genauso wichtig waren mir sein wohlwollendes Ohr und die unschätzbaren Literaturanregungen, die er mir gab. Außerdem hatte ich das unglaubliche Glück, den begabten Lektorenblick von Paul Tough zur Verfügung zu haben, der elegant von der Schüler- zur Lehrerrolle übergewechselt ist; seine Anregungen waren Gold wert. Großen Dank schulde ich auch Mardi Mellon von der *Union of Concerned Scientists*, die großzügigerweise ein wissenschaftliches Auge auf den Text warf, um mich vor Peinlichkeiten zu bewahren. Sollten dennoch Fehler stehen geblieben sein, habe natürlich ich allein diese zu verantworten.

Meine ersten Streifzüge in die Welt der Marihuana-Zucht und der genmanipulierten Kartoffeln wurden vom *New York Times Magazine* gesponsert; herzlichen Dank an Gerry Marzorati, Adam Moss und Jack Rosenthal für ihre freigebige Unterstützung und Ermunterung sowie an Stephen Mihm für seinen kundigen Beistand bei den Recherchen. Carol Schneider, Robbin Schiff, Benjamin Dreyer, Alexa Cassanos und Kate Niedzwiecki waren mir unschätzbare Verbündete, und wie üblich Jack Hitt, Mark Danner und Allan Gurganus ebenso. Meinen Dank auch an Isaac Pollan für seine Ermunterungen sowie sein Verständnis und seinen Zuspruch an schlechten Tagen.

Und schließlich geht mein Dank an Judith, die eigentlich ganz vorne steht, denn ohne ihr Auge, ihr Ohr, ihre Klugheit, ihre Unterstützung, ihre Geduld, ihre Ermunterungen, ohne ihren Scharfsinn, ihren Weitblick, ihr Vertrauen in mich, ihre Gesellschaft, ihr kritisches Urteil, ohne ihren klaren Blick, ihren Humor und ihre Liebe wäre all dies nie zustande gekommen.

Cornwall Bridge, Connecticut
Oktober 2000

Quellen

Nachfolgend eine Auflistung der für die jeweiligen Kapitel relevanten Literatur unter Einschluss weiterer Werke, die mir wertvolle Informationen lieferten oder mein Denken beeinflussten.

EINLEITUNG: DIE MENSCHLICHE BIENE

Wohl mehr als jedes Buch hat David Attenboroughs 1995 für das öffentliche Fernsehen produzierte Dokumentarserie *Das geheime Leben der Pflanzen* mir die Augen bezüglich der Frage geöffnet, wie Pflanzen die Natur- und Menschenwelt sehen. Mit Hilfe brillanter Aufnahmen in Zeitraffertechnik entlarvt die Serie auf unmittelbar anschauliche Weise unsere Vorstellung, Pflanzen seien passive Objekte, als ein Versagen der Fantasie, das letztlich darauf zurückzuführen ist, dass Pflanzen in einer anderen Dimension beheimatet sind.

Zur Geschichte der Domestizierung und der Beziehung zwischen Pflanze und Mensch waren insbesondere die nachfolgenden Werke für mich erhellend:

Anderson, Edgar: *Plants, Man and Life* (Berkeley: University of California Press, 1952). Ein klassisches Werk über die Ursprünge der Landwirtschaft.

Balick, Michael J., und Paul Alan Cox: *Drogen, Kräuter und Kulturen* (Heidelberg 1997).

Bronowski, J.: *The Ascent of Man* (Boston: Little, Brown, 1973).

Budiansky, Stephen: *The Covenant of the Wild: Why Animals Chose Domestication* (New York: William Morrow, 1992).

Coppinger, Raymond P., und Charles Kay Smith: »The Domestication of Evolution«, *Environmental Conservation*, vol. 10, no. 4, Winter 1983, pp. 283–91. Dieser Essay ordnet die Domestizierung in einen evolutionären Gesamtzusammenhang ein und stellt die These auf, dass seit dem Neolithikum der Begriff der »Anpassung« in der Natur eine fundamentale Änderung erfahren hat.

Diamond, Jared: *Arm und reich. Die Schicksale menschlicher Gesellschaften* (Ü. von Volker Englich. Frankfurt/Main 1999). Exzellente Ausführungen zu historischen und botanischen Aspekten der Domestizierung und der Frage, warum nur bestimmte Gattungen daran teilhaben.

Eiseley, Loren: *Die ungeheure Reise* (Hg. und Ü.: Stefan W. Escher. München 1959). Das Buch vereint Mythos und Wissenschaft in seiner dramatischen Schilderung der Entwicklung der Angiospermae.

Nabhan, Gary Paul: *Enduring Seeds: Native American Agriculture and Wild Plant Conservation* (San Francisco: North Point Press, 1989).

Allgemeinere Werke zum Thema Evolution und natürliche Selektion:

Darwin, Charles: *Über die Entstehung der Arten durch natürliche Zuchtwahl oder Die Erhaltung der begünstigten Rassen im Kampfe um‹s Dasein* (Hg./Ü. Gerhard H. Müller. Darmstadt 1988. Erstmals erschienen 1859).
Dawkins, Richard: *Das egoistische Gen* (Heidelberg 1994. Englische Originalausgabe 1976).
Dennett, Daniel C.: *Darwins gefährliches Erbe. Die Evolution und der Sinn des Lebens* (Hamburg 1997).
Goodwin, Brian: *Der Leopard, der seine Flecken verliert. Evolution und Komplexität* (München 1997).
Jones, Steve: *Darwin's Ghost: The Origin of Species Updated* (New York: Random House, 1999).
Ridley, Matt: *Eros und Evolution. Die Naturgeschichte der Sexualität* (München 1995).
Wilson, E.O.: *The Diversity of Life* (New York: W.W. Norton, 1992).

KAPITEL 1: APFEL

Auch wenn ihm das Porträt seines Helden, so, wie ich es gezeichnet habe, vermutlich nicht gefallen wird: William Ellery (Bill) Jones war der großherzigste, kundigste und umgänglichste Führer durch das Land von Johnny Appleseed, den ich mir nur wünschen konnte. Außerdem machte Bill mich mit etlichen weiteren Bewohnern Ohios und Indianas bekannt, die mir dabei behilflich waren, Chapmans nicht leicht fassbare Geschichte zusammenzusetzen: Steven Fortriede von der Allen County Public Library in Fort Wayne, Myrtle Ake, die mir das Familiengrab der Chapmans in Dexter City zeigte, und der Pomologe David

Ferre vom Ohio Agricultural Research and Development Center.

Die literarischen und historischen Belege über John Chapman sind bemerkenswert dünn gesät. Eine unerlässliche Quelle zu seiner Lebensgeschichte ist und bleibt Robert Prices 1954 entstandene Biografie *Johnny Appleseed: Man and Myth* (Gloucester, Mass.: Peter Smith, 1967). Ebenfalls unverzichtbar ist der 1871 in *Harper‹s New Monthly Magazine* (vol. 43, pp. 6–11) erschienene Lebensabriss Chapmans. Die Erkenntnis, dass es sich bei Chapman um eine sehr wohl ernst zu nehmende historische Gestalt handelt, verdanke ich Edward Hoaglands exzellenter Darstellung »Mushpan Man« in *American Heritage*, nachzulesen in Hoaglands Essaysammlung *Heart's Desire* (New York: Summit Books, 1988). Als zeitgenössische Lektüre zu Chapman empfehle ich wärmstens *Johnny Appleseed: A Voice in the Wilderness*, eine von William Ellery Jones herausgegebene Anthologie historischer Beiträge über Chapman (West Chester, Pa.: Chrysalis Books, 2000). Lesenswert sind weiterhin der Nachruf auf Chapman im *Sentinel* von Fort Wayne (22. März 1845) und Steven Fortriede, »Johnny Appleseed: The Man Behind the Myth«, *Old Fort News* (vol. 41, no. 3, 1978).

Nützliche Informationen zur Botanik, Kultur und Geschichte des Apfels verdanke ich Interviews und Gesprächen mit Bill Vitalis (früherer Mitarbeiter der Apfelplantage Ellsworth Hill in Connecticut), Clay Stark und Walter Logan von der Baumschule Stark Brothers in Missouri, Tom Vorbeck von Applesource in Illinois, Terry und Judith Maloney von West County Cider in Massachusetts sowie Phil Forsline, Herb Aldwinckle und Susan Brown von der USDA Experiment Station in Geneva, New York.

Folgende Bücher zu den Themen Apfel, Süße und Geschichte der Ökologie haben sich als besonders hilfreich erwiesen:

Beach, S. A.: *The Apples of New York* (Albany: J. B. Lyon Company, 1905).

Browning, Frank: *Apples* (New York: North Point Press, 1998). Browning, ein Obstzüchter und Journalist, besucht die »Wiege des Apfels« in Kasachstan und schildert die dort bei Aimak Djangaliev vorgefundene Vielfalt an Sorten.

Carlson, R. F. et al.: *North American Apples: Varieties, Rootstocks, Outlook* (East Lansing: Michigan State University Press: 1970).

Childers, Norman F.: *Modern Fruit Science* (New Brunswick, N. J. Rutgers University Press, 1975).

Crosby, Alfred: *Die Früchte des weißen Mannes. Ökologischer Imperialismus 900–1900* (Frankfurt 1991. Englische Originalausgabe 1986). Der führende Experte in ökologischer Geschichte dokumentiert den Austausch der Gattungen zwischen Alter und Neuer Welt nach Kolumbus' Entdeckung.

—: *Germs, Seeds & Animals: Studies in Ecological History* (Armonk, N.Y.: M. E. Sharpe, 1994).

Haughton, Claire Shaver: *Green Immigrants: The Plants That Transformed America* (New York: Harcourt Brave Jovanovich, 1978).

Terry, Dickson: »The Stark Story: Stark Nurseries 150th Anniversary«, Sonderausgabe des *Bulletin of the Missouri Historical Society*, September 1966.

Marranca, Bonnie (Hg.): *American Garden Writing* (New York: PAJ Publications, 1988).
Martin, Alice A.: *All About Apples* (Boston: Houghton Mifflin, 1976).
Mintz, Sidney W.: *Die süße Macht* (Hg./Ü. von Hanne Herkommer. Frankfurt 1987).
Thoreau, Henry David: »Wild Apples«, in *The Natural History Essays,* introduction and notes by Robert Sattelmeyer (Salt Lake City: Peregrine Smith Books, 1980).
Weber, Bruce: *The Apple in America: The Apple in 19th Century American Art,* Ausstellungskatalog (New York: Berry-Hill Galleries, 1993).
Yepson, Roger: *Apples* (New York: W. W. Norton, 1994).

Zum Themenkreis von Dionysos und Apoll (der auch in den Folgekapiteln zur Sprache kommt) berufe ich mich hauptsächlich auf Friedrich Nietzsches Werk *Die Geburt der Tragödie aus dem Geiste der Musik. Griechentum und Pessimismus* (München 1999; erstmals erschienen 1872) und auf die überaus erhellenden Einsichten, die Camille Paglia in *Sexual Personae* (New Haven: Yale University Press, 1990) jedem vermittelt, der sich gedanklich oder schriftlich mit der Natur beschäftigt. Weitere hilfreiche Werke zum Thema Dionysos:

Dodds, E. R.: *The Greeks and the Irrational* (Berkeley: University of California Press, 1951).
Frazer, Sir James: *The New Golden Bough* (New York: New American Library, 1959).
Harrison, Jane: *Prolegomena to the Study of Greek Religion* (Cambridge, Mass.: Harvard University Press, 1922).

Kerenyi, Carl: *Dionysus: Archetypal Image of Indestructible Life*, trans. by Ralph Manheim (Princeton: Princeton University Press, 1976).
Otto, Walter F.: *Dionysos. Mythos und Kultus* (Frankfurt 1980).
Euripides: *Die Bacchantinnen.* (Hg./Ü. Kurt Steinmann. Luzern 1991).

KAPITEL 2: DIE TULPE

Allgemeine Quellen zum Thema Blumen:

Goody, Jack: *The Culture of Flowers* (Cambridge: Cambridge University Press, 1993).
Proctor, Michael et al.: *The Natural History of Pollination* (Portland: Timber Press, 1996).
Huxley, Anthony: *Das phantastische Leben der Pflanzen.* (Ü. von Margaret Auer. München 1981).

Zu biologischen und philosophischen Aspekten von Schönheit:

Etcoff, Nancy: *Nur die Schönsten überleben. Die Ästhetik des Menschen.* Ü. von Heinz Tophinke (München 2001).
Nietzsche, Friedrich: *Die Geburt der Tragödie,* op. cit.
Pinker, Steven: *Wie das Denken im Kopf entsteht* (München 1998).
Ridley, Matt: *Eros und Evolution,* op. cit.
Scarry, Elaine: *On Beauty and Being Just* (Princeton: Princeton University Press, 1999).

Turner, Frederick: *Beauty: The Value of Values* (Charlottesville: University Press of Virginia, 1991).
—: *Rebirth of Value: Meditations on Beauty, Ecology, Religion, and Education* (Albany: State University of New York Press, 1991).

Zum Thema Tulpen und Tulpenfieber in Holland berufe ich mich hauptsächlich auf Anna Pavords maßgebliches und großartiges Werk *The Tulip: The Story of a Flower That Has Made Men Mad* (London: Bloomsbury, 1999). Weitere nützliche Quellen:

Baker, Christopher, und Willem Lemmers, Emma Sweeney, und Michael Pollan: *Tulipa: A Photographer's Botanical* (New York: Artisan, 1999).
Chancellor, Edward: *Devil Take the Hindmost: A History of Financial Speculation* (New York: Farrar, Straus & Giroux, 1999). Ein hochinteressanter Brückenschlag von wirtschaftlichem Spekulationsfieber zu karnevalistischer Ausschweifung.
Dash, Mike: *Tulpenwahn. Die verrückteste Spekulation der Geschichte* (München 1999).
Dumas, Alexandre: *The Black Tulip* (New York: A. L. Burt Company, n.d., französische Originalausgabe 1850).
Herbert, Zbigniew: »Der Tulpen bitterer Duft«, in *Stilleben mit Kandare. Skizzen und Apokryphen* (Ü. von Klaus Staemmler. Frankfurt 1993).
Schama, Simon: *Überfluss und schöner Schein. Zur Kultur der Niederlande im Goldenen Zeitalter* (München 1988).

KAPITEL 3: MARIHUANA

Bei diesem Kapitel profitierte ich ungemein von Interviews, Korrespondenzen und persönlichen Begegnungen mit einer Hand voll Experten, die sich zu wissenschaftlichen, kulturellen und politischen Aspekten von Cannabis äußerten: Allen St. Pierre (NORML); Peter Gorman und Kyle Kushman (Magazin *High Times*); David Lenson (University of Massachusetts); Bryan R., ein in Amsterdam lebender Züchter und Pflanzer; Valerie und Mike Corral, die im kalifornischen Santa Cruz Marihuana zu medizinischen Zwecken anbauen und weitergeben; Lester Grinspoon (Harvard Medical School); John P. Morgan, Pharmakologe an der City University der New York Medical School; Graham Boyd (ACLU Drug Policy Litigation Project); Rick Musty und seine Kollegen in der International Cannabis Research Society; Ethan Nadelman und seine Kollegen vom Lindesmith Center; Allyn Howlett (Saint Louis University School of Medicine); und Raphael Mechoulam (Hebrew University in Jerusalem).

Folgende Bücher und Artikel waren besonders aufschlussreich:

Baum, Dan: *Smoke and Mirrors: The War on Drugs and The Politics of Failure* (Boston: Little, Brown, 1996).

Clarke, Robert Connell: *Hashish!* (Los Angeles: Red Eye Press, 1998).

—: *Marijuana Botany* (Berkeley, Calif.: Ronin Publishing, 1981).

DeQuincey, Thomas: *Bekenntnisse eines englischen Opiumessers* (Hg./Ü. Peter Meier. München 1985. Erstmals erschienen 1822).

Escohotado, Antonio: *A Brief History of Drugs*, trans. by Kenneth Symington (Rochester, Vt.: Park Street Press, 1999).

Fisher, Philip: *Wonder, the Rainbow and the Aesthetics of Rare Experience* (Cambridge: Harvard University Press, 1998).

Ginsberg, Allen: »The Great Marijuana Hoax: First Manifesto to End the Bringdown«, in *The Atlantic Monthly*, November 1966, pp. 04, 107–12.

Grinspoon, Lester, M. D.: *Marihuana Reconsidered* (Oakland: Quick American Archives, 1999; erstmals erschienen 1971). Hier finden sich (ab S. 109) die von Carl Sagan alias »Mr. X« anonym veröffentlichten »Trip-Erfahrungen« mit Marihuana. Außerdem sind sie, wie auch Allen Ginsbergs oben zitierter Artikel, auf Grinspoons Website nachzulesen: www.marijuana-uses.com.[1]

Huxley, Aldous: *Die Pforten der Wahrnehmung. Himmel und Hölle. Erfahrungen mit Drogen* (München 1996; im englischen Original erstmals erschienen 1953).

Institute of Medicine: *Marijuana and Medicine: Assessing the Science Base* (Washington, D.C.: National Academy Press, 1999). Eine klare, einleuchtende Darstellung der Funktionsweise von Cannabinoiden im Hirn.

Lenson, David: *On Drugs* (Minneapolis: University of Minnesota Press, 1995). Wenig bekannt, jedoch eines der nachdenklichsten und originellsten Bücher über Drogenerfahrungen überhaupt. Das Zitat über die romantische Fantasie ist »The High Imagination«, einem Vortrag Lensons vom 29. April 1999 an der University of Virginia, entnommen.

---

[1] Stichtag für die Gültigkeit aller angegebenen URLs: 14. November 2000.

McKenna, Terence: *Speisen der Götter. Die Suche nach dem ursprünglichen Baum der Weisheit* (Ü. Gunther Seipel. Löhrbach 1992).

Merlin, Mark David: *Man and Marijuana: Some Aspects of Their Ancient Relationship* (Rutherford, N.J.: Fairleigh Dickinson University Press, 1972).

Musty, Richard et al. (Hg.): »International Symposium on Cannabis and the Cannabinoids«, in *Life Sciences*, vol. 56, nos. 23–24, 1995. Siehe auch die Website des ICRS: www.cannabinoidsociety.org.

Nietzsche, Friedrich: »Vom Nutzen und Nachteil der Historie für das Leben«, in *Unzeitgemäße Betrachtungen* (München 1999. Erstmals erschienen 1873–76).

Pinker, Steven: *Wie das Denken im Kopf entsteht*, op. cit.

Plant, Sadie: *Writing on Drugs* (New York: Farrar, Straus & Giroux, 2000).

Schivelbusch, Wolfgang: *Das Paradies, der Geschmack und die Vernunft. Eine Geschichte der Genussmittel* (Frankfurt 1990).

Schultes, Richard E.: »Man and Marijuana«, *Natural History*, vol. 82, no. 7, 1973 pp. 58–63, 80–82.

Siegel, Ronald K.: *Rauschdroge. Sehnsucht nach dem künstlichen Paradies* (Frankfurt 1995).

Szasz, Thomas: *Das Ritual der Drogen* (Ü. Brigitte Stein. Wien, München [u.a.] 1978).

Wasson, E. Gordon et al.: *Persephone's Quest: Entheogens and the Origins of Religion* (New Haven, Conn.: Yale University Press, 1986). Vernünftige und ernsthafte Überlegungen zu einem nach wie vor höchst spekulativen Forschungsgebiet.

Weil, Andrew: *The Natural Mind: An Investigation of Drugs and the Higher Consciousness* (New York: Houghton Mifflin,

1986; Erstmals erschienen 1972). Auch ein Vierteljahrhundert nach der Erstpublikation noch immer eines der klügsten Werke zum Thema Drogen.

Zimmer, Lynn, und John P. Morgan: *Marijuana Myths, Marijuana Facts: A Review of the Scientific Evidence* (New York: The Lindesmith Center, 1997).

KAPITEL 4: KARTOFFEL

Ausgangspunkt für dieses Kapitel war ein Artikel über Monsanto und gentechnisch behandelte Nahrung, den ich für das *New York Times Magazine* schrieb (»Playing God in the Garden«, 25. Oktober 1998, pp. 44–50, 51, 62–63, 82, 92–93). Bei meinen Recherchen für den Artikel erwies sich das Unternehmen Monsanto als ausgesprochen offen und generös; ich erhielt Zugang zu den dort angestellten Wissenschaftlern, Geschäftsführern, zu den Labors, den Kunden und zu Saatkartoffeln. Was ich über die wissenschaftlichen und politischen Hintergründe der Gentechnik gelernt habe, verdanke ich im Weiteren vor allem folgenden Personen: Margaret Mellon (Union of Concerned Scientists); Andrew Kimbrell (Center for Technology Assessment); Rebecca Goldberg (Environmental Defense Fund); Betsy Lydon (Mothers & Others); Hope Shand und ihren Kollegen von RAFI sowie Steve Talbotts ausgezeichneter Website über Technik und Gesellschaft, www.netfuture.org. Unschätzbare Einblicke gewährten mir auch die Farmer, die sich die Zeit nahmen, meine Fragen zu beantworten und mir vieles zu zeigen: Mike Heath, Nathan Jones, Woody Deryckx, Danny Forsyth, Steve Young und Fred Kirschenmann.

Hilfreiche Informationen zur Botanik und Sozialgeschichte der Kartoffel sowie allgemein zum Thema Landwirtschaft fand ich in folgenden Werken:

Anderson, Edgar: *Plants, Man and Life*, op. cit.

Berry, Wendell: *Leben mit Bodenhaftung. Essays zur landwirtschaftlichen Kultur und Unkultur* (Hg./Ü. Hans-Ulrich Möhring. Stücken, 2000. Englische Originalausgabe 1981). Nach wie vor die weiseste Stimme zu den Verknüpfungen der Landwirtschaft mit allen übrigen Aspekten des Lebens.

—: *Life is a Miracle: An Essay Against Modern Superstition* (Washington, D.C.: Counterpoint, 2000).

—: *The Unsettling of America: Culture & Agriculture* (San Francisco: Sierra Club Books, 1977).

Diamond, Jared: *Arm und reich*, op. cit.

Fowler, Cary, und Pat Mooney: *Shattering: Food, Politics, and the Loss of Genetic Diversity* (Tucson: University of Arizona Press, 1996).

Gallagher, Catherine, und Stephen Greenblatt: *Practicing New Historicism* (Chicago: University of Chicago Press, 2000). Hier insbesondere Kapitel 4, »The Potato in the Materialist Imagination« von Gallagher.

Harland, Jack R.: *Crops and Man* (Madison, Wis.: American Society of Agronomy, 1992).

Hobhouse, Henry: *Fünf Pflanzen verändern die Welt. Chinarinde, Zucker, Tee, Baumwolle, Kartoffel* (München 1993. Englische Originalausgabe 1986).

Holden, John et al.: *Genes, Crops, and the Environment* (Cambridge, England: Cambridge University Press, 1993).

Howard, Sir Albert: *An Agricultural Testament* (London: Oxford University Press, 1940).

Lewontin, Richard: *Biology as Ideology: The Doctrine of DNA* (New York: Harper Perennial, 1991). Skeptische Überlegungen zur genetischen Determination, dem orthodoxen Glauben unserer Zeit.

—: *The Triple Helix: Gene, Organism, and Environment* (Cambridge, Mass.: Harvard University Press, 2000).

Salaman, Redcliffe: *The History and Social Influence of the Potato* (Cambridge, England: Cambridge University Press, 1985; first published 1949). Alles Wissenswerte (und noch einiges darüber hinaus) zum Thema Kartoffel.

Scott, James C.: *Seeing like a State: How Certain Schemes to Improve the Human Condition Have Failed* (New Haven, Conn.: Yale University Press, 1998). Eine faszinierende interdisziplinäre Studie zu Herrschaftsformen, Architektur und Landwirtschaft; unerlässlich für das Thema Monokultur, das Scott in Zusammenhang mit dem Modernismus setzt.

Shiva, Vandana: *Biopiracy: The Plunder of Nature and Knowledge* (Boston: South End Press, 1997).

—: *Stolen Harvest: The Hijacking of the Global Food Supply* (Boston: South End Press, 2000).

Tilman, David: »The Greening of the Greening Revolution«, *Nature*, 19. November 1998, pp. 211–12.

Van der Ploeg, Jan Douwe: »Potatoes and Knowledge«, in *An Anthropological Critique of Development*, Hg. Mark Hobart (London: Routledge, 1993).

Viola, Herman J., und Carolyn Margolis (Hg.): *Seeds of Change: Five Hundred Years Since Columbus* (Washington, D.C.: Smithsonian Institution Press, 1991). Besondere Beachtung verdienen die Beiträge von Alfred Crosby, William F. McNeill und Sidney W. Mintz.

Weatherford, Jack: *Das Erbe der Indianer. Wie die Neue Welt Europa verändert hat* (München 1995. Englische Originalausgabe 1988).
Wilson, E. O.: *The Diversity of Life*, op. cit.
Zuckerman, Larry: *The Potato: How the Humble Spud Rescued the Western World* (Boston: Faber & Faber, 1998).

Trotz umfangreicher Recherche konnten möglicherweise nicht alle Rechteinhaber ermittelt werden. Berechtigte Ansprüche bleiben selbstverständlich gewahrt.

Register